홍원표의 지반공학 강좌 기초공학편 4

지반보강

홍원표의 지반공학 강좌 기초공학편 4

지반보강

오늘날 인구 증가와 고속 성장에 따른 토지수요의 증가로 인해 준설 매립된 인공지반뿐만 아니라 해안연약지반의 활용성이 증대됨으로써 지반보강에 대한 연구도 점차 활발하게 증가하고 있다. 최근 토목구조물 건설에서 지반안정성을 확보하기 위해 성토부나 절토사면, 연약지반 등을 보강하는 경우가 많아짐과 동시에 여러 가지 지반보강기술이 개발·적용되고 있다. 열악한 지반특성 문제를 해결할 수 있는 방법으로 문제의 지반을 강화시키는 공법을 지반보강공법이라 부른다.

홍원표 저

중앙대학교 명예교수
홍원표지반연구소 소장

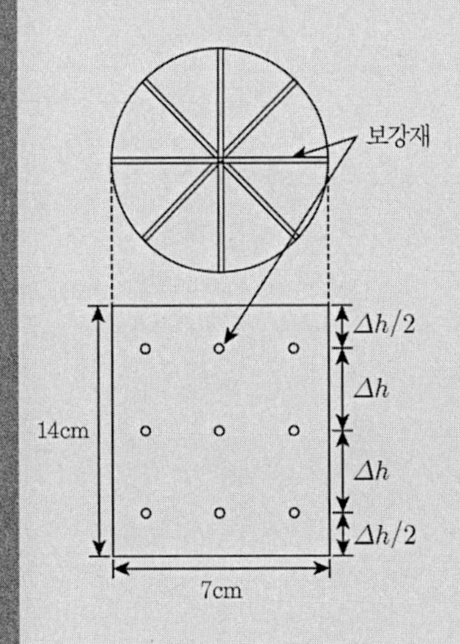

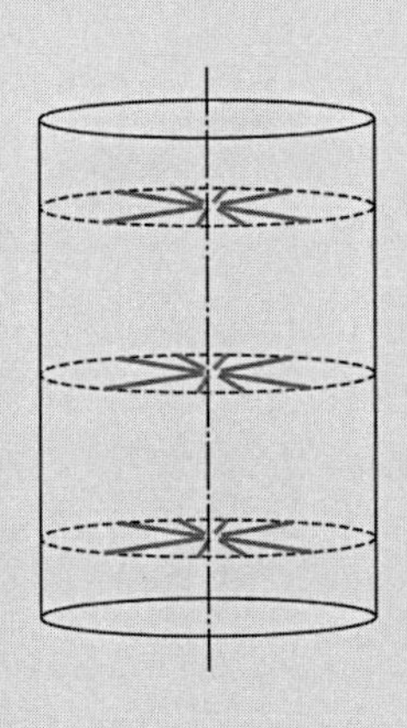

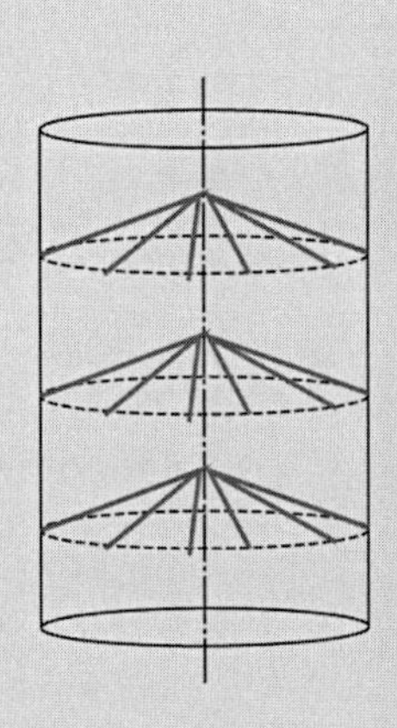

씨아이알

'홍원표의 지반공학 강좌'를 **시작하면서**

2015년 8월 말 필자는 퇴임강연으로 퇴임식을 대신하면서 34년간의 대학교수직을 마감하였다. 이후 대학교수 시절의 연구업적과 강의노트를 서적으로 남겨놓는 작업을 시작하였다. 퇴임 당시 주변에서 이제부터는 편안히 시간을 보내면서 즐기라는 권유도 많이 받았고 새로운 직장을 권유받기도 하였다. 여러 가지로 부족한 필자의 여생을 편안하게 보내도록 진심어린 마음으로 해준 조언도 분에 넘치게 고마웠고 새로운 직장을 권하는 사람들도 더없이 고마웠다. 그분들의 고마운 권유에도 귀를 기울이지 않고 신림동에 마련한 자그마한 사무실에서 막상 집필 작업에 들어가니 황량한 벌판에 외롭게 홀로 내팽겨진 쓸쓸함과 정작 집필을 수행할 수 있을까 하는 두려운 마음이 들었다.

그때 필자는 자신의 선택과 앞으로의 작업에 대하여 많은 생각을 하였다. '과연 나에게 허락된 남은 귀중한 시간을 무엇을 하는 데 써야 행복할까?' 하는 질문을 수없이 되새겨보았다. 이제 드디어 나에게 진정한 자유가 허락된 것인가? 자유란 무엇인가? 자신에게 반문하였다. 여기서 필자는 "진정한 자유란 자기가 좋아하는 것을 하는 것이며 행복이란 지금의 일을 좋아하는 것"이라고 한 어느 글에서 해답을 찾을 수 있었다. 그 결과 퇴임 후 계획하였던 집필작업을 차질 없이 진행해오고 있다. 지금 돌이켜보면 대학교수직을 퇴임한 것은 새로운 출발을 위한 아름다운 마무리에 해당한 것이라고 스스로에게 말할 수 있게 되었다. 지금도 힘들고 어려우면 초심을 돌아보면서 다짐을 새롭게 하고 마지막에 느낄 기쁨을 생각하면서 혼자 즐거워한다. 지금부터의 세상은 평생직장의 시대가 아니고 평생직업의 시대라고 한다. 필자에게 집필은 평생직업이 된 셈이다.

이러한 평생직업을 가질 수 있는 준비작업은 교수 재직 중 만난 수많은 석·박사 제자들과의 연구에서부터 출발하였다고 생각한다. 그들의 성실하고 꾸준한 노력이 없었다면 오늘 이런 집필작업은 꿈도 꾸지 못하였을 것이다. 그 과정에서 때론 크게 격려하기도 하고 나무라기도 하였던 점이 모두 주마등처럼 지나가고 있다. 그러나 그들과의 동고동락하던 시기가 내 인생 최고의 시기였음을 이 지면에서 자신 있게 분명히 말할 수 있고 늦게나마 스승으로서보다는 연구동반자로 고마움을 표하는 바이다.

신이 허락한다는 전제 조건하에서 100세 시대의 내 인생 생애주기를 세 구간으로 나누면 제1구간은 탄생에서 30년까지로 성장과 활동의 시기였고, 제2구간인 30세에서 60세까지는 노후 집필의 준비 시기였으며, 제3구간인 60세 이상에서는 평생직업을 갖는 인생 마무리 주기로 정하고 싶다. 이 제3구간의 시기에 필자는 즐기면서 지나온 기록을 정리하고 있다. 프랑스 작가 시몬드 보부아르는 "노년에는 글쓰기가 가장 행복한 일"이라고 하였다. 이 또한 필자가 매일 느끼는 행복과 일치하는 말이다. 또한 김형석 연세대 명예교수도 "인생에서 60세부터 75세까지가 가장 황금시대"라고 언급하였다. 필자 또한 원고를 정리하다 보면 과거 연구가 잘못된 점도 발견할 수 있어 늦게나마 바로 잡을 수 있어 즐겁고 연구가 미흡하여 계속 연구를 더할 필요가 있는 사항을 종종 발견하기도 한다. 지금이라도 가능하다면 더 계속 진행하고 싶으나 사정이 여의치 않아 아쉬운 감이 들 때도 많다. 어찌하였든 지금까지 이렇게 한발 한발 자신의 생각을 정리할 수 있다는 것은 내 인생 생애주기 중 제3구간을 즐겁고 보람되게 누릴 수 있다는 것이 더없는 영광이다.

우리나라에서 지반공학 분야 연구를 수행하면서 참고할 서적이나 사례가 없어 힘든 경우도 있었지만 그럴 때마다 "길이 없으면 만들며 간다."라는 신용호 교보문고 창립자의 말을 생각하면서 묵묵히 연구를 계속하였다. 필자의 집필작업뿐만 아니라 세상의 모든 일을 성공적으로 달성하기 위해서는 불광불급(不狂不及)의 자세가 필요하다고 한다. 미치지(狂) 않으면 미치지(及) 못한다고 하니 필자도 이 집필작업에 여한이 없도록 미쳐보고 싶다. 비록 필자가 이 작업에 미쳐 완성한 서적이 독자들 눈에 차지 못할 지라도 그것은 필자에겐 더없이 소중한 성과일 것이다.

지반공학 분야의 서적을 기획집필하기에 앞서 이 서적의 성격을 우선 정하고자 한다. 우리 현실에서 이론 중심의 책보다는 강의 중심의 책이 기술자에게 필요할 것 같아 이름을 「지반공학 강좌」로 정하였고 일본에서 발간된 여러 시리즈 서적물과 구분하기 위해 필자의 이름을 넣어 「홍원표의 지반공학 강좌」로 정하였다.

강의의 목적은 단순한 정보전달이어서는 안 된다고 생각한다. 강의는 생각을 고취하고 자극해야 한다. 많은 지반공학도들이 본 강좌서적을 활용하여 새로운 아이디어, 연구테마 및 설계·시공 안을 마련하기를 바란다. 앞으로 이 강좌에서는 말뚝공학편, 토질역학편, 기초공학편, 건설사례편 등 여러 분야의 강좌가 계속될 것이다. 주로 필자의 강의노트, 연구논문, 연구프로젝트보고서, 현장자문기록 등을 정리하여 서적으로 구성하였고 지반공학도 및 설계·시공기술자에게 도움이 될 수 있는 상태로 구상하였다. 처음 시도하는 작업이다 보니 조심스러운 마음이 많다. 옛 선현의 말에 "눈길을 걸어갈 때 어지러이 걷지 마라. 오늘 남긴 내 발자국이 뒷사람의 길이 된다."라고 하였기에 조심 조심의 마음으로 눈 내린 벌판에 발자국을 남기는 자세로 진행할 예정이다. 부디 필자가 남긴 발자국이 많은 후학들의 길 찾기에 초석이 되길 바란다.

2015년 9월 '홍원표지반연구소'에서

저자 **홍원표**

「기초공학편」 강좌
서 문

인생을 전반전, 후반전, 연장전의 세 번의 시대 구간으로 구분할 경우 전반전은 30세에서 50세까지로 구분하고 후반전은 51세에서 70세까지로 구분하며 연장전은 71세 이후로 구분한다. 이렇게 인생을 구분할 경우 필자는 이제 막 후반전을 끝마치고 연장전을 준비하는 선수에 해당한다. 인생 전반전과 같이 젊었을 때는 삶의 시간적 여유가 길어 20년, 30년의 계획을 세워보기도 한다. 그러다가 50 고개를 넘기게 되면 10여 년씩의 설계를 해보게 된다. 그러나 필자와 같이 연장전에 들어가야 할 시기에는 삶의 계획을 지금까지와 같이 여유 있게 정할 수는 없어 2년이나 3년으로 짧게 정한다.

70세 이상의 고령자가 전체 인구의 20%가 되는 일본에서는 요즈음 70세가 되면 '슈카쓰(終活)연하장'을 쓰며 내년부터는 연하장을 못 보낸다는 인생정리단계에 진입하였음을 알리는 것이 유행이란다. 이런 인생정리단계에 저자는 70세가 되는 2019년 초에 「홍원표의 지반공학 강좌」의 첫 번째 강좌로 '수평하중말뚝', '산사태억지말뚝', '흙막이말뚝', '성토지지말뚝', '연직하중말뚝'의 다섯 권으로 구성된 「말뚝공학편」 강좌를 집필·인쇄를 완료하였다. 이는 저자가 정년퇴임하면서 결정하였던 첫 번째 작품이었기에 가장 뜻깊은 일이라 스스로 만족하고 있다.

지금까지의 시리즈 서적은 대부분이 수 명 혹은 수십 명의 공동 집필로 되어 있다. 이는 개별 사안에 대한 전문성을 높인다는 점에서 장점이 있겠으나 서술의 일관성이 결여되어 있다는 단점도 있다. 비록 부족한 점이 있다 하더라도 한 사람이 일관된 생각에서 꿰뚫어보는 작업도 필요하다. 그런 의미에서 「홍원표의 지반공학 강좌」용 서적 집필은 저자가 평생 연구하고 느낀 바를 일관된 생각으로 집필하는 것이 목표이다. 즉, 저자가 모형실험, 현장실험, 현장자문 등으로 파악한 지식을 독자인 연구자 및 기술자 여러분과 공유하고자 빠짐없이 수록하려 노력하고 있다.

두 번째 강좌로는 「기초공학편」 강좌를 집필할 예정이다. 「기초공학편」 강좌에는 '얕은기초', '사면안정', '흙막이굴착', '지반보강', '지하구조물'의 내용을 다룰 것이다. 첫 번째 강좌인 「말뚝공학편」 강좌에서는 말뚝에 관련된 내용을 위주로 취급하였던 점과 비교하면 「기초공학편」 강좌에서는 말뚝 관련 내용뿐만 아니라 말뚝이외의 내용도 포괄적으로 다룰 것이다.

「말뚝공학편」 강좌를 집필하는 동안 느낀 바로는 노후에 어떤 결정을 하냐는 물론 중요하지만 결정 후 어떻게 실행하느냐가 더 중요하였던 것 같다. 늙는다는 것은 약해지는 것이고 약해지니 능률이 떨어짐은 당연한 이치이다. 그러나 우리가 사는 데 성실만 한 재능은 없다고 스스로 다짐하면서 지난 세월을 묵묵히 쉬지 않고 보냈다. 사실 동토아래에서 겨울을 지내지 않고 열매를 맺는 보리가 어디 있으며, 한여름의 따가운 햇볕을 즐기지 않고 영그는 열매들이 어디 있겠는가. 이와 같이 보람은 항상 대가를 필요로 한다.

인생의 나이는 길이보다 의미와 내용에서 평가되는 것이다. 누가 오래 살았는가를 묻기보다는 무엇을 남겨주었는가를 묻는 것이 더 중요하다. 법륜스님도 그동안의 인생이 사회로부터 은혜를 받아왔다면 이제부터는 베푸는 삶을 살아야 한다고 하였다. 이 나이가 들어 손해볼 줄 아는 사람이 진짜 멋진 사람이라는 사실을 느끼게 되어 다행이다. 활기찬 하루가 행복한 잠을 부르듯 잘 산 인생이 행복한 죽음을 가져다준다. 그때가 오기 전까지 시간의 빈 공간을 무엇으로 채울까? 이에 대한 대답으로 '내가 하고 싶은 일을 하고 그것도 내가 할 수 있는 일을 하자'를 정하고 싶다. 큰일을 하자는 것이 아니다 그저 할 수 있는 일을 하자는 것이다.

2019년 1월 '홍원표지반연구소'에서

저자 **홍원표**

『지반보강』
머리말

나이 71세를 팔십을 바라본다 하여 망팔(望八)이라 부른다. 저자는 은퇴 후 망팔인 올해까지 '홍원표의 지반공학 강좌'를 집필하겠다는 각오로 작년에 첫 번째 강좌인 다섯 권의 서적으로 구성된 「말뚝공학편」을 마치고 두 번째 강좌로 「기초공학편」을 집필하고 있다. 이번에 기초공학편의 네 번째 서적으로 『지반보강』을 선택하게 되었다.

저자는 1995년 『주입공법』이란 서적을 출판한 적이 있다. 이 주입공법은 화학적 지반보강방법에 속한다. 이번에 물리적 지반보강방법을 추가하여 지반보강이란 서적명으로 집필을 하게 되었다. 주입공법은 화학적으로 지반을 고결시켜 지반의 특성을 개량하는 데 비하여 물리적 지반보강방법은 지반과 보강재 모두 재료 고유의 특성을 변화시키지 않는 상태에서 지반의 역학적 특성을 개선시키는 방법이라 할 수 있으며, 현재 건설현장에서 상당히 자주 도입·적용되는 공법이다. 특히 보강토공법은 새로운 보강재의 개발과 새로운 공법이 계속 개발 적용되고 있는 실정이다. 이에 보강토는 본 서적에서 별도로 보다 비중 있게 설명할 수 있는 지면을 마련하였다. 이로서 지반을 화학적으로나 물리적으로 보강하는 지반보강에 대하여 이론과 현장 사례를 함께 수록·설명할 수 있게 되었다.

매일 매일 집필에 매진하는 생활을 해오다 보니 피로가 쌓여 최근에는 여러 가지 작은 실수가 자주 발생하였다. 거기다 사용하는 주변기기(컴퓨터, 프린트 등)도 말썽을 부려 진도가 몹시 더디게 진행되고 있다. 소위 번아웃(burn out)증후군이 나타나는 듯하여 두 번째 강좌 교재 집필을 마치면 휴식을 가져야겠다고 생각하고 있다.

우리가 흔히 늙는다는 것을 노화나 노쇠로 부르고 있다. 여기서 노화는 나이가 들어 변하는 신체 변화를 의미한다. 예를 들면, 피부 주름이나 흰머리를 들 수 있다. 반면에 노쇠는 신체 기능의 저하로 인해 정상적인 일상생활을 할 수 없는 상태를 의미한다. 예를 들면, 근육을 포함한 기능 저하를 들 수 있다. 저자는 비록 노화로 인하여 외모에 변화가 나타나도 노쇠 현상은 극복할 수 있을 것이라 생각하면서 이 작업을 계속해오고 있다. 마치 한겨울에 집이 눈에 싸여 있더라도 그 집 속의 난로에는 장작이 훨훨 타오른다는 것처럼 말이다. 이런 생활 속에서 스스로 노년에 일이 없는 사람이 가장 불행한 사람이라고 생각하면서 자기만족을 느껴왔다. 연세대 명예교수이신 김형석 교수님도 누가 더 건강한 사람이냐는 질문에 '같은 나이에 일을 더 많이 하는 사람'이라고 답하셔서 공감을 느꼈다.

실제 우리 주변을 보아도 청년과 노인의 개념이 옛날과 지금 사이에 많이 차이가 있다. 일본의 실제 통계에 의하면 2017년에 70세에서 75세 사이 노인의 체력점수가 2002년 조사한 65세에서 69세 사이 노인의 체력점수보다 높다고 하였다. 그 결과 일본에서는 2013년에 정년을 65세로 늘렸고 지금은 70세로 연장하도록 논의 중이라 한다. 우리나라도 현재 65세 인구가 전체 인구의 14%인 726만 명에 달한다. 이는 1980년 145만 명이었던 노인 인구의 다섯 배에 해당하며 2025년에는 국민 5명 중 1명 이상이 노인이 된다 한다. 지금 우리 주변에서도 100세 장수노인을 어렵지 않게 만날 수 있다.

장수는 분명 사람들 대부분에게 축복이지만 사회적으로는 너무 많은 숙제를 안겨주고 있다. 따라서 노인들도 나름대로 사회에 역할을 해야 한다고 생각한다. 이에 저자도 지금의 이 집필 활동이 내가 해야 할 역할이라 생각하고 있다. 지금의 이 일이 이웃과 사회에 대한 봉사라는 다짐을 갖고 살아야겠다. 그러던 중 올해 1월 26일자 조선일보에 실린 어느 노인의 생각에 많은 공감을 받았다. 전 증권거래소 이사장이었던 올해 82세의 홍인기 씨는 최근 10년 동안 전문서적 7권을 출간하였다 하여 매우 놀랐다. 그의 왕성한 활동력은 나를 매우 고무시켰다. 아! 우리사회에 이렇게 훌륭한 분이 계셨구나.

『지반보강』은 전체가 8장으로 구성되어 있다. 우선 제1장에서는 지반보강기술에 대한 개념을 물리적 및 화학적으로 구분할 수 있음을 설명하고 최근 사용 빈도가 나날이 증대하고 있는 보강토옹벽공법에 대해서는 별도의 지면을 마련하여 자세히 설명한다.

그리고 제2장에서는 물리적 지반보강방법에 대하여 설명한다. 여기서는 보강재의 설치 방법에 따라 건설현장에서 여러 가지 방법으로 적용되는 공법과 연계 설명한다. 특히 보강재를 불규칙하게 섞은 보강점토에 대한 삼축압축시험을 실시하여 보강점토의 역학적 특성을 설명한다.

제3장에서는 물리적 지반보강공법의 하나인 강그리드보강재를 이용한 보강토옹벽에 대한 저항메커니즘을 설명하며 지지저항을 도출할 수 있는 새로운 해석 모델에 대하여도 설명한다.

다음으로 제4장에서는 화학적 지반보강방법을 표층고화처리공법과 심층개량 주입공법을 중심으로 설명한다. 그런 후 제5장과 제6장에서는 각각 초연약지반 표층개량 현장실험과 고압분사주입공법에 의한 지반개량 현장실험 결과로 화학적 지반개량공법의 효과를 설명한다. 또한 제7장에서는 화학적 지반보강방법의 또 하나의 사례로 댐 기초지반의 암반그라우팅보강에 대하여 설명한다.

마지막으로 제8장에서는 저토피터널의 보강기술을 보강 사례로 물리적 보강 효과를 설명한다.

『지반보강』을 집필하는 데 화학적 지반보강기술에 대해서는 이전에 출간한 『주입공법』의 내용을 많이 참조하였으며, 물리적 지반보강공법의 삼축압축시험은 대학원생들의 연구지도 결과를 정리·수록하였다. 특히 삼축압축시험은 연구지도를 받던 대학원생 김은기 군, 권오민 군 및 문인철 군의 기여가 컸음을 밝히며 감사의 뜻을 표하는 바이다.

끝으로 본 서적이 세상의 빛을 볼 수 있게 된 데는 도서출판 씨아이알의 김성배 사장의 도움이 가장 컸다. 이에 고마운 마음을 여기에 표하는 바이다. 그 밖에도 도서출판 씨아이알의 박영지 편집장의 친절하고 성실한 도움은 무엇보다 큰 힘이 되었기에 깊이 감사드리는 바이다.

2020년 10월 '홍원표지반연구소'에서

저자 **홍원표**

목 차

C·H·A·P·T·E·R

01

지반보강기술

C·H·A·P·T·E·R

01 지반보강기술

오늘날 인구 증가와 고속 성장에 따른 토지수요의 증가로 인해 준설 매립된 인공지반뿐만 아니라 해안연약지반의 활용성이 증대됨으로써 지반보강에 대한 연구도 점차 활발하게 증가하고 있다(日本土質工學會, 1987).[12]

최근 토목구조물 건설에서 지반안정성을 확보하기 위해 성토부나 절토사면, 연약지반 등을 보강하는 경우가 많아짐과 동시에 여러 가지 지반보강기술이 개발 적용되고 있다. 예를 들면, 불안정한 사면, 옹벽의 배면지반 및 구조물 아래 기초 연약지반의 역학적 특성이 열악하여 그 지반의 역학적 특성을 개선할 경우나 지반을 절·성토할 경우도 여러 가지 지반보강기술을 적용해야 하는 경우가 종종 발생한다.

이러한 열악한 지반특성 문제를 해결할 수 있는 방법으로 문제의 지반을 강화시키는 공법을 지반보강공법이라 부른다. 日本土質工學會(1986, 1987)에서는 지금까지 개발된 지반보강공법을 크게 다음과 같이 세 가지로 구분·정리하고 있다.[11,12]

① 고밀도화 보강공법 : 이 공법은 원지반의 흙을 탈수 또는 다짐에 의해 고밀도화시키는 공법이다. 이 공법의 예로는 Vertical drain 공법, Vibroflotation 공법, Sand compaction pile 공법 등을 들 수 있다.
② 화학적 지반보강공법 : 이 공법은 흙입자를 상호 접착시키는 기능을 지닌 재료를 이용하여 지반을 고결화시키는 공법이다. 이 공법의 예로는 심층혼합처리공법, 표층고화처리공법, 약액주입공법, 고압분사주입공법 등을 들 수 있다.
③ 물리적 지반보강공법 : 이 공법은 흙속에 흙이 아닌 다른 부재(보강재)를 배치 또는 삽입하여 흙과 보강재 사이의 상호작용에 의하여 토체의 안정성과 강도를 증대시키는 공법

이다. 이 공법의 예로는 쏘일네일링, NATM, 보강토공법 등을 들 수 있다.

이들 세 방법 중 첫 번째 방법인 고밀도화 보강공법은 예로부터 지반보강공법이라기보다는 지반개량공법으로 취급해왔다. 따라서 본 서적에서는 이 공법을 지반보강공법에서 배제하도록 한다. 즉, 본 서적의 취급 범위는 연약하거나 취약한 흙을 다른 재료와 물리적으로 혹은 화학적으로 결합시켜 원래 흙의 역학적 특성을 개선시키는 지반보강기술로 국한한다.

먼저 역학적 특성이 다른 두 재료를 혼합하였을 경우 화학적으로 결합되어 전혀 다른 양질의 재료가 조성되어 취약하였던 지반특성이 개선된 상태로 지반보강이 이루어졌다면 이는 화학적으로 보강되었다고 할 수 있다.

그러나 화학적으로 결합되지 않고 사용된 재료 각각의 특성을 그대로 지니고 있는 상태에서 역학적인 역할만 개선 작동되면 이는 물리적으로 보강되었다고 할 수 있다. 예를 들면, 흙의 강도와 강성이 부족한 경우 철강재나 섬유계 보강재를 흙속에 배치혼합하면 보강재의 인장저항이나 인발저항기능을 활용할 수 있게 된다.

본 서적에서는 현재 사용되고 있는 여러 지반보강방법을 크게 두 가지로 구분한다. 하나는 지반 속에 다른 재료를 지반보강재로 삽입하거나 설치함으로써 흙과 보강재 자체의 물성은 변화시키지 않으면서 지반의 역학적 특성을 개선하여 지반의 안정을 도모하는 방법이고, 또 다른 하나는 흙속에 여러 화학적 물질을 혼합 주입하여 흙을 화학적으로 고결 강화시킴으로써 흙 자체의 취약한 역학적 특성을 개선하는 방법이다. 이들 두 공법 중 전자의 공법을 물리적 지반보강공법으로 분류하고 후자의 공법을 화학적 지반보강공법으로 분류한다.

그 밖에도 성토나 절토 분야에서 지반의 안정화와 토압의 경감, 지지력의 증대 또는 지반의 이동 변형을 억제한다든가 연약지반의 표층이나 심층을 개량하는 공법으로 지반보강기술은 유용하다. 그러나 이러한 많은 지반보강기술에 대한 보강메커니즘은 아직까지 정확히 규명되고 있지 못하다. 이에 본 서적에서는 이를 명확히 설명하며 현재까지 발전된 기술을 정리하고자 한다.

1.1 물리적 지반보강방법

흙의 내부에 다른 보강재를 넣어 토립자 자체의 특성을 변화시키지 않고 흙의 약점을 보강하는 공법을 물리적 지반보강공법이라 말한다. 현재 건설현장에서는 다양한 형태로 물리적 지반보강기술이 적용되고 있다. 이러한 지반보강기술의 적용 사례로는 NATM, 쏘일네일링공법을 대표적으로 들 수 있다. 즉, 이들 사례에서는 터널굴착, 사면절토, 흙막이굴착 시 지반의 안정을 도모하면서 굴착을 수행하기 위해 철봉이나 철근을 지중에 먼저 천공삽입 설치하면서 지반굴착작업을 진행한다.

그 밖에도 성토지반에 적용되고 있는 보강토옹벽은 지반보강공법의 대표적 사례라 할 수 있다(龍岡, 1993).[13] 보강토옹벽은 1963년 프랑스인 Vidal(1969)에 의해 처음 발명되어 현재는 세계 각국에서 빈번히 적용되고 있다(Jones, 1996).[5] 보강토옹벽공법에 의한 지반보강기술은 지반의 강도와 안정을 증가시키기 위한 효과적이고 신뢰할 수 있는 방법이다.

日本土質工學會(1986)에서는 이 공법을 “강성옹벽·말뚝·케이슨 등과 같은 중량구조물을 이용하지 않고 말뚝에 비해 세장비가 상당히 크고 휨강성이 작은 재료를 성토지반과 사면지반 내에 배치하여 토압의 경감, 사면의 안정, 지지력의 증대 등 토괴의 안정성을 향상시키는 공법”으로 정의하고 있다.[11]

물리적 지반보강방법은 지반 속에 발생되는 인장력, 압축력, 전단력, 휨 등에 저항할 수 있는 보강재를 흙속에 삽입하여 지반을 보강하는 방법이다. 이러한 지반의 인장 인발저항능력과 전단강도를 증대시키는 등 지반의 역학적 특성을 개선시키기 위해서 연속적이거나 짧은 불연속 보강재를 흙속에 삽입 혹은 혼합하여 조성된 지반을 넓은 의미로 모두 보강토라 하며, 이때 사용되는 보강재의 종류로는 강, 유리, 나일론, 폴리프로필렌, 천연섬유 등이 있다.

근래 들어서는 이들 물리적 지반보강공법이 실제현장에서 널리 이용되고 있다. 특히 보강토옹벽에 대한 연구가 활발해지고 있다. 지반보강기술 중 특별히 보강토옹벽공법은 앞으로도 활용도면에서 매우 널리 적용 가능한 유익한 물리적 지반보강기술이라 할 수 있다. 제1.3절과 제3장에서는 보강토옹벽공법에 대하여 별도로 자세히 정리·설명한다. 특히 제3장에서는 강그리드보강재를 이용한 보강토옹벽의 저항메커니즘을 상세히 정리·설명한다.

1.2 화학적 지반보강방법

토목구조물 축조 시 측방토압 증가, 지하수위 저하, 주변지반 침하, 측방유동 등의 바람직하지 않은 지반변형으로 인하여 인접구조물에 균열이 발생하거나 붕괴가 발생하여 공사 중의 안전성뿐만 아니라 공사 완료후의 안전성 확보에도 어려움이 많이 발생하고 있다. 이러한 문제를 해결하기 위해서는 연약지반을 개량하거나 지반의 강도를 증대시켜줄 필요가 있다.

현재 연약지반의 개량 및 구조물기초지반의 보강을 위하여 약액주입공법(chemical grouting) 및 고압분사주입공법(jet grouting) 등의 주입공법에 의한 지반개량공법이 건설현장에서 널리 사용되고 있다. 이러한 연약지반개량공법은 화학적 지반보강방법의 대표적 공법에 해당한다.[1]

이와 같이 화학적 지반보강방법은 표토층이나 심층의 연약한 토층에 약액이나 시멘트 등을 주입하거나 혼합하여 흙입자들 사이의 간극에서 입자들을 서로 결합 고결시킴으로써 지반의 전단강도나 압축성을 개선시키는 방법이다.

심층에 약액을 주입할 경우 초기에는 무압으로 수행하였으나 최근에는 고압을 사용하는 방법이 개발되어 지중에 거대한 지중기둥 설치도 가능하게 되어 지반보강효과를 더욱 증대시킬 수 있게 되었다.

약액주입공법은 약액을 지반 중에 주입 혹은 혼합하여 지반을 고결 또는 경화시킴으로써 지반강도 증대 효과나 차수효과를 높일 수 있다. 그러나 이 공법은 저압주입공법인 관계로 적용 대상 지반의 범위가 넓지 못하여 시공 시 종종 난관에 직면하는 결점을 가지고 있었다. 또한 이 공법은 지반개량의 불확실성, 주입효과 판정법 부재, 주입재의 내구성 및 환경공해 등 아직 해결되지 못한 문제점을 내포하고 있다.

이러한 문제점을 해결하기 위해 1970년부터 수력채탄에 쓰이고 있던 고압분사 굴착기술을 도입한 고압분사주입공법으로 단관 분사주입공법, 2중관 분사주입공법, 3중관 분사주입공법 등이 개발되었다. 이 공법은 종래의 약액주입공법과는 달리 균등침투가 불가능한 세립토, 자갈층 등 다양한 지층에 대해서도 교반혼합방법 등 여러 가지 형태로서 활용할 수 있다.

고압분사주입공법은 초고압분류수의 강력한 운동에너지에 의해 지반을 세굴하고 세굴된 토립자를 지표면으로 배출시키면서 원지반을 시멘트경화제로 치환시키는 메커니즘을 취하고 있다.

1.3 보강토옹벽공법

한편 도시의 발달에 따른 활용용지가 턱없이 부족한 현실에서 도로, 철도, 택지 조성 등을 위한 절·성토 시 옹벽과 같은 흙막이구조물을 설치한 급경사 성토공을 실시하지 않으면 안 되는 경우가 빈번히 발생하고 있다.

이에 대한 안정대책공법으로 기존에는 콘크리트옹벽이 제시되었으나 최근에는 여러 가지 보강토옹벽이 많이 쓰이고 있다. 기존의 콘크리트옹벽은 높이가 점차 높아짐에 따라 콘크리트벽체가 매우 거대해지므로 비경제적일 뿐 아니라 옹벽 자중의 증가에 따라 추가적인 기초의 안정성 면에서 보강토옹벽은 콘크리트옹벽보다도 뛰어나다고 할 수 있다.

보강토공법은 지반의 물리적 보강방법의 대표적 적용 사례라 할 수 있다. 즉, 지반을 성토하면서 지반에 보강재를 배치함으로써 보강재의 인장강도 등을 활용하여 성토지반의 강도와 강성을 증대시키는 공법이다. 이러한 보강토공법은 값싼 공사비, 짧은 시공 기간, 단순한 공정이라는 실용적 이점으로 인해 그 활용도가 매우 높은 공법이다. 따라서 근래 들어 국내에서도 보강토옹벽의 활용이 점차로 증대하고 있다.

보강토옹벽공법은 활용도 면에서 매우 널리 적용 가능한 공법이라 할 수 있으며, 특히 성토의 안정화와 토압의 경감, 지지력의 증대 또는 지반의 이동·변형을 억제할 수 있는 공법이다. 보강토공법은 옹벽뿐만 아니라 연약지반상 성토의 안정대책공법, 굴착현장이나 절토사면에서의 안정대책공법, 교대나 항만구조물 등 다양한 분야에 적용되고 있다.

보강토공법은 적용 목적과 사용되는 보강재에 따라 많은 신공법이 개발되고 있으며 앞으로도 계속 신공법 개발이 이루어질 것이다. 보강토공법은 공법 자체도 매우 다양하게 개발될 뿐만 아니라 쓰이는 보강재 역시 매우 다양하여 현재 지오텍스타일, 지오그리드와 같은 합성수지의 연성보강재가 다양하게 쓰이고 있다. 특히 최근에는 강그리드보강재를 이용한 보강토공법이 개발되어 현장에서 유용하게 활용되고 있다. 그러나 강그리드보강재를 이용한 보강토공법에 대한 연구는 아직도 명확히 밝혀지지 않은 것이 많으며 이를 밝히기 위한 연구가 활발히 진행되고 있는 중이다.[9]

지반 속 강그리드보강재의 횡부재에서 발생하는 지지저항에 대한 산정은 여러 연구팀에서 수행된 바 있다.[7,8] 그러나 이들 산정이론은 실제 인발시험에 의한 시험치와 비교해볼 때 차이를 보이므로 좀 더 정확한 지지저항산정을 필요로 한다.[6] 따라서 제1.3절에서는 먼저 일반적인 보강토공법의 원리를 정리 설명하고 제3장에서는 강그리드를 보강재로 이용하는 보강토옹벽의 안정성 및 강그리드보강재의 지지저항력 산정에 대하여 설명한다.

1.3.1 보강토공법의 개념

보강토공법은 여러 가지로 표현되는데, "세장비가 상당히 크고 휨강성이 작은 재료를 성토체나 산지 내에 배치하여 토압의 경감, 사면의 안정, 지지력의 증대 등 토괴의 안정성을 향상시키는 공법"으로 정의하기도 하고,[11] "흙의 내부에 다른 물질을 넣어 흙입자 자신의 특성을 변화시키지 않고 흙의 약점을 보강하는 공법"이라고도 한다.[13] 결국 지중에 흙 이외의 다른 부재(보강재)를 넣어 토체의 강도를 강화시키는 공법이라 할 수 있다.

그림 1.1은 네 가지 보강 메커니즘을 도시한 그림이다. 보강토공법의 보강 원리를 이해하기 위해서는 보강 대상이 되는 지반이 어떤 힘에 의해 파괴가 발생하게 되는지 알아야 할 필요가 있으며 그에 따라 다음의 네 가지로 나누어볼 수 있다.[11]

(1) 인장보강

무보강의 경우에 흙의 내부에 생기는 최소주변형률(신장변형률) 방향으로 보강재를 배치하여 최소주변형률의 절대치를 작게 억제함으로써 흙의 전단강도를 증대시키는 보강방법이다(그림 1.1(a) 참조).

(2) 압축보강

무보강의 경우에 흙의 내부에 생기는 최대주변형률(압축변형률) 방향으로 보강재를 배치하여 보강재가 주변의 흙을 지지함으로써 흙 내부에서 최대주응력을 받게 하는 보강방법이다(그림 1.1(b) 참조).

(3) 휨보강

보강재를 변형률의 불연속면에 배치하여 주로 휨모멘트에 대한 저항력으로 토괴를 안정화시키는 보강방법이다(그림 1.1(c) 참조).

(4) 전단보강

보강재를 변위의 불연속면(전단층 또는 활동면)에 배치하여 주로 생기는 전단력 또는 전단변위에 기인하는 인장력으로 토괴를 보강하는 방법이다(그림 1.1(d) 참조).

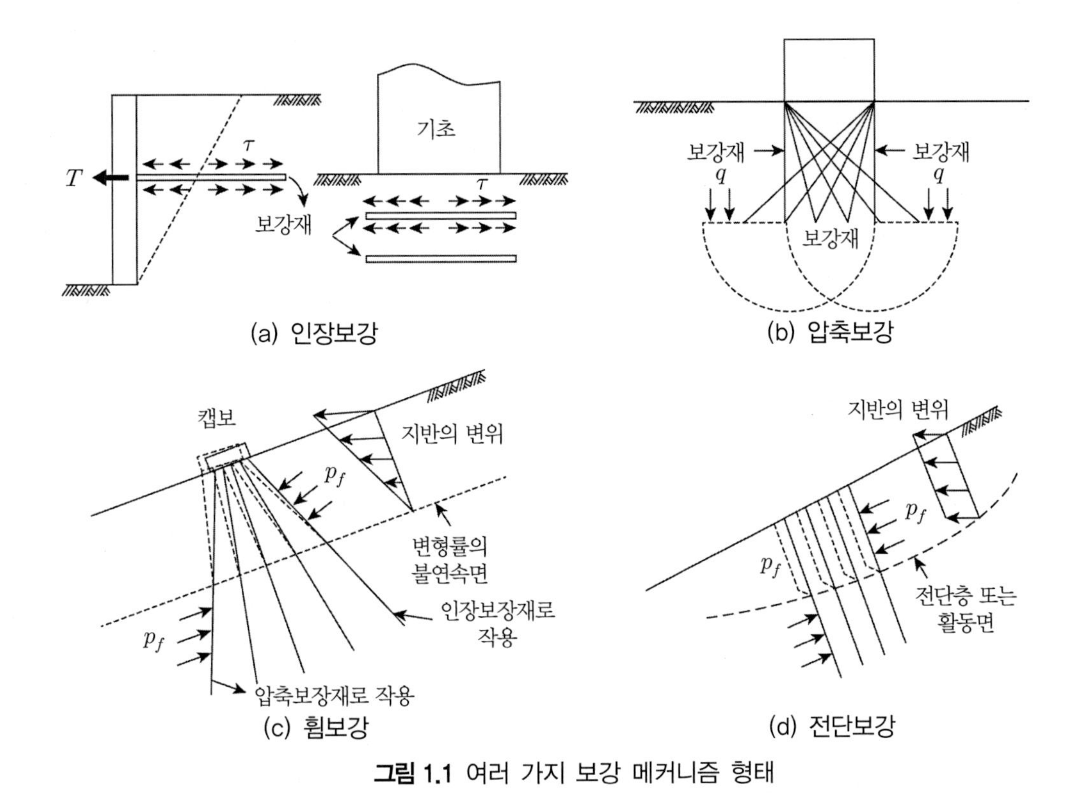

그림 1.1 여러 가지 보강 메커니즘 형태

1.3.2 보강토공법의 역사[5]

보강토공법이 주된 관심사로 부각된 것은 최근의 일이다. 그러나 보강토의 활용은 옛날부터 있었으며, 자연계에서도 동물이나 조류의 집, 나무뿌리의 작용 등에서 많이 접할 수 있다.

고대 이집트에서는 건축물의 축조에 갈대나 짚을 섞은 점토벽돌을 이용하였다. 이러한 점토벽돌은 우리나라에서도 옛날에 많이 사용되었다. 그 밖에도 고대 바빌로니아의 신전, 중국의 만리장성, 고대 로마의 제방축조 등에도 보강토기술이 사용되었음이 알려져 있다. 과거 보강토공법은 군용시설이나 하천 관리 분야에 주로 사용되었다.

보강토(reinforced earth)라는 말이 각국에 통용되기 시작한 것은 1960년대 프랑스의 Vidal에 의해서이다. 초기 Vidal은 보강재와 흙 사이의 결합력은 중력에 의한 마찰로부터 생긴다고 보고 U형 단면의 강체 구형 부재와 강재스트립보강재를 이용한 옹벽과 십자형 철근콘크리트 벽면을 이용한 옹벽을 제안하여 지금까지도 널리 쓰이고 있다. 이러한 Vidal 옹벽의 급속한 보급에 따른 기초연구가 프랑스의 토목연구소(LCPC), 미국 교통국, 영국 교통국 등에서 수행되고 있다. 연구가 진행됨에 따라 다양한 보강재의 사용에 대한 연구와 함께 보강 메커니즘도 점차 해석되기 시작하였다. 기술의 급속한 발달과 더불어 인공적인 재료가 보강재로서 사용되기 시작하였는데, 합성섬유의 개발에 따른 지오텍스타일, 지오그리드 등이 이에 해당한다.

오늘날에는 보강토의 의미가 널리 확대되어 성토에 의한 지반보강뿐만 아니라 절토나 굴착에서의 지반보강에도 쓰이고 있으며, 대표적인 공법으로는 NATM 공법의 원리를 적용한 쏘일네일링공법 등을 열거할 수 있다.

현재 대부분의 보강토공법으로는 Terre Armee 공법과 지오텍스타일이 주로 이용되고 있으나 보강재 개발의 여지가 많이 남아 있으므로 세계 각지에서 새로운 보강재의 개발과 보강토공법의 연구가 진행될 것이다.

1.3.3 보강토공법의 종류와 특징

보강토공법을 적용하는 구조물의 보강에 사용되는 보강재는 약간씩 차이가 있다. 그러나 이들 보강토공법에 쓰이는 보강재에 요구되는 공학적 특성은 다음과 같다.

① 인장강도, 신장특성
② 흙과의 응력전달
③ 내구성
④ 품질의 신뢰성
⑤ 경제성

한편 이들 보강재를 보강재의 강성에 따라 분류하면 강성보강재와 연성보강재의 두 가지로 구분할 수 있다. 먼저 강성보강재의 경우에는 대부분의 경우에 철근을 사용하는데, 보강재의 형상에 따라 띠모양의 보강재, 봉상보강재, 격자형 보강재(강그리드보강재)가 있다.

띠모양의 보강재의 경우는 흙과 보강재 사이에 작용하는 마찰력에 의해 흙의 변형률을 구속하는 것으로 이러한 공법에서는 충분한 마찰력을 확보하기 위해 사질계의 성토재를 사용한다. 대표적인 공법으로는 Terre Armee 공법과 York 공법 등을 열거할 수 있다.

봉상보강재의 경우는 강봉의 선단을 Z형과 삼각형으로 가공하거나 앵커 판을 부착하여 흙 중에서의 인발저항을 높인다. 이러한 보강재를 적용하는 경우에는 반드시 사질계의 성토재를 사용할 필요가 없어 토질의 적용 범주가 띠모양 보강재에 비해 넓다. 또한 철근을 산지에 일정하게 삽입하거나 다단으로 삽입하여 절토부나 굴착면의 안정처리공법과 언더피닝공법으로 쓰인다. 대표적인 공법으로는 TRRL식 앵커공법과 다단 앵커식 옹벽공법, 쏘일네일링공법, 뿌리말뚝공법 등을 열거할 수 있다.

마지막으로 격자형 보강재의 경우는 원형 철근 또는 이형 철근을 격자모양으로 용접하여 강그리드를 조립한 보강재로 흙 중에서 격자형 보강재는 마찰저항과 함께 지지저항을 발휘하여 인발저항을 향상시킨다. 이 경우에도 반드시 사질계 성토재를 사용할 필요가 없으므로 토질의 적용 범주가 넓다. 대표적인 공법으로는 Welded wire 공법과 TRUSS 공법 등을 열거할 수 있다.

한편 연성보강재는 강성보강재와 비교하여 재질적으로 연성인 보강재를 이용하는 것으로 네트, 직포, 부직포 등이 해당된다. 그중에서도 최근에 적용 예가 증가하고 있는 수지네트와 폴리머그리드는 이를 성토 중에 부설하여 망 눈에 토사가 인입되어 보강재가 인발될 때 큰 인발저항력을 발휘한다. 이러한 보강재와 흙의 맞물림(interlocking)효과를 기대하는 것이 수지네트와 폴리머그리드에 의한 보강공법의 큰 특징이다. 대표적인 공법으로는 지오그리드를 이용한 옹벽과 성토, 지반의 보강을 위한 시트공법, 부망공법, 매트리스공법 등을 열거할 수 있다.

보강토공법이 적용되는 대상 구조물에 따라 보강토공법을 분류하면 다음과 같다.

① 성토지반보강
② 연약지반보강
③ 자연산지보강

(1) 성토의 보강공법

① 앞벽면이 있는 성토의 보강공법

앞벽면이 있는 성토의 보강공법에서는 보강재를 성토지반 내에 수평으로 설치하여 인장보강재의 기능을 하도록 하고 벽면은 지지(retaining)기능을 가지도록 하여 벽면을 수직으로 시공할 수 있다. 이러한 벽면이 있는 성토의 보강공법의 가장 큰 특징은 수직면을 지닌 성토를 형성한다는 점으로 용지폭의 제약 등에 의해 성토사면의 구배를 급하게 하지 않으면 안 되는 장소, 예를 들면 종래에는 콘크리트옹벽 등의 흙막이구조물에 의해 성토를 하였던 장소에 주로 적용된다.

그림 1.2는 연직벽면이 있는 성토의 보강공법의 예이다. 벽면이 있는 성토의 보강공법은 주로 기존의 콘크리트옹벽과 비교되며 다음과 같은 특징을 가지고 있다.

① 연직벽면 사용으로 한정된 용지의 효율적 이용이 가능하다.
② 공장제작 부재품질의 신뢰성이 크고 콘크리트타설이 곤란한 위치에도 적용이 가능하다.
③ 단순한 공정의 반복으로 시공이 용이하고 공기 단축이 가능하다.

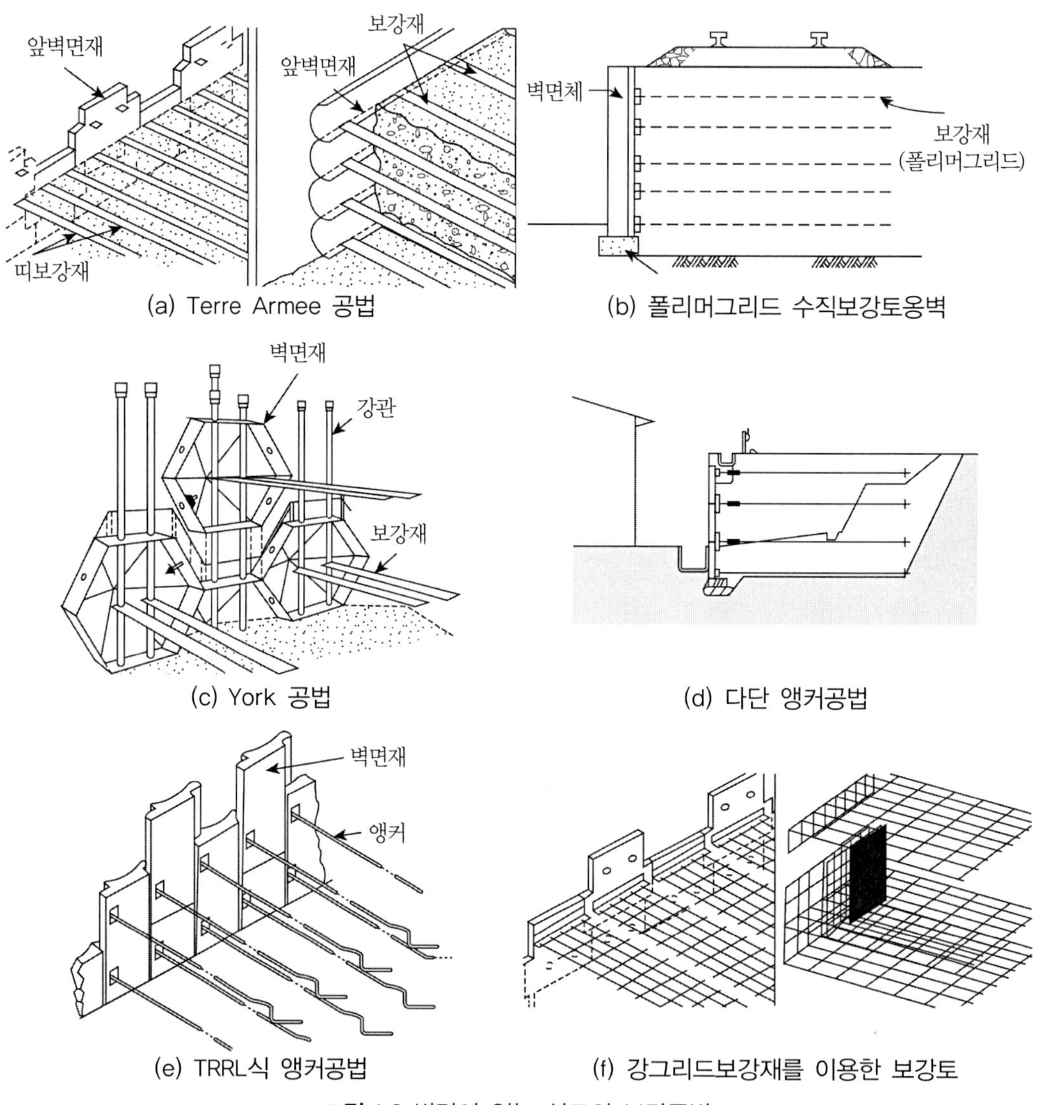

(a) Terre Armee 공법
(b) 폴리머그리드 수직보강토옹벽
(c) York 공법
(d) 다단 앵커공법
(e) TRRL식 앵커공법
(f) 강그리드보강재를 이용한 보강토

그림 1.2 벽면이 있는 성토의 보강공법

④ 얇은 층다짐을 통한 고른 다짐효과로 보강재와 성토재 사이의 확실한 힘의 전달이 가능하고 완공 후 성토의 압축침하량을 감소시킬 수 있다.

⑤ 전체적인 연성구조로 기초지반에 다소의 부등침하가 발생해도 벽면재와 보강재의 기능을 잃지 않는다.

⑥ 어느 정도의 부등침하를 견디어 내고 각각의 높이에서의 토압은 보강재력과 균형을 이루므로 벽면을 견고히 지지할 필요가 없어 기초처리가 간단하다.

⑦ 벽체의 높이가 높아질수록 콘크리트옹벽에 비해 경제성이 뛰어나다.

② 앞벽면이 없는 성토의 보강공법

연직벽면이 없는 성토의 보강공법은 일반적으로 도로, 철도, 주택지조성, 제방 등에 많이 시공되고 있다. 완구배와 급구배를 가지는 이러한 성토의 보강공법은 시공 중의 사면파괴, 강우, 지진 등에 의한 사면붕괴 및 유해한 침하 등 구조물 및 설비의 사용 중 기능상 문제가 발생하는 경우에 대한 여러 가지 대책 중에 한 가지 방법이다. 그림 1.3은 앞벽면이 없는 성토의 보강공법 예를 도시한 그림이다.

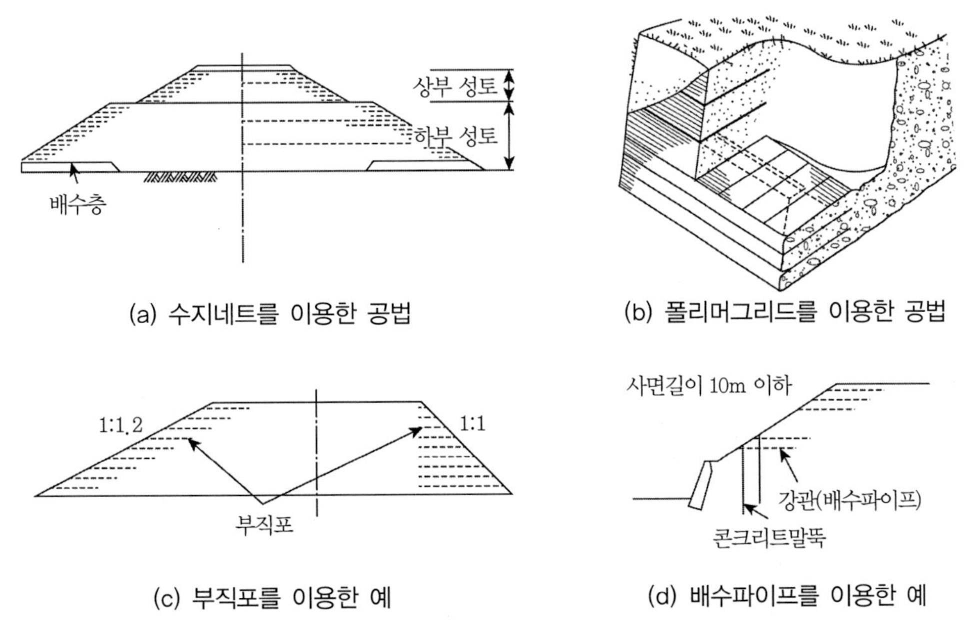

(a) 수지네트를 이용한 공법 (b) 폴리머그리드를 이용한 공법

(c) 부직포를 이용한 예 (d) 배수파이프를 이용한 예

그림 1.3 앞벽면이 없는 성토의 보강공법

보강재는 성토체에 수평으로 배치하여 인장보강재로서 기능을 하고 강우 지진에 대하여 안정성의 증가와 상재압에 의한 부등침하의 경감 등을 도모한다. 또 용지의 제약이 있거나 용지비 절감으로 전체 공사비를 낮추기 위한 목적으로 사면구배를 급하게 하는 경우에도 적용하여 보강효과를 얻을 수 있다.

사용되는 보강재로는 수지네트, 직포, 부직포 등의 지오텍스타일과 그에 비해 강도가 크고 신장률이 작은 폴리머그리드 등이 성토의 보강공법에 사용된다,

(2) 연약지반의 보강공법

연약지반의 보강공법은 흙구조물의 본체 또는 지지지반의 흙이 구조상 필요한 강도를 충분히 가지고 있지 못할 경우에 보강재에 의해 보강하는 공법이다. 즉, 흙구조물로서 토질재료와 지반이 우선되고 보강재는 그를 보강하는 부재로 흙속에 설치하여 성토와 지반을 일체화시키는 공법이다.

이러한 연약지반의 보강공법은 연약한 지반의 표면 또는 표층에 보강재를 수평으로 배치하여 장비주행성의 확보와 성토, 교통하중에 대한 지지력보강과 부등침하경감을 목적으로 한다. 그림 1.4는 연약지반의 보강공법을 개략적으로 도시한 그림이다. 이 그림에서 보는 바와 같이 지지력이 부족한 연약지반상에 부직포나 시트 및 매트리스를 포설하여 보강한 후 성토를 실시하는 공법이다.

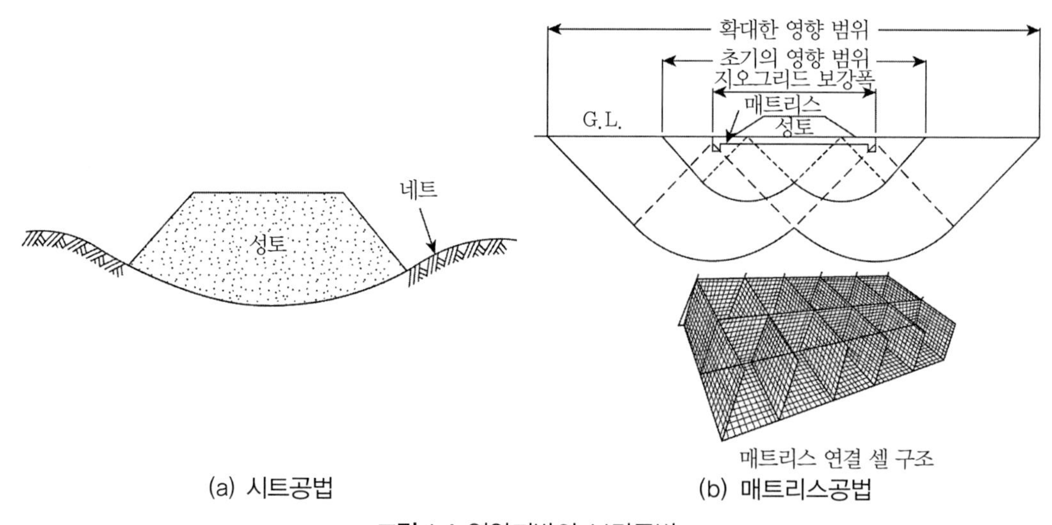

(a) 시트공법 (b) 매트리스공법

그림 1.4 연약지반의 보강공법

(3) 자연산지의 보강공법

그림 1.5는 자연산지의 보강공법 적용 예를 도시한 것으로 그림 1.5(a)는 자연사면의 안정을 목적으로, 그림 1.5(b)는 구조물의 기초지반의 강화 목적으로, 그림 1.5(c)는 절토 굴착에 의해 생기는 급사면의 안정을 목적으로, 그림 1.5(d)는 터널굴착 등에 의해 생기는 주변지반의 영향을 방지하기 위한 보강을 목적으로 한다.

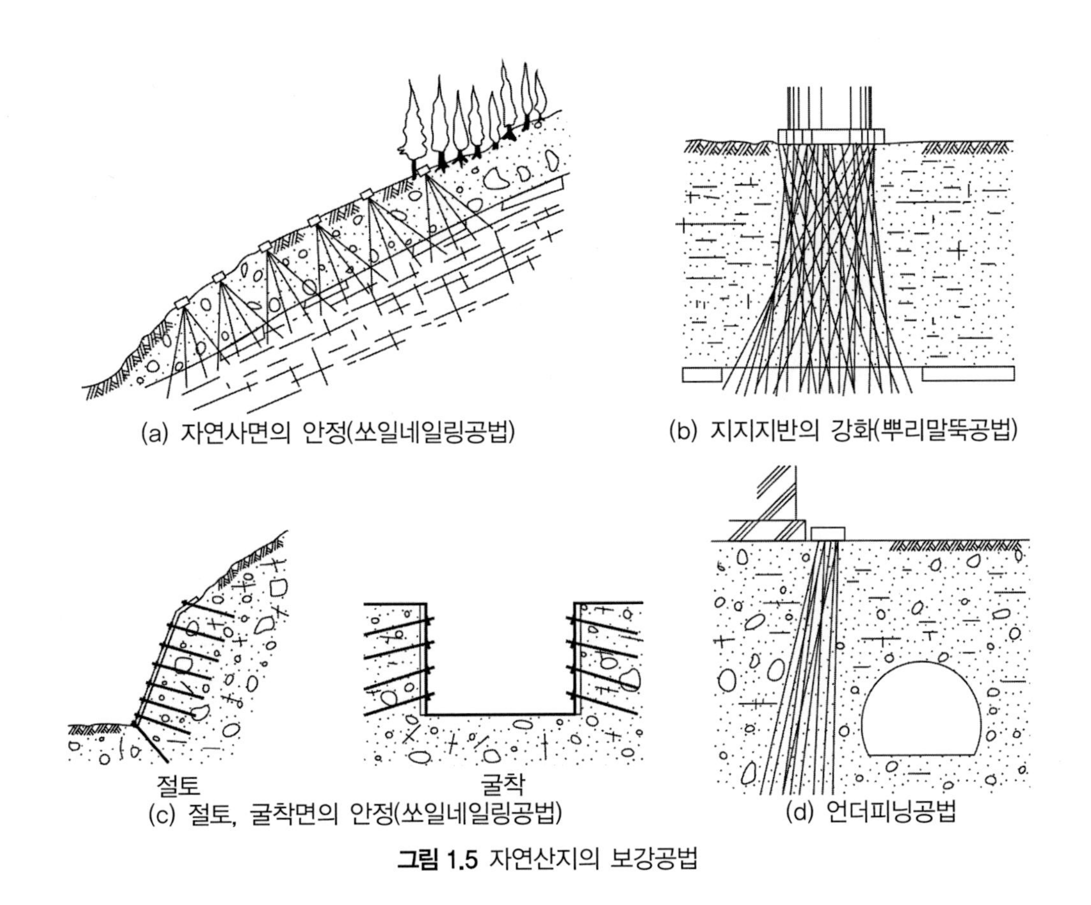

그림 1.5 자연산지의 보강공법

자연산지의 보강공법은 보강재를 자연지반 중에 삽입 배치하여 산지를 강화함으로써 산지의 안정화를 도모하는 공법이다. 자연산지의 보강공법에서는 직접 산지를 천공하여 그 천공 중간에 보강재를 삽입 설치하며 설계에서는 자연산지를 구성하는 토질, 암질, 지질구조 등이 다양하므로 여러 가지 파괴 형태를 가정해야 한다.

자연산지의 보강공법에서는 설계 시에 산지의 파괴 형태로 나누어 생각해야 하고 그에 따라 보강재의 배치 방법도 변해야 한다.

자연산지의 보강방법을 보강재의 배치 방법에 따라 크게 둘로 나뉜다.

① 철근류 삽입에 의한 보강공법(쏘일네일링공법) : 그림 1.5(a) 및 (c)와 같이 보강재를 일정 방향으로 배치하여 절토와 굴착에 의해 새로이 생기는 사면을 안정화시키는 방법이다.

② 망상철근삽입공법(뿌리말뚝공법) : 그림 1.5(a), (b) 및 (c)에서와 같이 보강재를 3차원적으로 배치하여 자연지반을 강화시키는 방법으로 주로 중요구조물 등에 근접한 위치에서의 토목공사에 사용되는 방법이다.

1.3.4 보강토옹벽의 안정성 평가

그림 1.6과 그림 1.7은 각각 연직벽면을 가지는 보강토옹벽의 외적 안정과 내적 안정 검토사항을 도면으로 도시한 그림이다.

즉, 연직벽면을 가지는 보강토옹벽에서의 안정성의 평가를 외적 안정과 내적 안정으로 나누어 생각해보면 외적 안정은 그림 1.6에 도시한 바와 같이 보강벽체의 ① 활동파괴, ② 전도파괴, ③ 지지력파괴 및 ④ 사면파괴에 대하여 안정성을 확보하고 있는지 여부를 검토해야 한다.

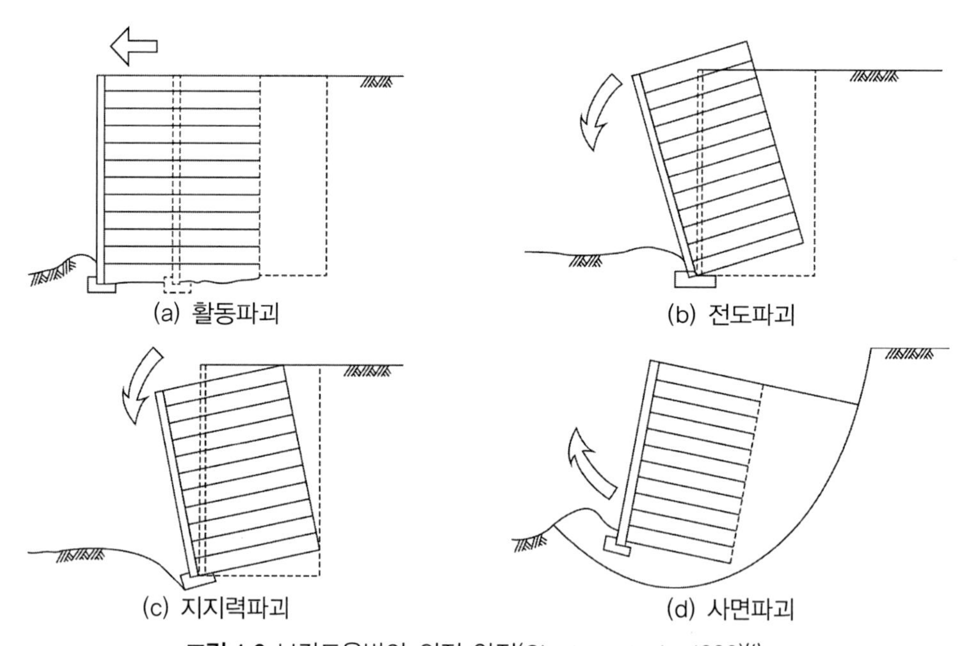

그림 1.6 보강토옹벽의 외적 안정(Clayton et al., 1993)[4]

한편 보강토옹벽의 내적 안정은 그림 1.7에서 보는 바와 같이 가상파괴면이 보강토벽체 내부를 횡단하여 파괴가 발생하는 경우로서 ① 파단파괴와 ② 인발파괴가 내적 안정에 해당한다. 즉, 보강재가 파단되는 경우에 대한 안정성과 보강재가 인발되는 경우에 대한 안정성을 평가해야 한다. 보강재의 인장강도가 보강재의 인발강도보다 작으면 보강재가 파단하게 된다. 반대로 보강재의 인장강도가 보강재의 인발강도보다 크면 보강재가 뽑히게 된다. 따라서 보강토의 내적 안정을 평가하는 데 지반 속 보강재의 인장강도와 인발강도를 알아야 한다.

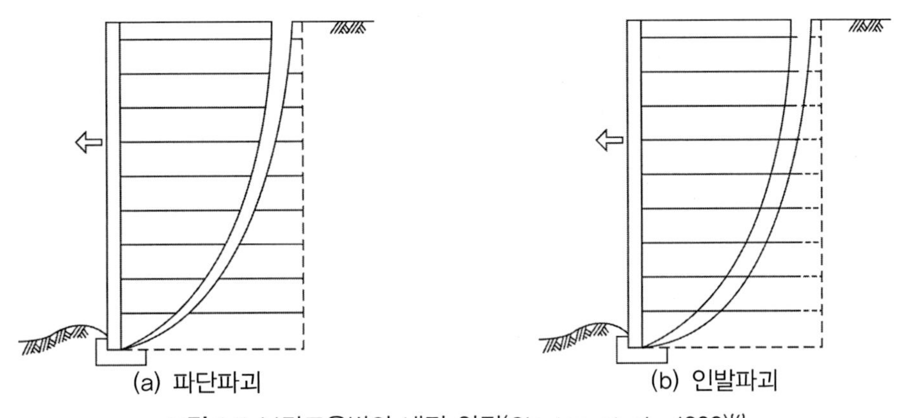

그림 1.7 보강토옹벽의 내적 안정(Clayton et al., 1993)[4]

1.3.5 보강재의 인발저항

보강토구조물에서 보강재가 설치된 보강 영역 내에서 활동면이 발생하여 파괴가 일어나는 경우에는 인장파괴나 인발파괴와 같은 내적 안정에 해당하는 파괴가 발생하게 된다. 이 중 인발파괴에 의해 보강재가 흙 중에서 인발되는 경우 보강재와 흙 사이에는 파괴에 저항하는 인발저항이 발생하게 된다.

보강재와 흙 사이에서 발생하는 인발저항은 마찰저항과 지지저항으로 크게 두 가지로 볼 수 있다(Bishop, 1979).[3] 이러한 두 가지 저항은 보강재와 흙 사이의 상호작용에 기인한 것으로 인발력이 작용하는 방향과 평행하게 배치된 보강재 표면에 따라 발생하는 지지력을 마찰저항이라 하고, 인발력이 작용하는 방향과 수직으로 배치된 보강재에 의해 발생하는 지지력을 지지저항이라 한다. 이러한 마찰저항과 지지저항에 대한 흙-보강재 결합구조는 그림 1.8과 같다.

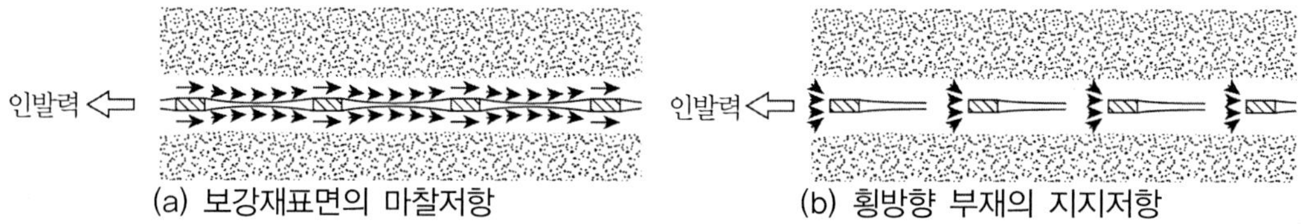

(a) 보강재표면의 마찰저항 (b) 횡방향 부재의 지지저항

그림 1.8 보강재-흙 결합구조(Jewell et al., 1985)[8]

일반적으로 매끄러운 스트립보강재, 강봉보강재, 직포, 부직포 등에서 발생하는 인발저항은 주로 마찰저항에 의존하는 반면에 마디를 가지는 스트립보강재, 앵커를 단 강봉보강재, 지오그리드, 강그리드보강재 등의 보강재는 마찰저항뿐만 아니라 지지저항도 함께 발생한다.

보강재와 흙 사이에 발생하는 결합력은 기존의 앵커와 구별되는 보강토의 주된 특징이 된다. 보강재의 인발저항력은 식 (1.1)과 같이 보강부분에서 모든 종방향 부재에서 작용하는 마찰저항력과 모든 횡방향 부재에서 작용하는 지지력저항의 합력으로 나타낼 수 있다.

$$P_t = P_f + P_b \tag{1.1}$$

여기서, P_t : 보강재에 작용하는 전체 인발저항력

P_f : 보강재와 흙 사이에 작용하는 마찰저항력

P_b : 보강재와 흙 사이에 작용하는 지지저항력

(1) 마찰저항

마찰저항은 스트립보강재, 강봉보강재 등의 선상 보강재와 부직포 및 시트 등의 면상보강재 및 지오그리드, 강그리드보강재 등의 격자상보강재와 같은 보강재와 흙 사이의 접촉면에서 발생한다.

특히 선상보강재와 면상보강재의 경우 인발저항은 주로 마찰저항에 의존한다. 이는 초기 보강토공법에서 주된 보강효과로 여겨졌다.

이러한 마찰저항을 산정하기 위해서는 마찰계수를 구하여야 하며 이는 직접전단시험이나 인발시험을 통해 그 값을 알아낼 수 있으며 마찰저항은 성토재의 종류 및 밀도, 보강재 표면의 상태, 상재압 등의 영향을 받는다.

표 1.1에는 다양한 종류의 보강재에서 발생하는 마찰저항력을 구하는 식을 정리하고 있다.[4]

표 1.1 보강재-흙 사이의 마찰저항력(Clayton et al., 1993)[4]

보강재 종류	마찰저항력	비고
스트립보강재	$P_f = 2b\int_0^{L_a} \sigma_n \mu dL$ 부드러운 면 : $\mu = \tan\delta$ 횡부재 : $\mu = \tan\phi$	b : 보강재의 폭 L_a : 유효보강길이 σ_n : 상재압 μ : 마찰계수 δ : 보강재와 흙 사이의 마찰각 ϕ : 흙의 내부마찰각
강봉보강재	$P_f = \int_0^{L_a} [\sigma_v 2d + \sigma_h d(\pi - 2)]\mu dL$	d : 보강재 직경 σ_v : 강봉의 위 아랫부분에 작용하는 수직응력($=\sigma_n$) σ_h : 강봉의 옆 부분에 작용하는 수평응력($=K\sigma_v$) $\sigma_{ave} = \dfrac{\sigma_n + K\sigma_n}{2}$
시트/섬유보강재 폴리머그리드	$P_f = 2\int_0^{L_a} \sigma_n f_b \tan\phi dL$	f_b : 결합계수(0.7~1.0) $f_b = 1 - \alpha_s\left(1 - \dfrac{\tan\delta}{\tan\phi}\right)$ (Jewell et al., 1985)[8] α_s : 흙과 접촉하는 보강재 표면적이 차지하는 비율
강그리드보강재	$P_f = M\sigma_{ave}\pi d\mu L_a$	(Peterson & Anderson, 1980)[7] M : 종방향 부재의 개수

표 1.1에서 흙과 강재보강재인 강봉보강재나 강그리드보강재 사이에서의 마찰계수 μ는 표 1.2에서 구할 수 있으며 표에 속하지 않은 흙과의 마찰각은 $1/2\phi$를 사용한다. 또한 결합계수 f_b는 직접전단시험과 인발시험을 통해 결정할 수 있다.

표 1.2 흙과 강재 사이에서의 마찰계수 μ(NAVFAC DM-7.2, May 1982)[10]

강재와 접한 흙의 종류	마찰계수$\mu(=\tan\delta)$	마찰각 δ(°)
깨끗한 자갈, 자갈-모래 혼합물, 입도 분포가 좋은 부순돌 채움재	0.40	22
깨끗한 모래, 실트질 모래-자갈 혼합물, 일정 크기의 경암질 채움재	0.30	17
실트질 모래, 실트나 점토가 섞인 자갈 또는 모래	0.25	14
가는 모래질 실트	0.20	11

* 위에 속하지 않은 흙에서는 $\delta = 1/2\phi$를 사용한다.

(2) 지지저항

보강토공법에 쓰이는 보강재 중 마디가 있는 스트립보강재, 앵커를 단 강봉보강재, 그리드 보강재 등에는 마찰저항과 함께 지지저항이 발생한다. 마디가 있는 스트립보강재에서는 마디에 의해서 앵커를 단 강봉보강재에서는 앵커에 의해 그리고 그리드보강재에서는 횡방향 부재에 의해 지지저항이 발생하게 된다. 지지저항은 마찰저항에 비해 상당히 큰 값을 보이는데, 특히 강그리드보강재의 경우에는 지지저항이 전체 인발저항의 80% 이상을 차지하는 것이 관찰되었다(Bergado et al., 1993a; Bishop, 1979; Matsui et al., 1997).[2,3,9]

그러나 지지저항은 마찰저항에 비해 그 거동이 복잡하여 지지저항에 대한 산정식이 아직도 정립되지 못하고 있다. 다만 강그리드보강재에서는 어느 정도 산정식이 제안되고 있지만 여전히 실측치와는 차이를 보이고 있어 미흡한 점이 있다.

강그리드보강재를 이용한 보강토옹벽에서 강그리드보강재의 마찰저항과 지지저항에 대하여는 본 서적의 제3장에서 별도로 자세히 설명하고 있으므로 그곳을 참조하기로 한다.

참고문헌

1. 홍원표(1995), 주입공법, 중앙대학교 출판부.
2. Bergado, D.T. et al.(1993a), "Interaction of Lateritic soil and steel grid reinforcement", Can. Geotech. J. Vol.30, pp.376~384.
3. Bishop, J.A.(1979), "An evaluation of a welded wire retaining wall", Master's thesis, Utah State University.
4. Clayton, C.R.I. et al.(1993), Earth Pressure and Earth-Retaining Structures, 2nd ed., Champton & Hall.
5. Jones, C.J.F.P.(1996), Earth Reinforcement and Soil Structures, Thomas Telford.
6. Palmeira, E.M. and Milligan, G.W.E.(1989), "Scale and other factors affecting the results of pull-out tests of grid buried in sand", Geotechnique, Vol.39, No.3, pp.511~524.
7. Peterson, L.M. and Anderson, L.R.(1980), "Pullout resistance of welded wire mesh embeded in soil", Report to the Hifiker Company, Utah State University.
8. Jewell, R.A. et al.(1985), "Interaction between soil and geogrides", Polymer grid reinforcement, Thomas Telford, London, pp.18~30.
9. Matsui, T. et al.(1997), "Tensile strength of jointed reinforcements in the steel grid reinforced earth", Proc., Soil Improvement, Macau.
10. NAVFAC DM-7.2(1982), Foundation and Earth Structures, Design Manual 7.2, Department of the Navy, Naval Facilities Engineering Commend, p.62~63.
11. 日本土質工學會 九州支部(1986), 補强土工法の現狀, 土質基礎工學 ライブラリ-29, 日本土質工學會.
12. 日本土質工學會編(1987), 補强土工法, pp.9~37.
13. 龍岡文未(1993), "ジオテキスタイルを用いた補强土工法 2.ジオテキスタイルによる補强メカニズム その1", 土の基礎, Vol.41, No.3, pp.76~82.

C·H·A·P·T·E·R

02

물리적 지반보강방법

C·H·A·P·T·E·R

02 물리적 지반보강방법

2.1 보강재 설치 방법 및 현장 적용 방법

흙속에 보강재를 넣어 흙의 강도나 강성을 증대시킬 수 있으며 증대효과는 여러 사람들에 의해 실험적으로 증명되었다. 이들 연구에서 보강재를 넣는 방법으로는 두 가지 방법이 주로 사용되었다.

하나는 섬유질이나 금속의 비교적 짧은 보강재를 건조한 흙시료와 섞어 혼합토의 형태로 보강토를 조성하는 방법이고, 다른 하나는 보강재를 일정한 방향으로 삽입 배치하여 흙을 이방성 재료로 보강하는 방법이다. 이렇게 보강한 시료는 대개 보강재가 전단면을 횡단하여 배치되므로 전단 시 전단저항력을 증대시킬 수 있는 방법이다.

전자의 보강방법은 혼합토를 성토재료로 활용하므로 도로성토, 댐축조 등에서 성토 재료의 전단강도와 강성을 증대시키는 데 활용된다. 한편 후자의 경우는 원지반에 강재나 섬유 모양의 봉이나 띠를 삽입하여 지반이 압축력이나 인장력을 받을 때 저항할 수 있게 한다.

후자의 경우는 건설 현장에서 현재 실무에 많이 적용되고 있는 원위치 지반보강기술이다. 예를 들면, NATM 터널공사에서 터널을 굴착하면서 굴착면과 터널측벽에 강봉, 철봉, 화이버 등을 삽입하여 지반을 보강하는 기술로 활용되고 있을 뿐만 아니라 도심지 굴착이나 경사면 절토 시 적용하는 쏘일네일링공법을 들 수 있다. 이 경우 굴착으로 인해 지반이 팽창할 때 보강재는 인장력에 저항하여 원지반의 강성과 강도를 향상시켜 안전한 굴착을 진행할 수 있게 한다. 그 밖에도 특수옹벽으로 적용하는 보강토옹벽에서도 성토를 진행하면서 강봉이나 합성수지계의 보강띠를 흙속에 포설하여 지반과 보강재 사이의 마찰로 옹벽배면 지반의 안전성을 크게 향상시킬 수 있다.

2.1.1 보강재 설치 방법

앞에서 간략하게 설명한 것과 같이 보강재를 흙속에 혼합하는 방법으로는 불규칙(randomly)하게 분포·혼합시키는 방법과 전단파괴면에 대하여 일정한 방향(oriented direction)으로 배치시키는 방법의 두 가지가 있다.

이들 보강토에 대한 보강효과는 일반적으로 실내 토질시험으로 많이 증명해오고 있다. 이들 기존 시험연구를 검토해보면 보강재의 혼합 방법에 따라 사용한 토질시험이 다르다. 보강재를 주로 모래와 불규칙하게 섞어 혼합시료(randomly distributed reinforced sands)를 조성한 경우는 주로 삼축압축시험을 수행하였고, 보강재를 전단파괴면을 기준으로 어느 일정한 방향으로 배치하여(oriented reinforced soils) 조성한 보강토의 경우는 주로 직접전단시험을 실시하였다.

(1) 불규칙 혼합법

첫 번째 방법으로는 짧은 보강재를 흙과 단순히 섞어 흙속에 보강재가 등방적으로 분포하게 하여 등방혼합시료를 그림 2.1과 같이 만들어서 지반을 보강하는 방법이다. 이러한 보강토는 제방이나 댐 등의 성토재료로 활용되며 성토체의 전단강도와 강성을 증대시키는 데 기여할 수 있게 한다.

보강재를 주로 모래와 불규칙하게 섞어 혼합시료(randomly distributed reinforced sands)를 조성한 경우 보강효과는 주로 실내 삼축압축시험으로 검토하였다. 예를 들면, Michalowski and Zhao(1996)의 삼축압축시험 결과에 의하면 강재보강재로 불규칙하게 분포시켜 보강한

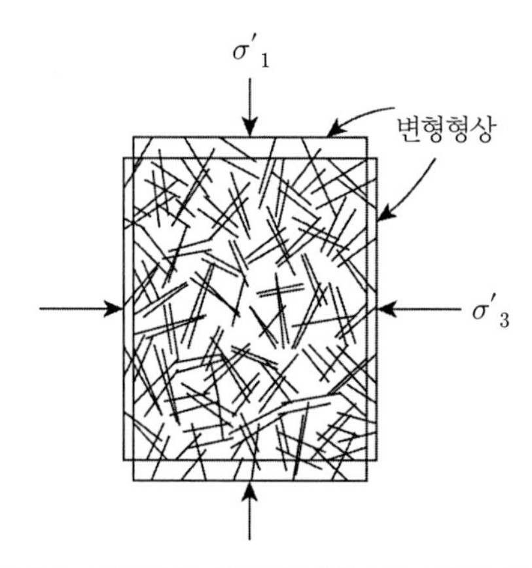

그림 2.1 보강재를 불규칙하게 분포시킨 혼합토

혼합모래는 무보강시료의 경우보다 항복전단강도가 약 20% 정도 증가하였으며 다일러턴시 억제 효과도 발생되었다.[18] 이 같은 효과는 구속압이 낮은 경우 더욱 컸다.

그 밖에도 불규칙하게 분포시킨 보강토에 대한 특이한 특성으로는 첨두강도에 도달할 때의 변형률이 상당히 크게 발생하였다는 점과 첨두강도 도달 이후 잔류강도로 전단강도가 급락하는 연화현상이 상당히 억제되었다는 점을 들 수 있다.

(2) 규칙적 배치법

두 번째 방법으로는 보강재를 전단면을 횡단하여 그림 2.2와 같이 일정 방향으로 모두 배치하여 보강시료를 조성하는 방법이다. 따라서 보강시료는 이방성을 지니게 되어 전단 방향으로 상당한 저항력을 기대할 수 있게 한다.

이러한 보강 개념은 사면굴착공사나 흙막이지하굴착공사에 적용되는 쏘일네일링공법의 원리로 활용되고 있을 뿐만 아니라 NATM 터널공사에서 굴착막장 주변지반을 보강하기 위해 천공·삽입하는 철근이나 강봉의 터널지반보강 원리로 활용되고 있다. 그 밖에도 성토 시 보강재를 수평으로 배치하여 사용하는 보강토공법을 들 수 있다.

이런 보강방법에 의한 보강토의 보강효과는 주로 직접전단시험 결과로 증명하였다. 즉, 그림 2.2에서 보는 바와 같이 Ranjan et al.(1996)이 수행한 수평전단면에 법선 방향을 기준으로 수직보강재를 삽입하거나 경사진 경사보강재를 삽입하여 전단에 저항하도록 하는 보강방법이다.[22]

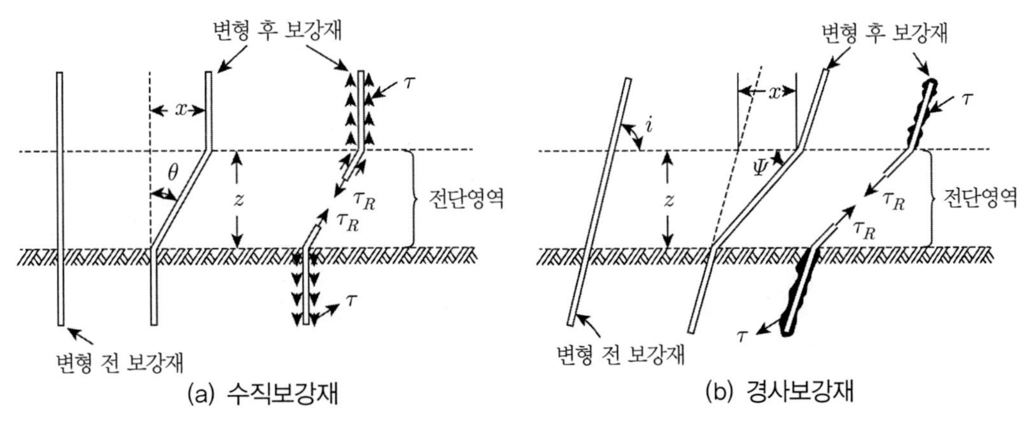

그림 2.2 모래지반 속 보강재의 규칙적 배치 모델(Ranjan et al., 1996)[22]

Ranjan et al(1996)은 이러한 보강원리의 근원은 Waldron(1977)[29]이 제시한 식물뿌리로 근입 보강된 토사의 원리라고 하였다.[22] 이 식물뿌리보강의 개념은 Gray and Ohashi(1983)[9]와 Gray and Al-Refeai(1986)[11]에 의해 보강재로 보강된 보강토의 변형과 파괴의 메커니즘 설명에 도입 적용되었다. 즉, 하나의 전단면을 가로질러 설치된 보강재의 전단강도증분(ΔS)을 구하였다.

이 모델에서 Gray and Ohashi(1983)[9]는 전단면의 한쪽에 동일한 길이의 긴 탄성보강재를 사용하는 것으로 고려하였다. 이때 전단력이 가해지기 전에 보강재의 방향은 그림 2.2(a) 및 (b)와 같이 전단면에 수직이거나 임의의 각도(i)를 가지도록 설치한다. 지반의 전단으로 보강재가 비틀리고 보강재에 인장저항력이 발달한다.

2.1.2 현장적용공법

앞 절에서 설명한 두 가지 보강재 설치 방법에 근거하여 개발된 지반보강공법이 현재 건설현장에서 많이 사용되고 있다.

먼저 보강재를 불규칙하게 배치시켜 지반을 보강하는 기술은 보강재를 통상적인 흙시료와 혼합시켜 새로운 보강시료를 댐이나 제방 성토나 도로, 철도 성토 시에 사용하여 상당한 효과를 보고 있다.

한편 일정 방향으로 규칙적으로 보강재를 배치하는 방법은 보다 다양한 공법으로 발전시켜 건설현장에 적용하고 있다. 예를 들면, NATM 공법으로 발전시켜 터널건설현장에 활용하고 있으며 쏘일네일링으로 개발한 쏘일네일링공법은 사면이나 지하굴착 현장에 지반의 안전을 유지시키는 데 효과적으로 활용되고 있다. 그 밖에도 연직벽으로 조성되는 보강토옹벽공법에도 보강재스티럽을 포설하면서 성토를 실시하는 데 적용하고 있다. 이들 공법에 대하여 개략적으로 정리 설명하면 다음과 같다.

(1) 성토

그림 2.3은 연약지반상에 성토(그림 2.3(a))나 뒤채움(그림 2.3(b))을 실시할 경우 이 성토하중이나 뒤채움하중에 의해 연약지반에 측방유동현상이 발생한다. 즉, 연약지반상에 철도, 제방 등의 성토를 실시할 경우 이 성토하중은 연약지반상에 편재하중이 되어 연약지반에 소성변형을 일으키게 된다.

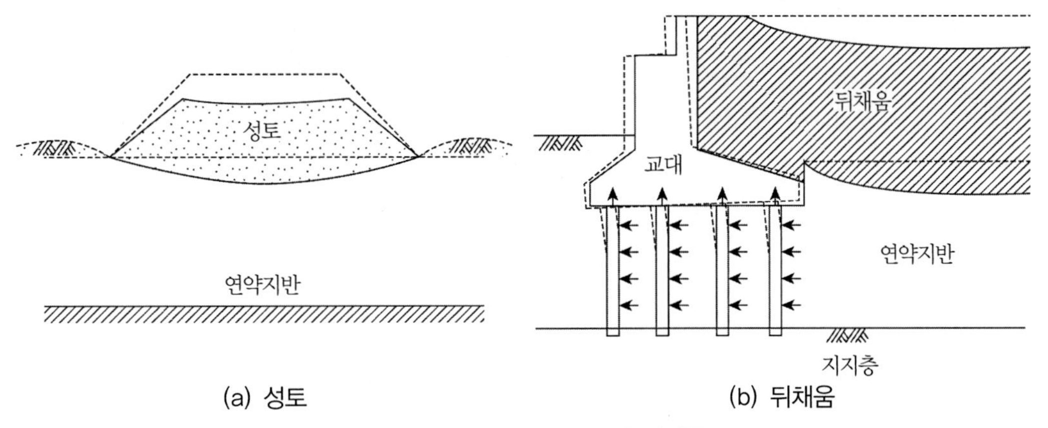

그림 2.3 연약지반상 성토 및 뒤채움

또한 하천을 횡단하여 교량을 건설할 경우 하천의 양안부에 교대를 설치하게 된다. 이 경우 하천 양안 지반의 대부분은 퇴적토사지반으로 형성되어 있어 지반의 강도가 약하므로 말뚝기초 위에 교대를 축조하게 된다. 이렇게 교대를 축조한 후에는 교대의 배면에 토사뒤채움을 실시하게 된다. 이 경우 뒤채움하중은 연약지반에 편재하중으로 작용하게 되어 연약지반의 측방유동을 발생시킨다. 이와 같은 연약지반의 소성변형에 의한 측방유동은 교대구조물의 구조적 안정에 심각한 영향을 종종 미치게 된다. 즉, 뒤채움에 의해 연약지반이 측방유동하면 교대가 기울거나 수평변위가 발생되어 종국적으로는 교량의 상판이 추락하거나 상판에 균열이 발생되는 심각한 사고를 일으킬 수 있다.

이러한 측방유동에 의한 피해를 줄여주기 위해 성토재료를 보다 강도와 강성이 큰 재료를 사용할 수 있다. 이때 성토재료는 앞 절에서 설명한 통상적인 양질의 성토재에 보강재를 섞어 보강된 혼합재료를 사용함이 바람직하다.

즉, 불규칙하게 분포된 보강혼합 성토재를 사용하여 성토나 뒤채움을 실시하면 그림 2.3에 도시된 바와 같은 성토체의 처짐이나 교대 뒤채움부의 처짐이 많이 감소될 수 있다.

(2) NATM

NATM은 터널을 굴착시공하면서 록볼트와 쇼크리트로 터널굴착면의 안전성을 확보시키는 원위치 보강기술이다. 그림 2.4에서 보는 바와 같이 터널굴착면에서 지중으로 록볼트를 천공 삽입하여 터널지반을 안정시키면서 터널굴착을 진행하는 공법이다. 따라서 NATM은 원지반에 보강재를 터널면에 수직 방향으로 삽입 보강함으로 보강재를 일정 방향, 즉 터널굴착면에 수직 방향으로 보강하는 물리적 지반보강방법에 속한다. 이 원리는 쏘일네일링공법에서의 원리와 근본적으로 같다고 할 수 있다.

이처럼 NATM은 그림 2.4의 예에 도시된 바와 같이 시스템 록볼트와 쇼크리트를 주요 지보공으로 하며 터널 시공을 진행하는 공법이다. NATM의 기본 원리는 터널지반 자체에 지보능력을 발휘시키는 공법이다. 즉, 이 공법은 터널지반이 원래 가지고 있는 지지력을 적극적으로 활용하려는 공법이다. NATM은 시스템 록볼트로 보강하면서 굴착 후 조기에 쇼크리트를 터널굴착지반에 밀착시켜 시공함으로써 풍화나 열화에 따른 터널굴착지반의 이완을 최소한으로 억제할 수 있다. 따라서 설계를 수행하는 데는 터널지반의 응력상태·쇼크리트의 지반구속효과·록볼트의 지반보강효과 등을 정확히 할 필요가 있다.

NATM은 오스트리아 Rabcewicz에 의해 개발된 터널시공법으로 용수의 처리가 가능하면 경암에서 토사까지 폭넓은 지반에 적용 가능하다. 그리고 일차복공을 어느 정도 수축 가능 구조로 함에 따라 소위 팽창성토압에도 경제적으로 이용할 수 있는 경우가 많다.

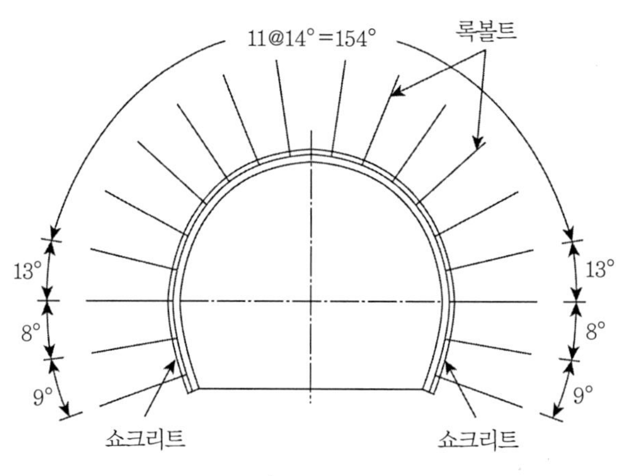

그림 2.4 NATM

(3) 쏘일네일링

쏘일네일링은 사면보강이나 지하굴착 공사에서 지반을 안정화시키는 데 사용된다. 즉, 그림 2.5(a)에서 보는 바와 같이 사면지반에서 가상활동토괴를 네일로 지지할 수 있어 사면안정공법으로 적용된다.

한편 도심지에서는 그림 2.5(b)에서 보는 바와 같이 원위치 지반을 쏘일네일링으로 지지하면서 지반을 굴착할 수 있다. 이때 쏘일네일링은 역타(top down)방식으로 실시되므로 현장

여건 및 토층별 강도특성 등을 감안하여 이에 적합한 전체 구조체의 기하학적 형상(전면 경사도를 포함하여) 및 네일의 강도, 치수 등의 선택이 가능하다.

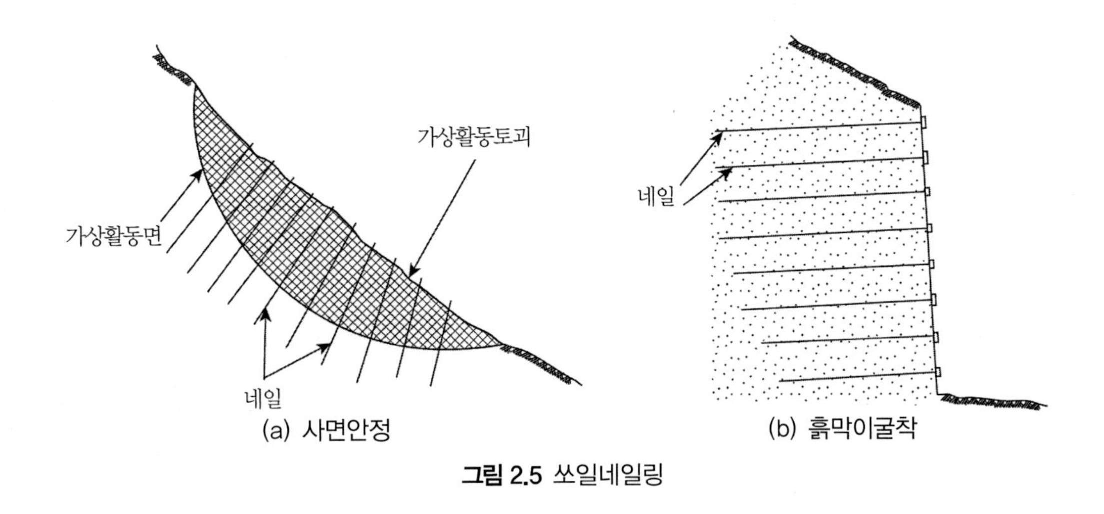

그림 2.5 쏘일네일링

쏘일네일링은 대표적인 원위치 지반보강기술로서 철도 및 고속도로 인접사면의 보강, 지하구조물 및 터널 등과 같은 토목 관련 시설물 축조에 필요한 굴착지보체계로 주로 이용되고 있다.

쏘일네일링은 기본적으로 인장응력, 전단응력 및 휨모멘트에 저항할 수 있는 보강재(주로 철근을 사용하며 네일이라 부름)를 프리스트레싱 없이 비교적 촘촘한 간격(대략적으로 하나의 철근이 5평방피트를 담당)으로 삽입하여 원지반의 전체적인 전단강도 증대 및 발생 변위를 가능한 억제하고 굴착공사 도중 및 완료 후에 예상되는 지반이완을 방지하는 공법이다.

쏘일네일링공법은 다음과 같은 몇 가지 장점을 지니고 있다.

① 공사비가 저렴하다.
② 시공장비가 경량이다.
③ 현장여건의 적응성이 좋다.
④ 지반조건의 적응성이 좋다.
⑤ 유연성이 크다.

(4) 보강토옹벽

그림 2.6에 도시된 바와 같이 성토 시 수평방향 및 연직방향으로 일정한 간격으로 띠모양의

스트립보강재를 매몰시켜 흙을 변형시키려는 힘을 스트립보강재의 인장력이 감당하게 하여 흙의 변형을 구속하고 자립의 수직성토를 축조할 수 있게 하는 공법이 보강토옹벽공법이다.[30,31]

스트립보강재의 단부에는 배면 토사의 튀어나옴을 막고 성토의 하부에는 스트립보강재에 작용하는 인장력과 균형을 갖게 하기 위해 토압의 일부를 받아주는 성토에 구속 역할을 가지는 연직벽체를 부친다. 원래 이론적으로는 이 벽면이 아무런 힘을 감당하지 않게 하나 안전을 위해 설치하고 있다. 왜냐하면 스트립보강재와 흙이 완전히 밀착 시공되지 못하는 경우도 발생하기 때문이다.

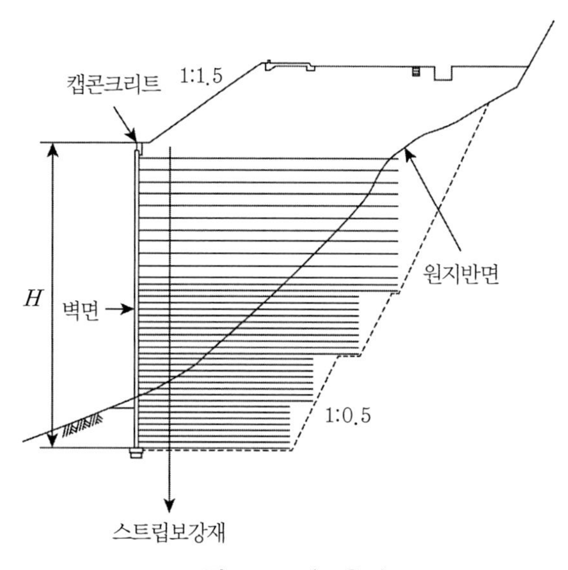

그림 2.6 보강토옹벽

스트립보강재의 역할은 그림 2.7에 도시된 바와 같다. 토목재료로서의 흙은 다른 재료에 비해 값이 싸고 대량으로 얻을 수 있는 이점을 지니고 있다. 반면에 흙은 외력에 쉽게 변형되고 전단강도가 낮기 때문에 사용처가 한정되어 있다. 이를 해결하기 위해 흙입자 간을 접착시키는 재료로 고결시키는 등 지반개량공법도 있으나 도로나 철도의 성토와 같은 대토량을 취급하는 경우 이와 같은 방법은 고가이기 때문에 일반적으로 사용되지 못한다.

이에 흙속에 보강재를 넣어 흙을 보강하는 공법이 사용되고 있다. 점착성이 없는 흙에 수직하중(σ_v)이 가해지면 축방향 변형률(δ_v)이 발생함과 동시에 수평방향으로도 변형률(δ_h)이 서서히 증대하여 종국적으로는 파괴에 이르게 된다. 만약 이때 변형(δ_h)이 발생하는 수평방향으로 보강재를 층층이 삽입하면 흙과 보강재 사이에 마찰이 발달함에 따라 점착력이 함유된 듯한 결합력이 발달한다. 수평방향변형률은 보강재의 변형률과 동일하게 된다. 보강재의 인장 강도가 높고 그 변형률이 작으면 이 흙은 보강재와의 사이에 발달하는 마찰에 의해 변형이 구속되어 결국 흙이 보강된다.

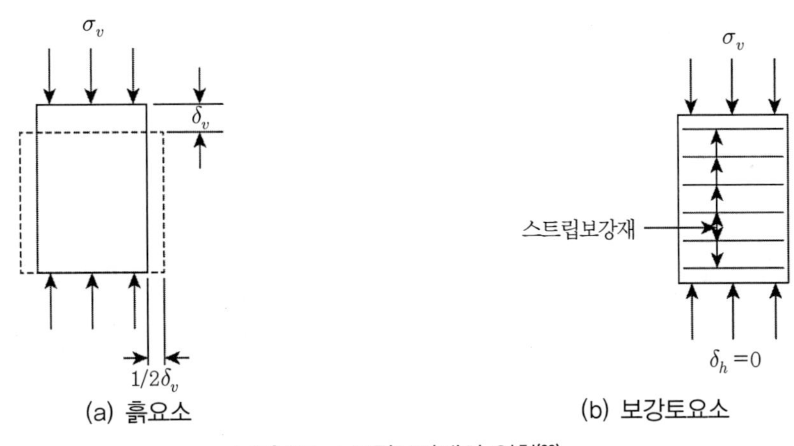

그림 2.7 스트립보강재의 역할[30]

2.2 보강효과의 시험적 연구 검토

보강재로 모래의 전단강도와 강성을 상당히 개선시킬 수 있다는 시험 결과가 많이 보고되었다(예를 들면, Michalowski and Zhao(1996)).[18] 보강토는 첨두강도 도달 시의 변형률이 상당히 크게 나타나며(즉, 변형성이 큼), 첨두강도 이후 강도가 떨어지는 변형률 연화현상을 상당히 개선시킬 수 있다(즉, 첨두강도와 잔류강도의 차이가 크지 않다)(Gray and Ohashi, 1983[9]; Gray and Al-Refeai, 1986).[11]

보강토의 전단강도와 강성은 모래의 물성(예를 들면, 입경, 입자형상, 입도)과 보강재 특성(예를 들면, 중량비, 형상비, 마찰력 및 탄성계수) 및 시험조건(구속압)(Gray and Maher, 1989[10]; Maher and Gray, 1990[17]; Al-Refeai, 1991[5])에 영향을 많이 받는다. 즉, 보강재의 분량, 형상, 표면비 등이 증가할수록 모래의 입도 분포가 양호하고(즉, 균등계수가 큼) 입자가 구상(공 모양)이 아니고 평균입자가 작을수록, 보강재가 많이 사용될수록 보강재의 혼합보강모래의 전단강도 증가에 기여도가 크다(Maher and Gray, 1990).[17]

Hoare(1979)는 2% 미만의 보강재를 섞은 모래자갈혼합토에 대한 일련의 압축시험과 CBR

시험 결과를 분석하여 보강재로 인하여 겉보기 내부마찰각과 구속압이 적은 경우 연성이 증가함을 나타내었다.[13] Verna and Char(1978)도 연성강재로 보강한 중간/세립 모래에 대한 삼축시험으로 유사한 결과를 밝힌 바 있다.[28] 전체체적의 7% 정도를 보강함으로써 내부마찰각이 36~45°로 증가하였다.

Andersland and Khattak(1979)은 펄프(셀룰로이즈)보강재로 보강한 Kaolinite 점토에 대한 삼축시험에서 보강재로 인하여 보강점토의 강성과 비배수전단강도가 증가하였음을 보여주었다.[6] 예를 들면, CD 시험으로 구한 점토의 유효내부마찰각은 무보강 시 20°였으며 보강 시 31°가 되었다.

이들 기존 시험연구를 검토해보면 보강재의 혼합 방법에 따라 크게 두 가지로 구분할 수 있다. 하나는 보강재를 주로 모래와 불규칙하게 섞어 혼합시료(randomly distributed reinforced sands)를 조성하여 삼축압축시험을 하였고, 또 하나는 보강재를 전단파괴면을 기준으로 어느 일정 방향으로 배치하여(oriented reinforced soils) 주로 직접전단시험을 실시하였다.

그 밖에도 보강재로 물리적 보강한 시료의 보강효과를 시험적으로 조사한 최근 연구 결과로는 Michalowski & Zhao(1996)의 연구[18]와 Nataraj et al.(1996)의 연구[20]를 대표적으로 열거할 수 있다. 이들 연구 내용을 정리하면 다음과 같다.

2.2.1 Michalowski 연구

(1) 보강시료의 삼축압축시험

Michalowski & Zhao(1996)는 섬유로 보강된 지반에 대한 파괴 기준의 수학적인 이론을 제시하고 섬유보강토의 파괴를 예측하기 위한 모델을 설정하기 위하여 모래에 대한 배수삼축시험을 실시하였다.[18]

이 시험에서 fiber 보강재를 모래 속에 등방적으로 분포시켜 등방혼합시료를 그림 2.1과 같이 만듦으로써 fiber로 모래를 보강하였다. fiber 보강재로는 스테인리스 강재(galvanized or stainless steel)와 폴리아미드 모노필라멘트(polyamide monofilament)의 두 종류를 사용하였다. 이들 보강재의 비중은 각각 7.85와 1.28이며 보강재의 길이는 25mm이었다. 삼축압축시험에 사용한 두 종류의 보강재의 특성과 공시체구속압은 표 2.1에 정리된 바와 같다.

한편 삼축압축시험에 사용한 모래의 물성은 d_{50}이 0.89mm이고 균등계수(C_u)가 1.52, 비중(G_s)이 2.65, 최대간극비($e_{\max}$)는 0.96, 최소간극비($e_{\min}$)는 0.56이었다. 삼축시험에 사용한 모든 시료의 초기간극비는 0.66으로 상대밀도가 70%였으며, 공시체의 높이와 직경은 모두 96.5mm로 하였다.

표 2.1 보강재의 특성과 공시체 구속압[18]

보강재	보강재 밀도 ρ(%)	형상비 $\eta(l/d_R)$	보강재 직경 d_R(mm)	공시체 구속압 σ_3(kN/m^2)
무보강	–	–	–	50~600
스테인리스 강재	0.41	40	0.64	100~600
	1.25	40	0.64	50~600
	0.5	85	0.3	50~600
폴리아미드 모노필라멘트	0.5	85	0.3	50~600
	1.25	85	0.3	400
	0.5	180	0.14	400

(2) 강도 및 변형 보강효과

그림 2.8은 무보강시료와 강재보강 혼합시료에 대한 삼축압축시험 결과를 비교한 그림이다. 그림 중 실선으로 도시한 거동은 무보강시료에 대한 삼축시험 결과이고 점선으로 도시한 거동은 강재보강재로 보강한 시료에 대한 삼축시험 결과이다.

그림 2.8(a)에서 보는 바와 같이 강재보강재로 보강한 경우는 항복전단강도가 무보강시료의 경우보다 약 20% 정도 증가하였음을 알 수 있다. 이 같은 강도의 증가 효과는 구속압이 낮은 경우가 더 컸다.

그림 2.8(b)는 폴리아미드 보강재로 보강한 경우의 보강효과를 도시한 결과이다. 시험 결과에 의하면 폴리아미드 보강재는 높은 구속압에서 전단강도를 증가시키지만 파괴에 이르기 전까지 강성이 작아지며 파괴 시 변형률이 증가한다.

이러한 보강재의 효과는 그림 2.9에서 보는 바와 같이 체적변형률 거동에도 효과가 큼을 알 수 있다. 즉, 그림 2.9(a)에서 보는 바와 같이 강재보강시료는 무보강시료보다 체적변형률이 작게 발생되었다. 이는 보강재가 전단 시 발생하는 체적 증가 현상, 즉 다일러턴시 현상에 영향을 미치고 있음을 의미한다. 따라서 보강재는 다일러턴시 현상을 억제시키는 효과가 있음을 알 수 있다. 이러한 보강재의 다일러턴시 현상의 억제효과는 그림 2.9(b)의 폴리아미드 보강재의 경우에도 동일하게 발생하였다. 이러한 다일러턴시 현상을 억제하는 효과는 구속압이 적을 경우 더 크게 나타났다.

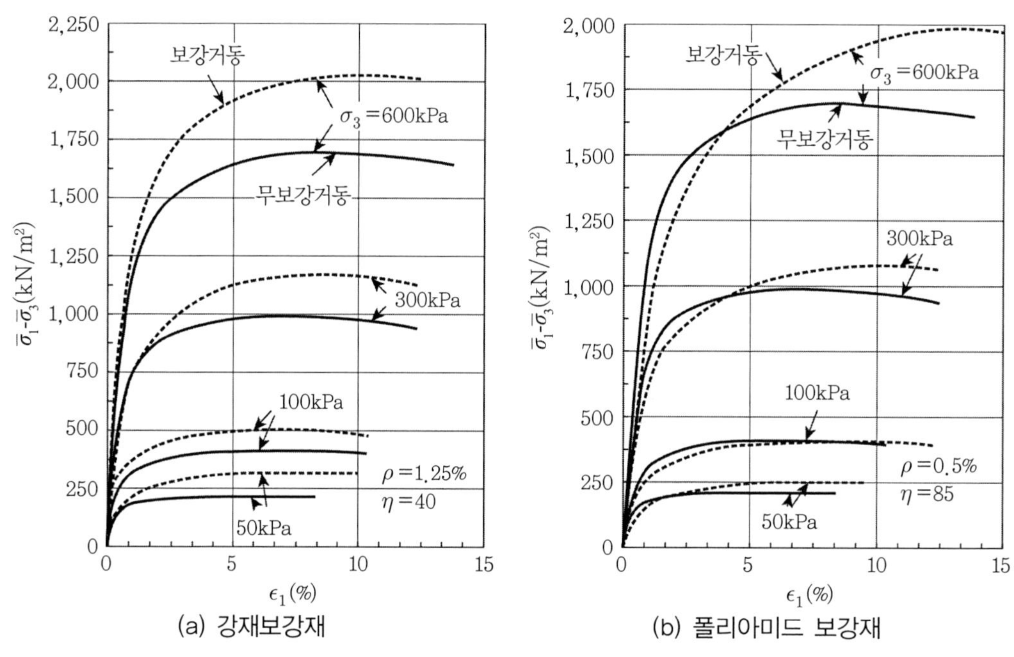

(a) 강재보강재 (b) 폴리아미드 보강재

그림 2.8 보강재의 강도 보강 효과

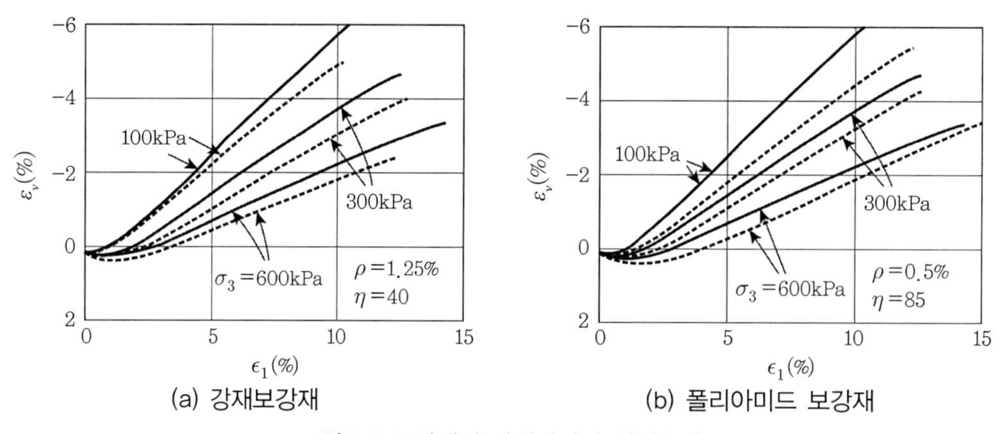

(a) 강재보강재 (b) 폴리아미드 보강재

그림 2.9 보강재의 다일러턴시 억제효과

(3) 보강재의 영향

그림 2.10은 보강재의 밀도의 영향을 도시한 결과이다. 우선 그림 2.10(a)의 강재보강재의 경우 보강재의 밀도(ρ), 즉 함유량이 증가하면 전단강도가 증가함을 알 수 있다. 폴리아미드 보강재를 사용한 경우는 그림 2.10(b)에서 보는 바와 같이 전단강도가 증가할 뿐만 아니라 파괴에 도달할 때까지 변형률도 상당히 증가한다.

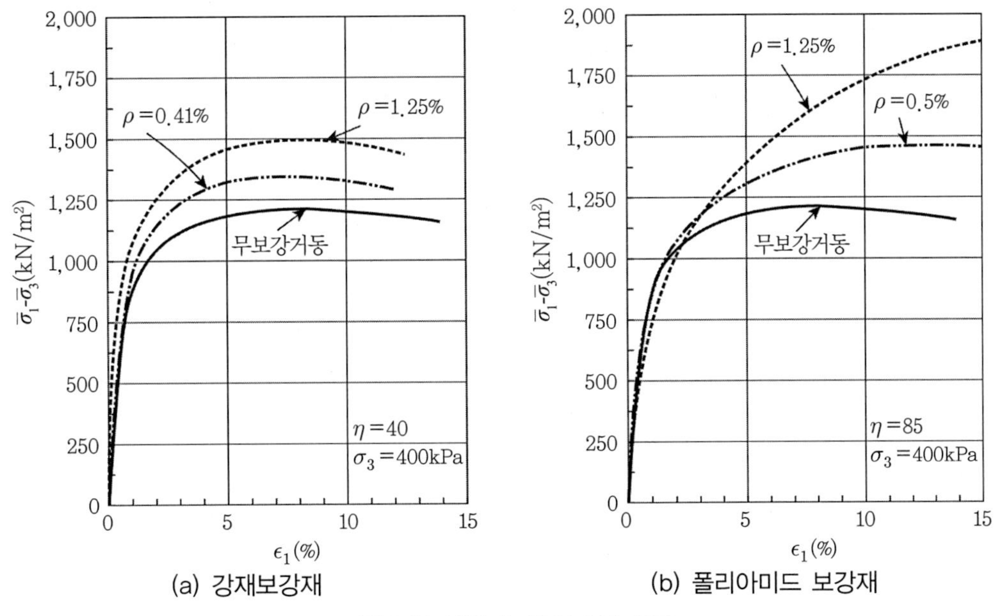

그림 2.10 보강재 밀도(ρ)의 영향

보강재는 동일한 밀도에서도 보강재의 형상에 따라서도 보강효과가 달라진다. 즉, 그림 2.11(a)에 의하면 동일하거나 유사한 강재보강재 밀도에서 보강재의 형상비 $\eta(l/d_R)$가 커지

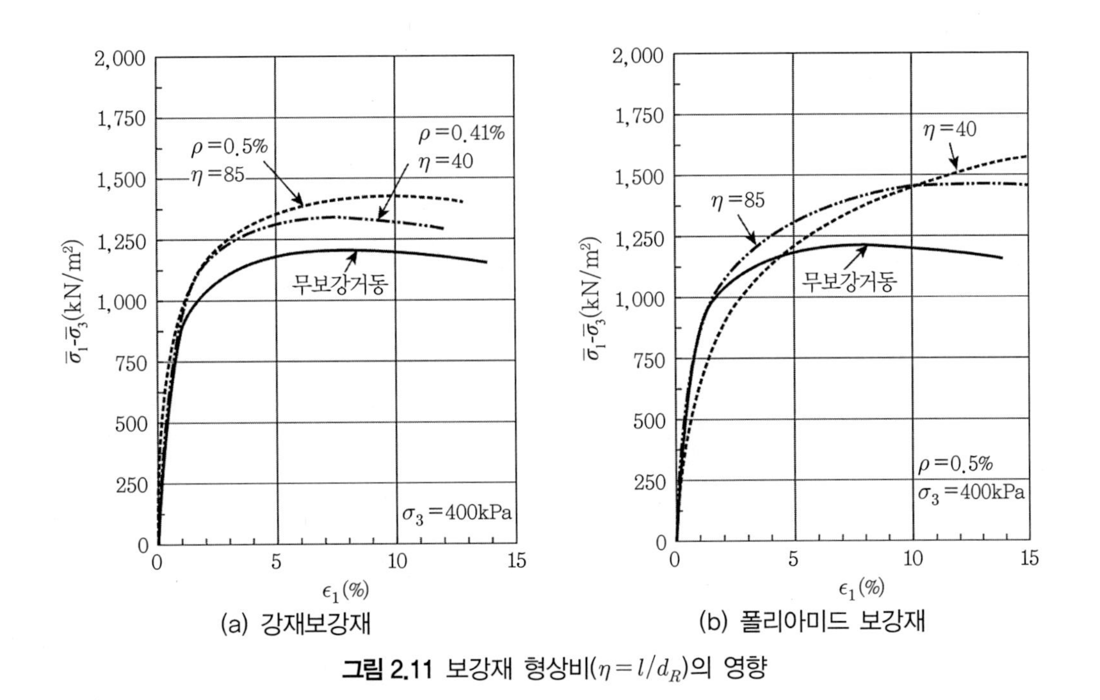

그림 2.11 보강재 형상비($\eta=l/d_R$)의 영향

면 전단강도를 더 크게 증가시킬 수 있음을 알 수 있다. 폴리아미드 보강재의 경우도 그림 2.11(b)에서 보는 바와 같이 유사한 경향이 있음을 알 수 있다.

2.2.2 Nataraj 연구

Nataraj, et al.(1996)은 길이 1inch 크기의 폴리프로필렌 섬유보강재(polypropylene fiber)가 불규칙하게 분포하도록 혼합 보강한 모래와 점토 시료에 대하여 여러 가지 토질시험을 실시하였다.[20]

즉, 보강시료의 강도와 변형 특성을 조사하기 위해 다짐시험(ASTM D698), 직접전단시험(ASTM 3080), 일축압축시험(ASTM D2166) 그리고 CBR 시험(ASTM D1883)과 같은 여러 시험을 실시하였다.

우선 다짐시험 결과 보강재로 보강된 모래와 점토의 다짐특성은 무보강시료의 다짐특성과 비슷한 것으로 나타나 다짐점토에는 보강효과가 별로 나타나지 않았다. 그러나 최대건조밀도는 모래에서는 보강재 함유량이 0.1%일 때 점토에서는 보강재 함유량이 0.2%일 때 정점에 도달하였다.

보강시료에 대한 최대건조밀도와 최적함수비 상태의 공시체에 실시한 직접전단시험으로부터 보강재로 보강한 보강시료는 전단강도의 증가효과를 유발하였고, 잔류강도의 손실을 감소시킴을 알 수 있었다. 즉, 보강재 함유량의 증가는 모래의 항복전단강도를 증가시켰으며 잔류강도 부분에서의 강도가 저하하는 변형률연화거동이 나타나지 않았다. 또한 모든 시험의 시료에서 0.3%의 보강재를 혼합하였을 때 전단강도가 가장 크게 나타났으며 내부마찰각과 점착력도 증가하였다.

혼합시료의 압축강도도 보강재로 보강되었을 때 상당히 증가되었고 함수비가 최적함수비일 때까지 증가하였다. CBR값은 보강재로 보강함에 따라 증가되었다.

이와 같이 보강재는 모래와 점토의 압축강도를 상당히 증가시킨다는 것을 알 수 있었다. 또한 모래와 점토에 대한 CBR값도 보강재에 의해 상당히 증가됨을 밝혔으며 모래와 점토에서 건조단위중량에 대한 최적 보강재 함유량은 약 0.3%라는 것을 알 수 있었다.

2.3 보강효과의 이론적 연구 검토

2.3.1 Mohr 변형률원과 보강효과

일반적으로 균일한 변형이 발생하는 임의의 흙요소에는 그림 2.12에 도시된 바와 같은 압축변형률, 인장변형률 및 전단변형률이 존재한다. 그림 2.12에서 x축 방향의 변형률 $\epsilon_x = -\frac{\partial u}{\partial x}$가 최소주변형률 ϵ_3(인장, −), y축 방향의 변형률 $\epsilon_y = -\frac{\partial v}{\partial y}$가 최대주변형률 ϵ_1(압축, +)이 된다.

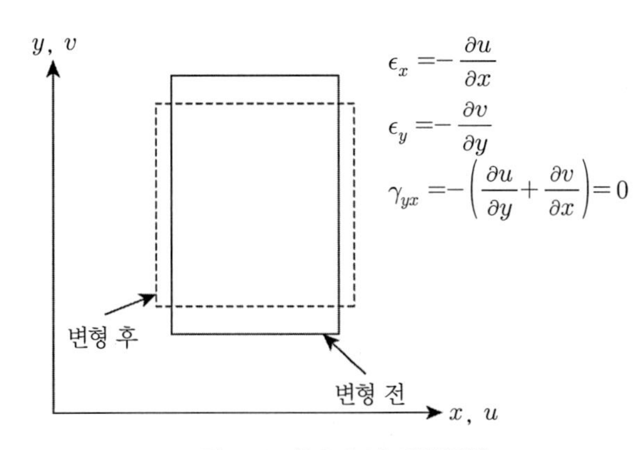

그림 2.12 흙요소의 변형률[3]

이러한 변형률(또는 변형률증분)을 Mohr원으로 도시하면 그림 2.13과 같다. 그림 2.13에서 수직변형률축 ϵ을 그림 2.12에서의 x축 방향에 평행하도록 취하고 있어 최소주변형률 상태를 나타내는 점(ϵ_3, 0)이 변형률 방향에 관한 극점(P_D')이 된다.

즉, 그림 2.13에서의 N점(ϵ_n, $\gamma_n/2$)은 그림 2.12의 흙요소 내의 P_D' N방향의 축변형률(ϵ_n)과 전단변형률($\gamma_n/2$)을 나타낸다. 이때 흙요소 내에 표면마찰보강재를 $P_D'X$방향으로 배치할 경우 이 보강재에는 인장력만이 작용한다. 따라서 이 경우의 보강재는 인장보강재가 된다.

한편 요소 내에 표면마찰보강재를 P_D' Y방향으로 배치할 경우 이 보강재에는 압축력만이 작용한다. 따라서 이 경우의 보강재를 압축보강재로 통칭하고 있다.

그림 2.13에서 P_D' Z_1방향과 P_D' Z_2방향은 압축변형도 인장변형도 없는 방향이다. 즉, 이

방향으로 강성의 표면마찰보강재를 배치할 경우 보강재 임의 단면에서 전체 표면 전단응력은 0이 되어 보강재 길이 방향으로는 압축응력도 작용하지 않는다.

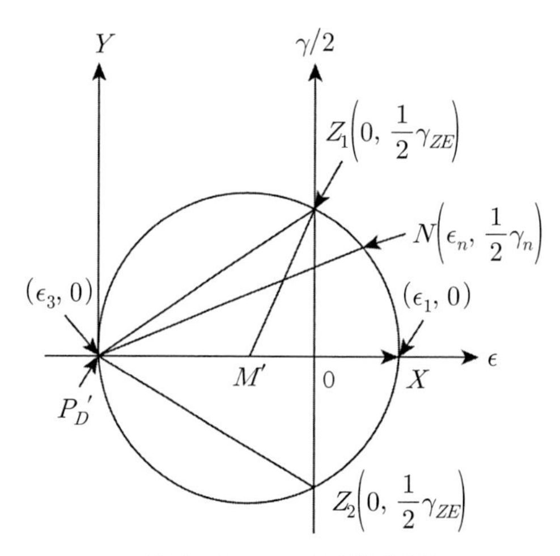

그림 2.13 Mohr의 변형률원

Jewell & Wroth(1987)은 위와 같은 메커니즘을 전단시험의 개념으로 나타냈다. 그림 2.14와 같이 모래로 충진된 전단상자 내에 직경 0.82mm의 격자상의 철망보강재(grid)를 여러 각도(θ)로 배치하여 보강토의 전단강도 τ_{max}와 보강각도 θ의 관계를 조사하였다. 즉, 그림 2.15는 그림 2.14에서 설명한 보강토의 전단시험 결과를 정리한 그림이다.

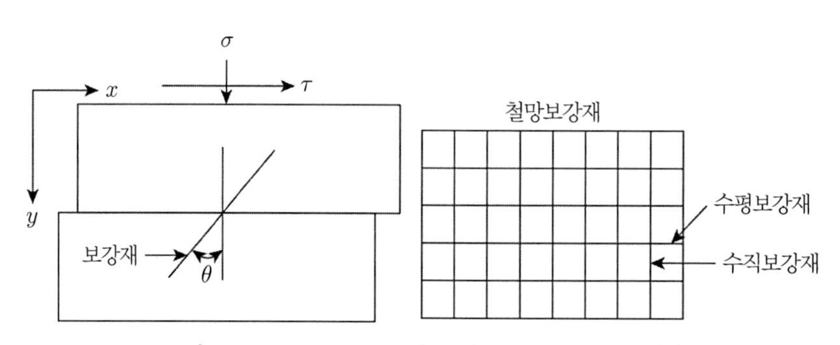

그림 2.14 Jewell & Wroth(1987)의 전단시험 개요[14]

그림 2.15에서 보강되지 않은 시료의 파괴 시 발생하는 최소주변형률증분($\Delta\epsilon_3$) 방향(그림 2.13에서 P_D' X방향)으로 보강재가 배치될 경우, 즉 인장보강재로서 이용될 때 최대의 보강

효과가 나타나며 최대주변형률증분($\Delta\epsilon_1$) 방향(그림 2.13에서 $P_D{}'Y$방향)으로 배치될 경우, 즉 압축보강재로서 이용될 때도 약간의 보강효과가 나타나고 있다. 그러나 인장도 압축도 없는 방향($P_D{}'Z_1$, $P_D{}'Z_2$방향)으로 배치될 경우 전혀 보강효과가 나타나고 있지 않다.

그림 2.15에서 보인 결과에 의하면 직접전단 시 보강재 삽입각 θ의 최적의 방향은 전단표면에 그은 법선과 약 30°의 각도를 이룰 때 보강토모래의 전단강도가 가장 크게 증가되었음을 알 수 있다.

Setty and Rao(1987)[24]와 Setty and Murthy(1990)[25]도 폴리프로필렌 보강재로 불규칙하게 보강한 실트질 모래와 Black cotton 흙에 대하여 삼축시험, CBR 시험, 인장시험을 실시하였다. 이들 시험 결과 3% 정도까지의 보강재를 혼합한 경우 점착력은 증가하였으며 내부마찰각은 약간 감소하였다(그러나 전체 전단강도는 증가함).

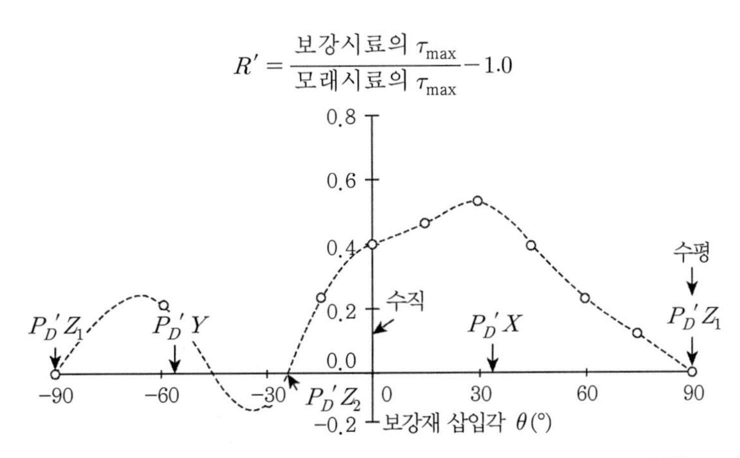

그림 2.15 전단시험에 의한 보강효과(Jewell & Wroth 1987)[14]

2.3.2 보강효과의 접근 방법

위에서 설명한 바와 같이 흙속에 보강재를 넣어 흙의 강도나 강성을 증대시킬 수 있었으며 증대효과는 여러 사람들에 의해 실험적으로 증명되었다. 이들 연구에서 보강재를 넣는 방법으로는 두 가지 방법이 주로 사용되었다. 하나는 섬유질이나 금속의 비교적 짧은 보강재를 건조한 흙시료와 불규칙하게 섞어 등방성 재료의 혼합토 형태로 보강토를 조성하는 방법이고, 다른 하나는 보강재를 일정한 방향으로 삽입 배치하여 흙을 이방성 재료로 보강하는 방법이다. 이렇게 보강한 시료는 대개 보강재가 전단면을 횡단하여 배치되므로 전단 시 전단 방향에 저항하여 전단저항력을 증대시킬 수 있는 방법이다.

전자의 보강방법은 혼합토를 성토재료로 활용하므로 도로성토, 댐축조 등에서 성토재료의 전단강도와 강성을 증대시키는 데 활용된다. 한편 후자의 경우는 원지반에 강재나 섬유 모양의 봉이나 띠를 삽입하여 지반이 압축력이나 인장력을 받을 때 저항할 수 있게 한다. 이는 건설 현장에서 현재 실무에 많이 적용되고 있는 기술이다. 예를 들면, NATM 터널공사에서 터널을 굴착하면서 터널굴착면에 강봉, 철봉, 화이버 등을 삽입하여 지반을 보강하는 기술로 활용되고 있을 뿐만 아니라 도심지 굴착이나 경사면 절토 시 적용하는 쏘일네일링공법을 들 수 있다. 이 경우 굴착으로 인해 지반이 팽창할 때 보강재는 인장력에 저항하여 원지반의 강성과 강도를 향상시켜 안전한 굴착을 진행할 수 있게 한다. 그 밖에도 특수옹벽으로 적용하는 보강토옹벽에서도 성토를 진행하면서 강봉이나 합성수지계의 띠보강재를 흙속에 포설하여 지반과 보강재 사이의 마찰로 옹벽배면 지반의 안전성을 크게 향상시킬 수 있다.

보강재를 흙속에 넣어 늘어난 강도를 이론적으로 표현하는 연구도 꾸준히 진행되고 있다. 이때 보강재로 인하여 증가하는 강도를 표현하는 방법은 두 가지가 있다. 첫 번째 접근 방법은 흙의 보강효과를 흙속에 구속압 증가효과로 표현하여 식 (2.1)과 같이 표현하는 방법이다.

$$(\sigma_{1f})_R = (\sigma_3 + \Delta\sigma_3)K_p \tag{2.1}$$

식 (2.1)은 보강된 흙의 최대주응력으로 표현한 전단강도식이다. 이 식에 표현된 바와 같이 원래 작용하던 구속압 σ_3에 보강재에 의한 구속압 증가 효과 $\Delta\sigma_3$를 더하여 전체 구속압으로 취급한다.

또 하나의 접근 방법은 증가된 강도 ΔS를 흙의 전단강도식에 단순히 추가 합산하는 방법이다. 즉, 전단강도 증가분 ΔS를 흙의 전단강도식에 단순히 더하여 식 (2.2)와 같이 표현한다.

$$\tau = c + \sigma\tan\phi + \Delta S \tag{2.2}$$

Waldron(1977)은 나무뿌리로 근입 보강된 토사의 하중－변형 토질 특성을 논한 바 있다.[29] 이 연구에서 Mohr-Coulomb의 전단강도식 ($\tau = c + \sigma\tan\phi$)을 다음과 같이 수정하였다.

$$\tau_r = c + \sigma\tan\phi + \Delta S \tag{2.3}$$

여기서, τ_r : 나무뿌리근입 보강토의 전단강도

ΔS : 나무뿌리보강 전단강도의 증분

이 나무뿌리보강의 개념은 Gray and Ohashi(1983)[9]와 Gray and Al-Refeai(1986)[11]에 의해 보강재로 보강된 보강토의 변형과 파괴의 메커니즘 설명에 도입·적용되었다. 하나의 전단면을 가로질러 설치된 보강재의 전단강도증분(ΔS)을 구하였다. 이 모델에서 Gray and Ohashi(1983)[9]는 전단면의 한쪽에 동일한 길이의 긴 탄성보강재를 사용하는 것으로 고려하였다.

이때 전단력이 가해지기 전에 나무뿌리보강재의 방향은 그림 2.16(a) 및 (b)와 같이 전단면에 수직이거나 임의의 각도(i)를 가지도록 설치한다. 지반의 전단으로 보강재가 비틀리고 보강재에 인장저항력이 발달한다. 보강재의 인장저항력은 전단면에 수직성분과 접선성분으로 분리할 수 있다. 수직성분은 파괴면에 구속응력을 증대시키며 접선성분은 직접 전단에 저항한다. 이 전단강도 증분 ΔS는 보강재의 설치 방향에 따라 다음 식으로 표현된다.

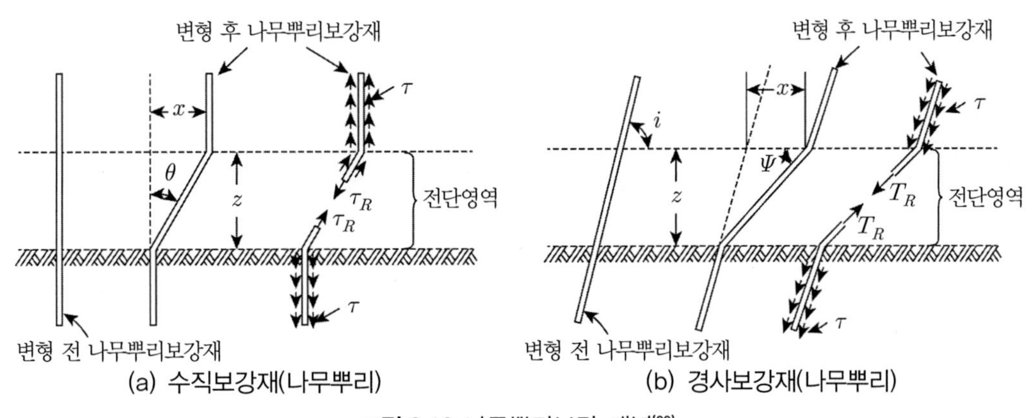

그림 2.16 나무뿌리보강 개념[29]

수직보강재 : $\Delta S = t_R(\sin\theta + \cos\theta\tan\phi)$ (2.4)

경사보강재 : $\Delta S = t_R[\sin(90° - \psi) + \cos(90° - \psi)\tan\phi]$ (2.5)

여기서, $\psi = \tan^{-1}\left[\dfrac{1}{(x/z) + (\tan i)^{-1}}\right]$ (2.6)

t_R : 전단 시 지반의 단위면적당 나무뿌리보강재의 발달인장강도

T_R : 전단 시 나무뿌리보강재의 발달인장력

ϕ : 모래의 내부마찰각

θ : 전단비틀림각

i : 초기 나무뿌리보강재 설치각(전단면 기준으로)

z : 전단영역의 두께

x : 수평전단변위

전단 시 지반의 단위면적당 나무뿌리보강재의 발달인장강도는 다음과 같다.

$$t_R = \left(\frac{A_R}{A}\right)\sigma_t \tag{2.7}$$

여기서, A_R : 전단 시 보강재단면적

A : 전단 시 지반의 전체 단면적

σ_t : 전단면에서 보강재에 발달하는 인장응력

전단면에 보강재 길이에 걸쳐 발달하는 인장응력 σ_t는 최대인장응력값에서 보강재 단부의 0값 사이에 분포응력으로 존재한다. 일반적으로 이 응력 분포는 선형이나 포물선으로 분포한다고 가정한다. 따라서 이들 분포식은 식 (2.8)과 같다.

$$\text{선형 분포의 경우} : \sigma_t = \left(\frac{4E_R\tau_R}{d_R}\right)^{1/2}[z(\sec\theta - 1)]^{1/2} \tag{2.8a}$$

$$\text{포물선 분포의 경우} : \sigma_t = \left(\frac{8E_R\tau_R}{3d_R}\right)^{1/2}[z(\sec\theta - 1)]^{1/2} \tag{2.8b}$$

여기서, E_R : 보강재의 탄성계수

τ_R : 보강재 주면마찰저항응력

d_R : 보강재 직경

전단면에서 보강재에 발달하는 인장응력은 보강재의 특성(즉, 주면마찰, 길이, 직경, 중량비, 변형계수 등)의 함수이다.

힘의 평형 모델에 의한 전단응력의 증분 ΔS와 영향요소는 직접전단시험 결과와 유사하였다. 이론과 실험 모두에서 최대전단강도 증가량은 보강재가 전단파괴면에 60° 각도로, 즉 주인장변형률 방향으로 설치되었을 때 나타났다.

Maher and Gray(1990)[17]는 불규칙적으로 혼합된 보강모래에 통계적 해석법을 도입한 힘의 평형 모델을 제안하였다. 이 모델에서는 보강재의 방향과 임의의 단면에서의 보강재량을 통계이론으로 예측하였다(Namman et al., 1974).[19] 삼축압축시험에서 보강재의 방향은 평균적으로 전단파괴면에 수직으로 예상되었다. 파괴면은 Mohr-Coulomb 파괴규준에서와 동일하게, 즉 수평면과 $(45° + \phi/2)$로 관측되었다. 전단면에 단위면적당 보강재의 평균 개수를 N_f라 하면 N_f는 식 (2.9)와 같다.

$$N_f = 2V_f / \pi d_R^2 \tag{2.9}$$

여기서, V_f : 체적률(지반의 단위체적당 보강재의 체적의 비율)
d_R : 보강재 직경

또한 보강재 면적률은

$$\frac{A_f}{A} = N_f\left(\frac{\pi}{4} d_R^2\right) \tag{2.10}$$

여기서, A_f : 전단면에서의 모든 보강재의 단면적
A : 파괴면에서의 전체 단면적

보강재에 발달하는 인장응력 σ_t는 다음과 같다(Waldron, 1977).[29]

$$\sigma_t = 2\tau_R \frac{l}{d_R} \tag{2.11}$$

여기서, τ_R : 보강재 주면마찰저항응력($=\sigma_{conf}\tan\delta$)

σ_{conf} : 구속압

δ : 주면마찰각

l : 보강재 길이

보강재에 의한 전단강도 증가량 ΔS는 힘의 평형식 (2.12)에 의해 다음과 같이 구해진다.

$$\Delta S = N_f\left(\frac{\pi}{4}d_R^2\right)\left[2(\sigma_{conf}\tan\delta)\frac{l}{d_R}\right](\sin\theta+\cos\theta\tan\phi)(\xi) \quad (0<\sigma_{conf}<\sigma_{crit}\text{인 경우}) \tag{2.12a}$$

$$\Delta S = N_f\left(\frac{\pi}{4}d_R^2\right)\left[2(\sigma_{crit}\tan\delta)\frac{l}{d_R}\right](\sin\theta+\cos\theta\tan\phi)(\xi) \quad (\sigma_{conf}>\sigma_{crit}\text{인 경우}) \tag{2.12b}$$

여기서, ξ : 모래에 대한 경험계수(즉, 모래의 입자와 입도의 크기와 형상)

간단한 전단면에 방향성 보강재를 대상으로 제안된 힘의 평형법(Gray and Ohashi, 1983)[9]은 불규칙한 혼합모래에는 직접 사용할 수 없다. 이 경우는 Maher and Gray(1990)[17]가 제안한 모델을 적용할 수 있다. 그러나 전단영역의 폭은 결정되지 않았다. 또한 보강재의 평균 예상 방향은 통계적으로 전단면에 수직 방향으로 예상되었다. 그러나 보강재의 방향을 실험적으로 결정하는 것은 어려운 일이다. 그러므로 불규칙하게 보강된 보강토의 경우 임의의 단면에서 보강재의 위치, 방향, 개수를 결정하기가 어렵다.

본 연구의 주된 목적은 삼축압축시험의 통계적 분석에 근거한 모델을 제시하고 보강재 특성, 지반특성, 구속압이 보강혼합토의 전단강도에 미치는 영향을 관찰하는 데 있다.

그림 2.17은 보강재의 함량이 0, 1, 2, 3, 4%이고 형상비가 75인 보강토의 축차응력-축변형률 관계 거동을 도시한 그림이다. 이 그림에서 보는 바와 같이 보강모래의 응력-변형률 거동은 무보강모래의 거동과 큰 차이가 있다. 무보강모래는 대략 10%의 축변형률에서 첨두응력를 보이는 데 비해 보강모래시료는 20%의 축변형률에서도 첨두응력을 보이지 않고 계속 증가하는 거동을 보인다. 이런 상태에서는 일반적으로 파괴응력으로 15% 혹은 20%의 축변형률에

대응하는 응력을 선택한다. 따라서 본 연구에서 파괴는 첨두응력상태나 20% 축변형률에 대응하는 응력으로 정의하였다. 여기서 전단강도는 파괴 시의 최대주응력(σ_{ij})으로 정한다.

그림 2.18은 보강모래의 주응력포락선을 도시한 그림이다. 보강모래의 강도포락선은 임의의 구속압까지는 곡면을 이루고 있다. 여기서 곡면에서 직선으로 변하는 변곡점에서의 구속압을 한계구속압(σ_{crit})이라 부른다. 즉, 한계구속압을 포락선의 직선부가 시작되는 점에 대응하는 값으로 정한다. 이 한계구속압 σ_{crit}은 지반과 보강재의 여러 변수의 영향에 의해 결정된다.

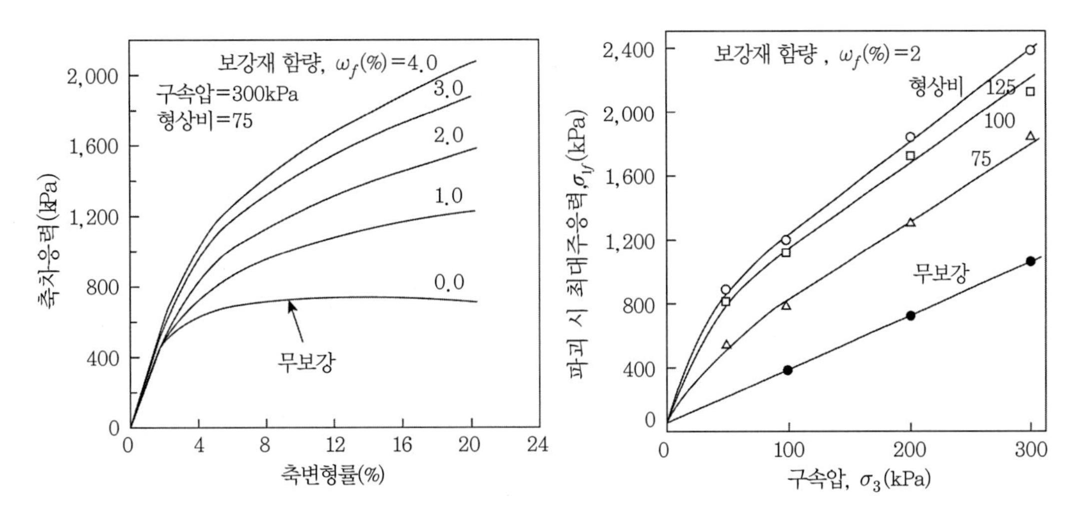

그림 2.17 소성보강세립모래의 축차응력-축변형률 관계 **그림 2.18** 소성보강세립모래의 주응력 포락선

2.3.3 Ranjan et al.(1996)의 통계적 경험식

보강토와 같은 혼합토의 전단강도는 보강재 특성(보강재의 중량, 형상비, 표면마찰), 흙의 종류, 밀도, 구속압에 의존한다. 그러나 혼합토의 변형과 파괴 시의 응력-변형률 상태를 모형화하기는 복잡하고 어렵다. 또한 보강재가 흙속의 전단면에 불규칙하게 섞여 있는 경우 보강재의 위치, 방향, 개수를 예측하기는 어렵다. 그러나 삼축압축시험 결과의 통계적 해석으로 보강재변수와 구속압의 전단강도에 미치는 영향을 파악하였다. 이 모델의 수학적 표현은 다음과 같다.

$$\sigma_{ij} = f(\rho, \eta, \mu, \phi, \sigma_3) \tag{2.13a}$$

여기서, σ_{ij}: 보강토의 전단강도, 즉 보강토의 파괴 시 최대주응력(kPa)

ρ : 보강재의 함량(%)

$\eta(=l/d_R)$: 보강재의 형상비(=길이/직경)

μ : 보강재의 표면마찰계수

ϕ : 흙의 내부마찰각

σ_3 : 구속압

식 (2.13a)에서 보강재의 표면마찰계수 μ는 수직응력 σ_N에 대한 보강재의 표면마찰저항력 σ_p의 비이다. 표면마찰력은 수직응력에 의존한다(Guilloux et al., 1979[12]; Sridharan and Singh, 1988[26]; Rao and Pandey, 1988[23]). σ_N과 σ_p 사이에는 연직축에 점착력 절편 c_a를 보인다. 점착력과 수직응력의 효과를 정하기 위해 표면마찰계수 f^*는 다음과 같이 재정의한다(Potyondy, 1962[21]; Sridharan and Singh, 1988[26]).

$$f^* = \frac{c_a}{\sigma_N} + \tan\delta \tag{2.13b}$$

여기서, f^* : 표면마찰계수

c_a : 점착력 절편

σ_N : 수직응력

δ : $\sigma_N - \sigma_p$관계선의 기울기(즉, 표면마찰각)

보강재의 마찰저항력을 정하기 위해 보강재 인발시험을 실시하였다. 식 (2.13b)로 마찰계수 f^*를 구하기 위해 수직응력 σ_N는 100kPa을 가하였다(Sridharan and Singh, 1988).[26] 흙의 내부마찰각 ϕ는 토질 특성과 상대밀도의 함수이다(Brinch Hansen and Lundgren, 1960[7]; Terzaghi and Peck, 1967[27]). 토질 특성과 상대밀도의 효과는 식 (2.13a)에서 내부마찰각으로 표현된다. 또한 삼축시험 결과 사용시료의 토질 특성 c 및 ϕ와 상대밀도의 효과는 마찰계수 $f(f=c/\sigma_N+\tan\delta)$로 표현할 수 있다.

따라서 보강토의 전단강도는 다음과 같이 정리할 수 있다.

$$\sigma_{ij} = f(\rho, \eta, f^*, f, \sigma_3) \quad (2.13c)$$

Ranjan et al.(1996)은 회귀분석을 통해 보강토의 전단강도 모델을 다음과 같이 제안하였다.[22] 보강토의 파괴포락선이 초기에 어느 한계구속압까지 곡선이다가 직선으로 바뀌므로 한계구속압 σ_{crit}을 기준으로 두 개의 식으로 제안되었다. (1) 하나는 $\sigma_3 \leq \sigma_{crit}$인 경우이고, (2) 또 하나는 $\sigma_3 \geq \sigma_{crit}$인 경우이다.

(1) $\sigma_3 \leq \sigma_{crit}$의 경우

$$\log_{10}(\sigma_{ij}) = 1.09 + 0.4\log_{10}(\rho) + 0.28\log_{10}(\eta) + 0.27\log_{10}(f^*) + 1.1\log_{10}(f) + 0.68\log_{10}(\sigma_3)$$

$$\rightarrow \log_{10}(\sigma_{ij}) = \log_{10}[antilog(1.09 \times (\rho)^{0.4}(\eta)^{0.28}(f^*)^{0.27}(f)^{1.10}(\sigma_3)^{0.68}]$$

$$\rightarrow \sigma_{ij} = 12.3(\rho)^{0.4}(\eta)^{0.28}(f^*)^{0.27}(f)^{1.1}(\sigma_3)^{0.68}$$

$$R^2 = 0.903,\ \text{자유도} = 176 \quad (2.14a)$$

(2) $\sigma_3 \geq \sigma_{crit}$의 경우

$$\sigma_{ij} = 8.78(\rho)^{0.35}(\eta)^{0.26}(f^*)^{0.06}(f)^{0.84}(\sigma_3)^{0.73}$$

$$R^2 = 0.93,\ \text{자유도} = 220 \quad (2.14b)$$

여기서 결정계수라 불리는 R^2은 관계신뢰지수이다. 모든 예측치가 관측점에 잘 근접하는 회귀식은 R^2값이 크다(예를 들면, $R^2 \simeq 1.0$). 반면에 분산도가 큰 경우는 R^2값이 작다. 식 (2.14a) 및 (2.14b)에서의 R^2값은 0.90보다 크게 나타났다. 이는 사용된 모든 데이터가 좋은 일치성을 보임을 의미한다.

2.4 삼축압축시험의 요소시험 계획

보강토공법의 개념이 Vidal(1969)[31]에 의해 체계화된 이후로 보강지반의 역학적 특성에 관

한 연구가 진행됨과 동시에 이들 재료가 보강토의 역학적 거동에 미치는 영향을 조사하기 위한 실내토질시험 및 이론적인 연구가 활발히 진행되었다. 특히 사질토지반을 대상으로 보강토공법의 적용 가능성을 평가하기 위해서 많은 실내시험이 수행되었다. 보강재 재료의 특성, 방향 그리고 보강재와 흙 사이의 부착강도 등이 사질토의 응력-변형률 거동에 미치는 영향을 조사한 결과 일반적으로 보강재는 사질토의 전단강도를 증대시켰으며, 전단강도의 증가량은 보강재의 설치 방향과 부착 강도에 따라 영향을 받는 것으로 나타났다(Gray & Obashi, 1983[9]; Jewell & Wroth, 1987[14]).

한편 점성토로 구성된 지반에 대한 보강재의 활용방안에 관련된 연구는 주로 직접전단시험 및 일축압축시험에 의해 수행되었다. 특히 보강재에 의한 보강점토의 전단강도 증대효과를 분석하였다(Nataraj et al., 1996).[20] 그러나 이들 연구는 성토지반을 대상으로 한 연구로 보강재를 흙과 불규칙하게 혼합하여 보강토를 조성한 경우이다. 따라서 실제 점토지반을 교란시키지 않고 보강재를 삽입한 경우의 보강토에 대한 연구는 실시되지 않고 있다.

실제 현장에서 점토지반을 굴착할 경우 쏘일네일링을 삽입하여 지반을 보강하면서 굴착을 실시할 경우는 보강재가 방향성을 가지고 규칙적으로 배치되게 된다. 이러한 보강지반의 특성은 교란된 점토를 보강재와 불규칙하게 혼합하여 조성한 보강지반과는 역학적 특성이 확연히 다를 것이다.

따라서 제2.4절에서 제2.6절까지는 우리나라의 대표적 해안 연약지반인 서해안에서 채취된 해성점토를 대상으로 점토시료를 교란시키지 않고 보강재를 일정 방향으로 삽입하여 보강시료를 조성하고 삼축압축시험을 실시함으로써 쏘일네일링으로 보강된 보강지반를 대상으로 모형화하여 보강특성을 조사한다. 이렇게 보강재로 보강된 보강점토시료에 대하여 삼축압축시험을 실시하여 그 결과를 무보강시료에 대한 삼축압축시험의 결과와 비교·분석함으로써 보강점토의 역학적 특성을 파악하고 보강재의 보강효과에 영향을 미치는 여러 요소의 효과를 조사하고자 한다.

먼저 제2.4절에서는 수행할 삼축압축시험 방법과 보강재의 설치 계획 등을 포함한 제반 시험절차 및 시험계획에 대하여 설명한다. 여기서는 시험에 이용할 점토시료의 물성시험 결과를 정리하고 시험에 적용되는 여러 보강재에 대한 물리적 특성을 설명한다. 이때 보강효과에 영향을 미칠 여러 요소 중 보강재의 설치 각도에 대해서도 검토해본다. 특히 보강재의 설치 각도의 영향은 삼축압축시험 시에 강성이 큰 금속보강재를 사용하여 보강 재료의 삽입경사각에 따른 영향을 살펴볼 수 있게 한다. 즉, 보강재의 삽입각에 대한 응력-변형률 거동을 분석하여 보강재 삽입 시의 삽입 각도가 지반의 전단강도에 미치는 영향을 파악한다.

보강점토의 삼축압축시험의 목적은 크게 세 가지로 분류할 수 있다. 첫 번째 목적은 보강점토와 무보강점토의 역학적 거동을 비교하는 것이고, 두 번째 목적은 보강재의 보강효과에 영향을 미치는 제반 요소를 파악하고 그 특성을 관찰하는 것이다. 마지막으로 세 번째 목적은 보강재의 설치 각도의 영향을 조사하는 것이다.

다음으로 제2.5절에서는 무보강점토와 보강점토에 대한 삼축압축시험(CU) 결과를 응력-변형률 거동, 주응력비-변형률 곡선, 간극수압-변형률 곡선 등을 이용하여 비교·정리한다. 이로서 무보강점토와 보강점토의 변형특성 및 강도특성을 비교할 수 있다.

그리고 제2.6절에서는 삼축압축시험 결과를 토대로 보강점토의 응력-변형률 거동에 영향을 미치는 요소에 대하여 조사한다. 즉, 점토와 보강재로 이루어진 보강점토의 파괴거동을 분석하기 위해 보강재의 강성, 구속압과 보강재의 밀도, 그리고 형상비 등의 여러 인자에 대한 영향을 분석한다. 또한 보강재의 설치 각도의 영향도 여기서 분석 설명한다.

2.4.1 사용 점토

본 연구에 사용된 점토시료는 영종도의 인천국제공항 제2활주로 지역 남측 토목시설공사(A-4공구) 지역 내에 분포한 해성점토이다. 본 연구에서 삼축압축시험은 3차에 걸쳐 실시되었다. 삼축시험에 사용된 점토는 모두 영종도에서 채취한 해성점토이다. 그러나 시험 때마다 시료채취를 하였고 채취심도가 달라 토질 특성이 약간씩 차이가 있다.

자연상태의 불교란시료를 채취하기 위해 지표면으로부터 임의의 깊이에서 PVC관을 정적으로 관입시켜 시료를 채취한 직후 PVC관을 비닐랩(wrap)으로 감싸 함수비의 변화를 방지하였다. 이후 실내로 반입하여 보관 기간 동안 수분이 증발하는 것을 방지하기 위해 양쪽 끝단을 파라핀으로 봉합한 후에 사용하였다.

본 점토시료의 토질 특성을 알아보기 위해 함수비시험(KS F2306-95), 비중시험(KS F 2308-91), 애터버그시험(KS F2303) 그리고 채분석시험(KS F2309)을 실시하였다. 또한 역학적 특성을 알아보기 위해 삼축압축시험(CU 시험)을 실시하였다.

3차에 걸쳐 실시된 실내토질시험 결과를 정리하면 표 2.2와 같다. 이 표에는 참고로 영종도 인천국제공항부지 22개 지역의 해성점토에 대한 실내시험으로부터 얻은 평균치도 함께 수록하였다. 표 2.2에 의하면 이 지역 점토시료의 액성한계의 평균치는 34.1%이고 소성지수 평균치는 13.2로서 중간 정도의 소성상태와 압축성을 가지는 것으로 나타났다. 본 시료를 통일분류법(USCS)으로 분류하면 CL로 분류된다.

표 2.2 시험에 사용된 점토시료의 토질 특성[1,3,4]

시험 차수	시료채취 심도(m)	함수비 w(%)	비중 G_s	Atterberg		채분석		
				LL(%)	PI(%)	0.005 (mm)	#200(%)	#4(%)
1차 시험	13.0	30.2	2.67	33.3	15.9	17	97.2	99.6
2차 시험	1.5	37.6	2.68	39.0	15.1	22.4	99.7	100
3차 시험	3.0	34.08	2.64	29.4	9.73	–	–	–
평균치*	–	35.1	2.68	34.1	13.2	12.4	84.2	99.8

* 인천국제공항부지 22개 지역의 해성점토에 대한 실내시험으로부터 얻은 평균치

2.4.2 사용보강재

본 연구에서 실시한 점토시료의 보강에 사용된 보강재는 표 2.3과 같다. 1차 시험에 이용된 보강재는 Multifilament Synthetic Fiber(M.S.F.라 약칭)와 Reel line(R.L.라 약칭)의 두 가지로 비중이 각각 1.6과 0.98이고 인장강도와 직경이 상이한 두 가지 보강재를 선정하였으며 이들 보강재에 대한 물리적 특성은 표 2.3과 같다. 이들 보강재는 상대적으로 높은 인장강도 및 신장계수를 지니고 있다. 본 연구에서는 먼저 M.S.F.보강재에 대한 요소시험을 수행한 후 보강재의 물리적 특성의 차이가 보강효과에 끼치는 영향을 알아보기 위해 R.L.보강재로서 시험을 실시하여 서로 비교한다.

표 2.3 보강재의 물리적 특성[1,3]

보강재	비중 G_s	지름 (mm)	인장강도 kg/cm^2×10^3	신장계수 kg/cm^2×10^4	탄성계수 kg/cm^2×10^6	시험 차수
M.S.F.	1.6	0.9	3.68	28.5	–	1차 시험
R.L.	0.98	0.5	1.75	19	–	
P.W.	2.8	0.9	14.06	–	9.5	2차 시험
S.W.	2.7	1.0	6.37	–	7.5	
G.W.	1.8	0.45	14.51	–	0.4	
P.W.	2.8	0.9	14.06	–	9.5	3차 시험

한편 2차 시험에 이용한 보강재는 Piano Wire(P.W.로 약칭), Steel Wire(S.W.로 약칭), Guitar Wire(G.W.로 약칭)의 세 가지로 각각의 비중이 2.8, 2.7, 1.8이고 인장강도와 직경이 상이한 세 가지 보강재를 선정하였으며 이들 보강재에 대한 물리적 특성을 표 2.3에 함께 수록하였다. 표 2.3에서 보는 바와 같이 이들 보강재는 상대적으로 높은 인장강도를 나타내고 있다. 마지막으로 3차 시험에서는 강성이 큰 보강재로 Piano Wire를 사용하여 삽입경사에 대한 효과를 알아본다.

2.4.3 시험방법 및 시험계획

앞에서 설명한 바와 같이 본 연구의 목적은 세 가지였으므로 삼축압축시험도 3차에 걸친 시험에서 현장점토시료 채취에서부터 사용 보강재에 이르는 제반 시험 재료를 각기 다르게 사용하여 시험을 실시하였다.

본 연구에서는 보강점토의 역학적 특성 및 보강효과를 조사하기 위해 삼축압축시험을 실시하였다. 사용된 삼축압축시험기는 영국 ELE사의 ADU 삼축압축시험기(자동화 삼축시험기)였다.[1] 본 시험기는 본체, 압밀셀, 마이크로컴퓨터, 시료입출력장치 등으로 구성되어 있다. 변형률 속도 및 시료의 초기조건을 입력한 후 시험을 시작하면 간극수압측정장치, 하중측정장치, 변위측정장치로부터 시험측정치를 읽고 컴퓨터에 저장하며 시험조건에 따라 자동적으로 시험이 종료된다.

본 연구에 수행된 삼축압축시험의 유형은 압밀비배수(CU)시험을 변형률제어방식으로 행하였다. 이때 전단속도는 삼축압축시험에서 비배수시험의 경우 소성지수에 따른 CU 시험 재하속도의 분류에 의거하여 0.14%/min의 속도(보통 0.05~0.2%/min)를 적용하였다.

포화 정도를 검토하기 위해 측압(cell pressure)과 배압(back pressure)의 차이를 10kPa 이내로 하여 단계적으로 구속압을 높이면서 시료의 간극수압계수(B-value) 0.98 이상을 유지하도록 하였다.

압밀시험은 본시료의 선행압밀하중보다 큰 구속압을 일정한 시간간격을 두고 단계적으로 가하였으며 자동화 삼축시험기에서 제공되는 압축량과 시간관계로 표현되는 압밀 곡선으로부터 1차 압밀이 이루어진 것을 확인한 후 변형률이 25%에 도달할 때까지 전단을 실시하였다. 삼축압축시험에 이용된 공시체는 지름이 70mm이고 높이가 140mm이었다.

보강점토에 대하여 실시한 3차에 걸친 삼축압축시험의 시험계획은 다음과 같다.

(1) 제1차 시험계획

제1차 시험에서는 삼축압축시험을 무보강점토시료와 두 가지의 보강재로 보강된 보강점토 시료에 대하여 실시한다. 1차 시험에서 수행할 삼축압축시험의 내용을 형태별로 분류하여 정리하면 표 2.4와 같다.[1]

첫 번째 시험 그룹에서는 먼저 시료의 토질 특성과 역학적 특성을 조사하기 위해 무보강점토에 대한 물성시험과 삼축압축시험을 실시한다.

두 번째 시험 그룹에서는 구속압의 영향을 살피기 위해 무보강점토에 대해서는 100~500kPa의 구속압과 보강점토에 대하여는 300~500kPa의 구속압을 각각 적용한 삼축압축시험을 실시하였다.

표 2.4 제1차 시험계획[1]

<table>
<tr><th>보강 형태 시료</th><th>무보강시료</th><th colspan="6">보강시료</th></tr>
<tr><td>공시체 형상비
$\mu(d/h)$</td><td>-</td><td>2</td><td colspan="2">5</td><td>8</td><td>11</td></tr>
<tr><td>보강재 배치 간격
(cm)$(\Delta h/2)$</td><td>-</td><td>2.3</td><td colspan="2">0.7</td><td>0.5</td><td>0.3</td></tr>
<tr><td>보강재 밀도
$\rho(\%)$</td><td>-</td><td>0.1</td><td colspan="2">0.3</td><td>0.5</td><td>0.7</td></tr>
<tr><td rowspan="2">보강재 형상비
$\eta(l/d_R)$</td><td rowspan="2">-</td><td rowspan="2">-</td><td>보강재
M.S.F.</td><td>보강재
R.L.</td><td rowspan="2">-</td><td rowspan="2">-</td></tr>
<tr><td>39</td><td>70</td></tr>
<tr><td>공시체 구속압
(kPa)</td><td>100~500</td><td>300~500</td><td colspan="2">400</td><td colspan="2">300~500</td></tr>
</table>

세 번째 시험 그룹에서는 보강재의 밀도에 따른 영향을 조사하기 위해서 구속압 300~500kPa 하에서 점토시료 체적에 대한 보강재 밀도를 0.1, 0.3, 0.5, 0.7%로 증가시키면서 각각의 경우에 대한 CU 시험을 실시한다. 여기서 보강재의 밀도는 식 (2.15)로 정의한다.

$$\rho = \frac{V_{fiber}}{V} \tag{2.15}$$

여기서, V_{fiber} : 보강재의 총 체적

V : 점토공시채의 총 체적

네 번째 시험 그룹에서는 보강재의 물리적인 특성이 보강점토의 보강효과에 미치는 영향을 조사하기 위한 삼축압축시험도 실시한다. 이 시험에서는 $\eta(l/d_R)$로 표현되는 형상비가 각각 $\eta=39$, $\eta=70$인 두 가지 보강재에 대하여 일정한 구속압 400kPa 상태에서 시험을 수행한다.

그림 2.19는 높이 14cm 직경 7cm의 크기의 점토공시체에 대하여 공시체의 반지름과 동일한 길이를 갖는 0.1% 밀도의 보강재를 상, 중, 하부에 각각 한 층씩 3층으로 하여 보강점토공시체를 성형 설치한 모습의 예이다. 보강재의 삽입은 먼저 임의의 단면에서 공시체의 원주 방향으로 8개의 보강재를 설치하고 밀도에 따라 정해진 보강재층 단면 사이의 간격($\Delta h/2$)이 동일하게 설치한다. 이때 최상부와 최하부 보강재층은 상단부와 하단부로부터는 각각 $\Delta h/2$ 간격 위치에 설치한다.

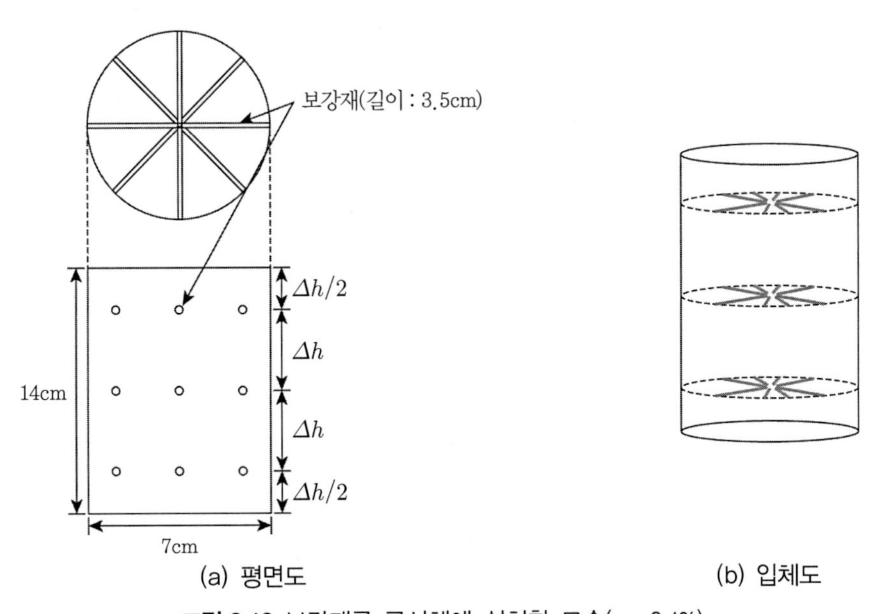

그림 2.19 보강재를 공시체에 설치한 모습($\rho=0.1\%$)

(2) 제2차 시험계획

제2차 시험에서는 무보강점토시료와 세 가지의 보강재료로 보강된 보강점토시료에 대하여 삼축압축시험을 실시한다. 제2차 시험에서 수행할 삼축압축시험의 내용을 형태별로 분류하여 정리하면 표 2.5와 같다.[3]

표 2.5 제2차 시험계획[3]

보강재	보강재 밀도 ρ(%)	보강재 간격 (cm)($\Delta h/2$)	단면당 보강재 수 ×보강단면 층 수	보강재 형상비 $\eta(l/d_R)$	공시체 구속압 (kPa)
Guitar wire	0.1	0.55	8개×13층	81	400
	0.3	0.35	16개×20층		
	0.5	0.4	32개×17층		100~500
	0.7	0.3	32개×23층		400
	0.9	0.5	64개×15층		
Piano wire	0.1	2.3	8개×3층	39	400
	0.3	0.7	8개×9층		
	0.5	0.5	8개×15층		100~500
	0.7	0.3	8개×19층		400
	0.9	0.54	16개×14층		
Steel wire	0.1	3.5	8개×2층	35	400
	0.3	1	8개×7층		
	0.5	0.5	8개×12층		100~500
	0.7	0.43	8개×17층		400
	0.9	0.33	8개×22층		

먼저 첫 번째 시험 그룹에서는 시료의 토질 특성과 역학적 특성을 조사하기 위해 무보강점토에 대한 물성시험과 삼축압축시험을 실시한다. 이는 제1차 시험에서와 동일한 삼축압축시험이다. 다만 채취한 공시체가 1차 시험 시기와 다르게 심도 1.5m에서 채취하였다.

두 번째 시험 그룹은 구속압의 영향을 살피기 위해 무보강점토와 보강점토에 대하여 100~500kPa의 구속압을 적용한 삼축압축시험을 실시하였다.

세 번째 시험 그룹에서는 보강재의 밀도에 따른 영향을 조사하기 위해서 점토시료 체적에 대한 보강재 밀도를 0.1, 0.3, 0.5, 0.7, 0.9%로 증가시키면서 각각의 경우에 대한 CU 시험을 실시하였다. 여기서 보강재의 밀도는 식 (2.15)로 정의한다. 이 밀도를 확보하기 위한 보강재 설치 형태는 표 2.5에서와 같이 보강재를 2층에서 23층까지 설치하였다.

네 번째 시험 그룹에서는 보강재의 물리적인 특성이 보강점토의 보강효과에 미치는 영향을 조사하기 위한 삼축압축시험을 실시하였다. 이 시험에서는 $\eta(l/d_R)$로 표현되는 보강재 형상비가 각각 $\eta=35$, $\eta=39$, $\eta=81$인 세 가지 보강재에 대하여 일정한 구속압 400kPa 상태에서 시험을 수행한다.

(3) 제3차 시험계획

제3차 시험에서는 시료 전체에 대한 보강재의 밀도비를 0.5%로 유지하면서 보강재 설치 각도의 영향을 조사한다.[4] 제3차 시험에 사용된 보강재는 표 2.3에서 보는 바와 같이 P.W.이다.

먼저 시료의 토질 특성과 역학적 특성을 조사하기 위해 무보강점토에 대한 물성시험과 삼축압축시험을 실시한다. 이는 제1차 시험 및 제2차 시험에서와 동일한 삼축압축시험이다. 다만 채취한 공시체가 제1차 시험 및 제2차 시험 시기와 다르게 심도 3.0m에서 채취한 시료를 사용하였다.

첫 번째 시험 그룹에서는 그림 2.20(b)에 도시된 바와 같이 수평방향으로 보강재가 삽입된 시료에 대한 삼축압축시험을 실시하였다. 이 시험 그룹에서는 구속압이 전단강도에 미치는 영향을 살피기 위해 구속압을 200~500kPa로 하여 시험을 실시하였다.

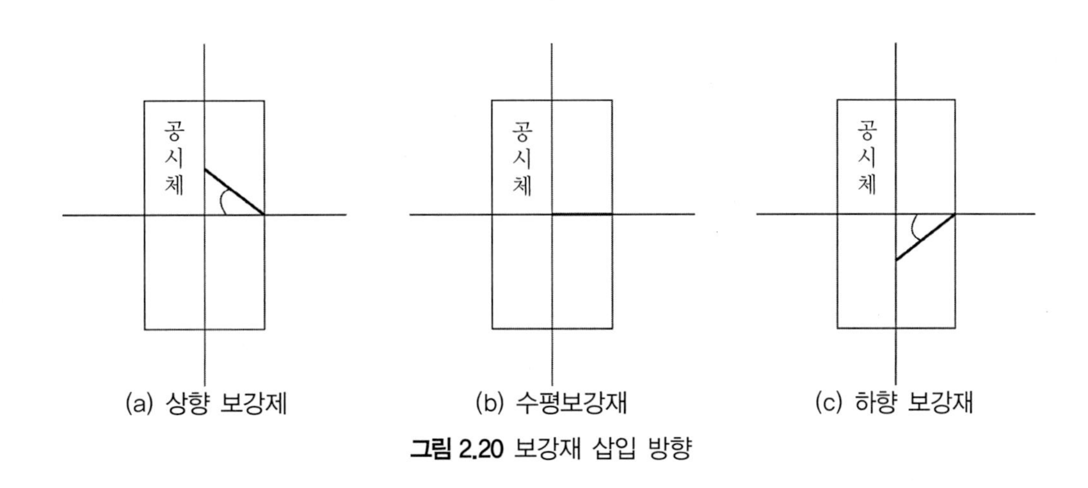

그림 2.20 보강재 삽입 방향

다음으로 두 번째 시험 그룹에서는 보강재 삽입 시의 보강재 삽입각이 시료의 전단강도에 미치는 영향을 살펴보았다. 이 시험 그룹에서는 구속압을 일정하게 하고 시료에 대한 보강재의 밀도를 0.5%로 동일한 비율로 정한 상태에서 보강재 삽입각만 다르게 하여 시험을 실시하였다.

보강재 삽입은 그림 2.21에 나타낸 바와 같이 수직판에 guide bar를 설치하여 보강재를 밀어 넣는다. 공시채의 수평방향을 0°로 하여 상향 0~55° 및 하향 0~15° 각도로 보강재를 삽입하여 삼축압축시험을 실시하였다.[4]

본 시험에서는 보강재가 보강점토의 인장보강재로써의 보강효과를 최대로 발휘하게 하기 위해 Jewell & Wroth(1987)[14]의 전단시험 결과와 같은 메커니즘을 도입하여 점토보강 시 보강재 삽입각의 효과를 알아본다.

이러한 보강 개념은 흙의 변형에 기인한 인장력이 네일의 저항력으로 작용하는 쏘일네일링의 작용 원리와 유사하다. 이와 같이 쏘일네일링에서도 네일의 인장력이 최대로 발휘될 수 있도록 네일 삽입 시 적절한 삽입 각도로 설치하고 있다.

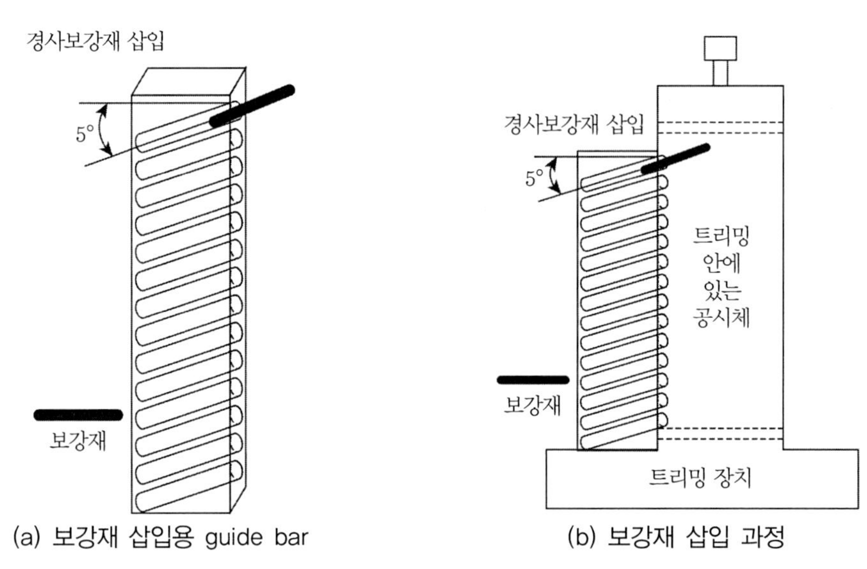

(a) 보강재 삽입용 guide bar (b) 보강재 삽입 과정

그림 2.21 경사보강재 설치 방법

이 시험에서는 불교란점토에 대한 보강재의 지반보강효과를 최대로 발휘할 수 있는 보강재 삽입 각도를 알아보기 위해 보강재 밀도 0.5%인 상태에서 보강재를 원주 방향으로 8개×공시체의 높이 방향으로 등간격으로 15층(그림 2.22 참조)을 유지시키면서 보강재를 수평방향으로 설치한 삼축압축시험을 기본적으로 먼저 실시하였다. 이때 공시체의 높이 방향으로 각각의 보강위치에서 보강층 사이의 거리($\Delta h/2$)를 그림 2.22(a)와 같이 동일하게 유지시키면서 설치한다.

그림 2.22는 높이 14cm, 직경 7cm 크기의 점토공시체에 공시체의 반지름과 동일한 길이를 갖는 보강재를 상·중·하부에 각각 한 층씩 3층으로 설치하여 보강재 위치 및 방향을 표시한 모습이다. 그러나 실제 삼축압축시험에서는 보강재의 밀도비를 0.5%로 설치하기 위해서 보강재를 공시체 높이 방향으로 15개 층을 보강하였다.

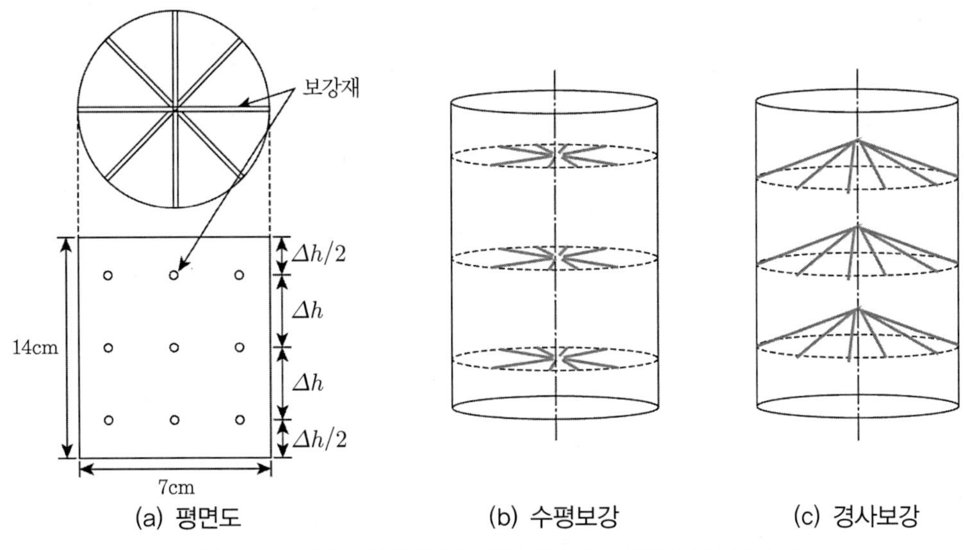

그림 2.22 보강재 수평방향과 상향 경사로 보강된 공시체 모습

2.5 삼축압축시험 결과 : 무보강점토와 보강점토의 비교

무보강점토 및 보강점토에 대한 삼축압축시험(CU 시험)의 결과를 비교함으로써 보강재의 보강효과를 확인하고자 한다. 구속압은 100, 200, 300, 400, 500kPa의 다섯 가지 경우를 적용하였다. 비교 대상 보강점토의 보강재로는 Piano Wire(P.W.)를 사용한 경우를 대상으로 하였으며 보강재 밀도비를 0.5%로 보강한 경우의 시험 결과를 비교해본다.

2.5.1 응력경로

응력-변형 거동에서 응력의 증가와 더불어 파괴에 이르기까지 작용하는 응력변화의 궤적인 응력경로는 전단과정을 살피는 데 중요하다. 그림 2.23은 삼축압축시험 결과 파악된 무보강점토와 보강점토의 응력경로를 비교한 그림이며,[3] 그림 2.23에서 횡축에는 평균주응력 $p' = (\sigma_1' + \sigma_3')/2$을 나타내고 종축에는 축차주응력 $q' = (\sigma_1' - \sigma_3')/2$을 나타냈다.

또한 그림 2.23에 도시한 수평화살표는 각각의 점토시료가 파괴된 점을 표시한 그림이다. 이들 삼축압축시험은 앞에서 설명한 바와 같이 100, 200, 300, 400, 500kPa의 다섯 가지 구속압에 대하여 실시하였으며 압밀비배수삼축시험(CU 시험)의 결과이다.

우선 무보강점토에 대한 삼축압축시험의 결과를 이용하여 응력경로를 그리면 그림 2.23(a)와 같다. 한편 보강점토의 삼축압축시험 결과는 그림 2.23(b)와 같다. 무보강점토의 응력경로와 비교해보면 파괴 시 응력경로의 기울기가 27°에서 33°로 많이 증가하였음을 알 수 있다. 이는 결국 유효내부마찰각을 31°에서 40.5°로 대폭 증대시키는 효과로 나타났다.

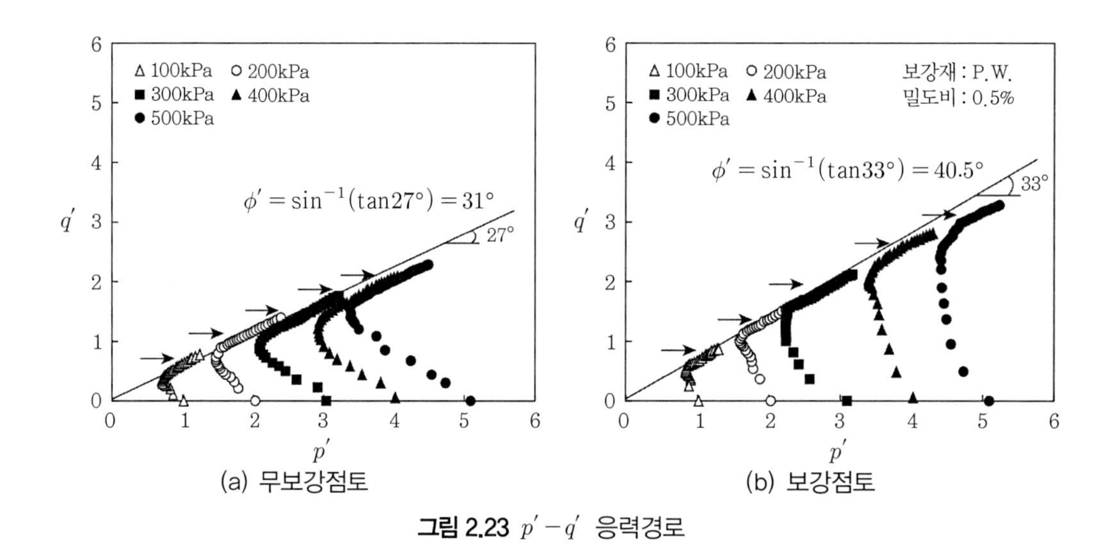

그림 2.23 $p' - q'$ 응력경로

2.5.2 Mohr원

무보강점토와 보강점토의 압밀비배수삼축압축시험(CU) 결과를 Mohr 응력원으로 도시하면 그림 2.24와 같다. 우선 무보강시료의 결과인 그림 2.24(a)를 보면 전응력과 유효응력으로 도시한 경우 파괴포락선의 기울기는 각각 16°와 32.5°로 나타났다. 결국 전응력과 유효응력 모두 점착력은 거의 없으며 내부마찰각만 각각 다르게 나타났다.

유효응력과 전응력으로 도시한 Mohr 응력원이 다르게 도시되는 이유는 그림 2.24의 횡축인 최소주응력이 전응력과 유효응력의 경우 간극수압 만큼의 차이가 발생하기 때문이다. 즉, 축차응력($\Delta\sigma = \sigma_1 - \sigma_3$)이 공시체에 작용할 때 간극수압의 변화가 일어나므로 이때 최소유효주응력 및 최대유효주응력은 식 (2.16)과 같이 표현할 수 있다.

최소유효주응력 : $\sigma_3' = \sigma_3 - \Delta u$ (2.16a)

최대유효주응력 : $\sigma_1' = \sigma_1 - \Delta u$ (2.16b)

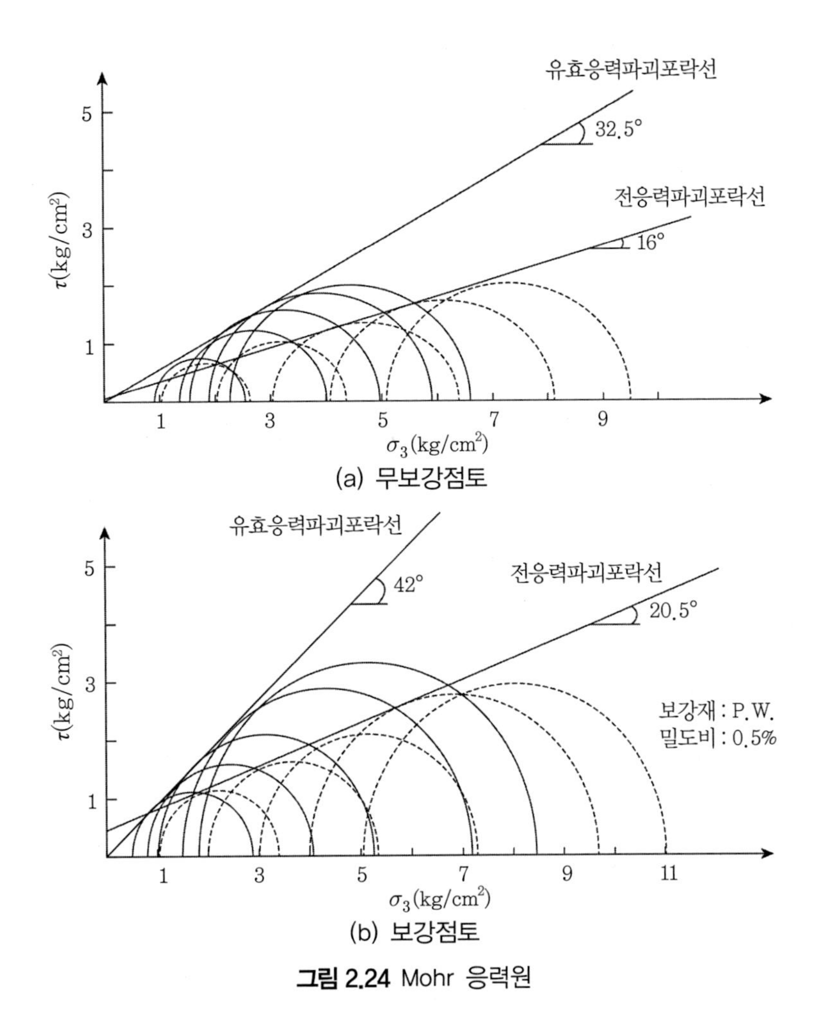

(a) 무보강점토

(b) 보강점토

그림 2.24 Mohr 응력원

한편 밀도비 0.5%의 Piano Wire로 보강한 보강점토의 시험 결과를 Mohr 응력원으로 도시하면 그림 2.24(b)와 같다. 이 그림에 의하면 유효응력 파괴포락선으로 구한 강도정수는 점착력이 없이 내부마찰각이 42°로 나타났고 전응력 파괴포락선으로 구한 강도정수는 점착력이 0.43kg/cm^{2}이고 내부마찰각이 20.5°로 나타났다. 결국 점토시료는 보강재 삽입에 의해 전응력, 유효응력 모두 강도정수가 증가하였음을 알 수 있다. 이는 보강재의 보강효과에 의한 결과라고 말할 수 있다.

표 2.6은 다른 보강재료를 사용하였을 경우의 강도정수를 함께 정리한 시험 결과이다(권오민, 2000).[3] 이 표에 의하면 Piano Wire(P.W.)의 보강효과가 가장 크게 나타났고 Steel Wire(S.W.)와 Giutar Wire(G.W.)의 보강효과가 그 뒤를 이어 나타났음을 알 수 있다.

표 2.6 Mohr원에 의한 강도정수

보강재	유효응력 파괴포락선에 의한 강도정수		전응력 파괴포락선에 의한 강도정수	
	c' (kg/cm^2)	ϕ' (°)	c' (kg/cm^2)	ϕ' (°)
G.W.	0	35.5	0.36	16
S.W.	0	39.5	0.44	19.5
P.W.	0	42	0.43	20.5

한편 표 2.7은 무보강점토와 보강점토의 삼축압축시험에서 각각의 경우에 대한 강도정수를 세 가지 방법에 대하여 정리하였다.

표 2.7 무보강점토 및 보강점토의 강도정수

	Mohr-Coulomb 규준		최대주응력비 $(\sigma_1'/\sigma_3')_{max}$		$p'-q'$ 선도법	
	c' (kg/cm^2)	ϕ' (°)	c' (kg/cm^2)	ϕ' (°)	c' (kg/cm^2)	ϕ' (°)
무보강	0	32.5	0	32	0	31
P.W.	0	42	0	41.8	0	40.5
S.W.	0	39.5	0	39.4	0	39.6
G.W.	0	35.5	0	35.4	0	34.5

즉, Mohr-Coulomb 파괴규준에 의한 판정법, 최대주응력비를 이용한 판정법 그리고 $p'-q'$ 포락선을 이용한 판정법의 세 가지를 모두 수록하였다. 어느 방법에 의하든 보강재에 의해 점토시료의 강도정수는 상당히 향상되었음을 알 수 있다. 이들 강도정수 중 $p'-q'$ 선도법의 경우가 다른 값들에 비해 조금 작은 값으로 나타났다.

2.5.3 비배수시험 결과

그림 2.25는 피아노선(P.W.)으로 보강한 보강점토의 압밀비배수삼축압축시험(CU) 결과를 도시한 그림이다. 즉, 밀도가 0.5%인 피아노선으로 보강한 보강점토의 구속압을 변화시키면서 그림 2.25(a)에는 축차주응력$(\sigma_1'-\sigma_3')$의 거동을 도시하였고 그림 2.25(b)에는 주응력비(σ_1'/σ_3')의 거동을 도시하였으며 그림 2.25(c)에는 간극수압(Δu)의 거동을 도시하였다.

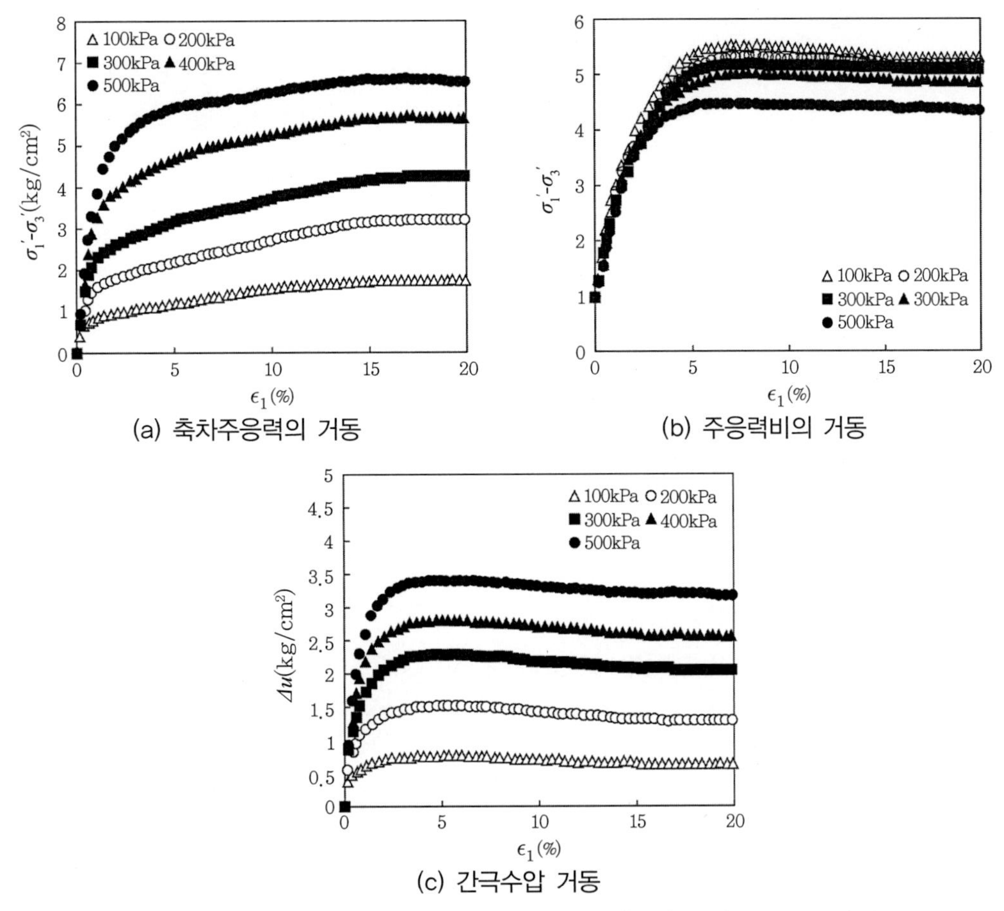

(a) 축차주응력의 거동

(b) 주응력비의 거동

(c) 간극수압 거동

그림 2.25 P.W.보강점토의 삼축압축시험 결과(보강재 밀도 ρ=0.5%)

표 2.7은 무보강점토와 보강점토의 강도정수를 정리한 표이다. 강도정수는 표 2.7에 정리된 바와 같이 Mohr-Coulomb 규준, 최대주응력비, 및 $p'-q'$ 선도법의 세 가지 방법으로 판정하여 구하였다. 일반적으로 최대강도는 응력-변형률 곡선에서의 최대점인 최대축차응력으로 판단하지만, 구성식에서의 최대강도는 주응력비-변형률 곡선에서의 최대점인 최대주응력비 개념을 사용한다. 극한강도 역시 주응력비 개념을 사용하며 이론적으로 배수시험과 비배수시험에서 각각 체적변화가 없거나 유효응력의 변화가 없이 소성전단변형이 계속 발생하는 상태를 나타낸다.

이들 삼축압축시험 결과에 의하면 그림 2.25(a)에서와 같이 구속압이 증가함에 따라 최대축차응력이 증가하는 경향을 보이고 있다. 파괴 시(최대축차응력 $(\sigma_1'-\sigma_3')_{max}$)의 축변형률 ϵ_1도 함께 증가하며 12~15% 정도에서 파괴가 발생하였다. 또한 보강으로 인해 파괴 이후 최대축차응력이 감소하지 않고 수렴하는 경향을 보였다.

한편 그림 2.25(b)는 축변형률 ϵ_1과 유효주응력비 σ_1'/σ_3'의 관계를 나타내며 구속압이 증대할수록 곡선의 초기기울기 및 최대주응력비 $(\sigma_1'/\sigma_3')_{max}$는 감소함을 알 수 있다. 또한 그림 2.25(c)에서 보는 바와 같이 간극수압은 구속압이 큰 시료일수록 크게 발생하고 3~5%의 축변형률에서 간극수압은 최댓값에 도달하였다.

표 2.8은 보강점토의 삼축압축시험에서 구속압과 보강재의 밀도에 따른 보강점토의 최대축차응력 $(\sigma_1' - \sigma_3')_{max}$과 최대주응력비 $(\sigma_1'/\sigma_3')_{max}$를 정리한 결과이다.

표 2.8에서 보는 바와 같이 구속압 σ_3가 400kPa인 상태에서 보강재의 밀도가 0.5%까지는 최대주응력비가 증가하다가 0.7% 이후에서는 최대주응력비가 감소하였다. 보강점토의 삼축압축시험의 결과로부터 보강재 밀도가 증가함에 따라 최대축차응력과 파괴 시(최대축차응력)의 축변형률도 함께 증가하는 경향이 있으며 보강재의 인장강도가 클수록 최대축차응력과 최대주응력비가 증가됨을 알 수 있다.

또한 표 2.8에 의하면 동일한 보강재 밀도비의 경우 낮은 구속압에서는 축차응력과 주응력비가 보강재의 강성이 클수록 증가하지만 간극수압의 경우는 세 가지 보강재가 유사한 거동을 보였다.

표 2.8 구속압과 보강재 밀도에 따른 보강점토의 최대축차응력과 최대주응력비

구속압 σ_3(kPa)	보강재 밀도 ρ(%)	G.W.		S.W.		P.W.	
		최대 주응력비 $(\sigma_1'/\sigma_3')_{max}$	최대 축차응력 $(\sigma_1'-\sigma_3')_{max}$ (kg/cm²)	최대 주응력비 $(\sigma_1'/\sigma_3')_{max}$	최대 축차응력 $(\sigma_1'-\sigma_3')_{max}$ (kg/cm²)	최대 주응력비 $(\sigma_1'/\sigma_3')_{max}$	최대 축차응력 $(\sigma_1'-\sigma_3')_{max}$ (kg/cm²)
400	0.1	3.23	3.7	3.36	3.87	3.59	4.11
	0.3	3.55	4.3	3.86	4.5	4.1	4.79
	0.5	3.76	4.83	4.47	5.4	5.0	5.68
	0.7	3.56	4.96	4.23	5.87	4.87	6.57
	0.9	3.4	5.09	3.5	4.86	4.4	6.55
100	0.5	4.5	1.61	5.34	1.62	5.6	1.73
200		4.15	2.94	5.0	3.1	5.36	3.19
300		4	3.5	4.78	3.9	5.17	4.25
500		3.23	5.4	3.54	5.92	4.49	6.59

김은기(1999)도 형상비 η가 39인 M.S.F.보강재와 형상비가 70인 R.L.보강재로 보강된 보강점토의 삼축압축시험 결과이다. 그림 2.25와 유사하게 구속압이 증가할수록 최대축차응력과 파괴 시 축변형률도 함께 증대됨을 확인한 바 있다.[1] 이 삼축압축시험에서 간극수압도 구속압이 큰 시료일수록 크게 발생하고 간극수압의 최댓값은 5~8%의 축변형률에서 발생하였으며 최대간극수압은 구속압의 56~63% 정도로 발생하였다. 그러나 축변형률과 주응력비의 관계에서는 구속압이 증대할수록 곡선의 초기기울기 및 최대주응력비는 감소하는 경향을 보였다.

2.6 보강점토의 역학적 특성

제2.6절에서는 무보강점토와 보강점토에 대한 삼축압축시험(CU 시험) 결과를 비교·분석하여 보강점토의 역학적 특성을 살펴보고자 한다. 특히 압밀구속압에 따른 보강효과, 보강재의 설치간격에 따른 보강효과, 보강재의 강성에 따른 보강효과 등 보강점토의 보강 메커니즘 규명을 위한 기초적인 자료를 얻고자 무보강 및 보강점토의 변형특성과 강도특성을 고찰한다.

2.6.1 구속압의 영향

그림 2.26은 형상비(η)가 39이고 밀도(ρ)가 0.1%인 M.S.F.보강재로 보강한 경우의 비배수심축압축시험 결과이다.[1]

본 시험에 적용한 구속압은 무보강점토의 선행압밀응력보다 크게 적용하기 위해 300, 400, 500kPa으로 정하였다. M.S.F.보강재로 보강한 보강점토는 그림 2.25에 도시된 P.W.보강재로 보강한 보강점토와 유사한 거동을 보이고 있다.

이러한 비배수삼축압축시험(CU 시험) 결과를 통해 구속압의 영향에 대해 살펴보면 구속압이 증가할수록 그림 2.25(a)와 그림 2.26(a)에서 보는 바와 같이 보강점토의 최대축차응력은 무보강점토시료와 동일하게 점차적으로 증가함을 보이고 있다.

또한 보강점토의 축차응력은 파괴가 발생한 이후에 감소하지 않고 거의 일정한 경향을 보이고 있다. 즉, 보강점토의 잔류강도는 첨두강도와 차이가 없는 거동을 보이고 있다. 이와 같이 점토를 보강재로 보강하면 보강점토시료의 잔류강도는 대변형의 상태에서도 첨두강도 이

후 잔류강도가 극단적으로 감소하는 단점을 보완할 수 있다.

반면에 주응력비의 경우는 그림 2.25(b)와 2.26(b)에서 보는 바와 같이 구속압이 증가할수록 주응력비가 점차적으로 감소함을 보이고 있다. 이는 구속압이 증가할수록 간극수압의 증가로 인해 발생된 결과이다. 즉, 구속압의 증가에 따른 이러한 간극수압의 증가 거동은 그림 2.25(c)와 2.26(c)에서 보는 바와 같다.

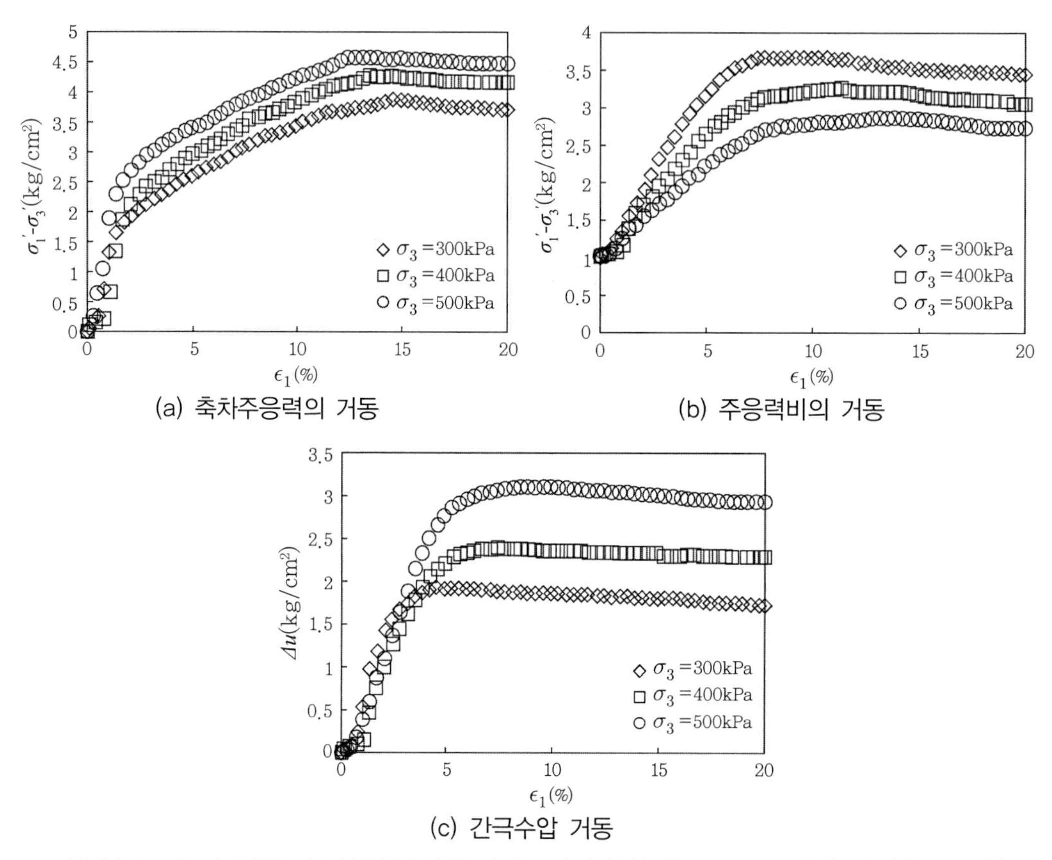

그림 2.26 M.S.F.보강점토의 삼축압축시험 결과(보강재 형상비(η)=39, 보강재 밀도(ρ)=0.1%[1]

그림 2.27은 무보강점토와 보강재 밀도가 0.5%인 보강점토에 대하여 구속압과 파괴 시 주응력과의 관계를 정리하여 나타낸 그림이다.[3] 파괴 시 주응력은 무보강점토와 보강점토에서 구속압이 증가함에 따라 증가하고 있음을 알 수 있다.

여기서 검토 대상 보강재로는 표 2.3에 정리된 M.S.F., P.W., S.W., G.W.의 네 종류를 대상으로 하였고 보강재의 밀도는 0.5%로 통일시켰다. 구속압은 1kg/cm²(100kPa)에서 5kg/cm²

(500kPa)까지 1kg/cm²(100kPa)씩 증가시킨 다섯 가지 경우를 대상으로 하였다.

그림 2.27에서 보는 바와 같이 일반적으로 구속압의 증가에 따라 파괴 시 주응력이 증가하는 것을 알 수 있다. 이는 구속압이 점토의 전단강도에 상당한 영향을 미치고 있음을 의미한다.

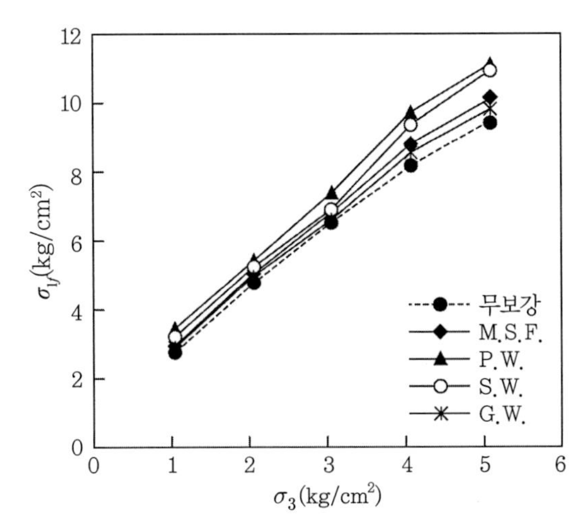

그림 2.27 구속압의 영향(ρ=0.5%)[3]

그림 2.28은 무보강점토의 전단강도에 대한 보강점토의 강도비를 도시한 그림이다. 그림 2.28의 횡축을 구속압으로 정하고 종축은 강도비(R)로 정하여 구속압이 보강점토의 강도증가에 미치는 영향을 조사하였다. 여기서 강도비는 무보강점토의 전단강도에 대한 보강점토의 전단강도의 비로 정의하였다. 단 점토시료의 전단강도는 최대축차응력으로 판단하였다. 따라서 이 그림은 보강점토의 강도가 보강재 보강으로 인하여 어느 정도 강도 증가가 발생하였는지를 보여주고 있다.

그림 2.28에서 보는 바와 같이 일반적으로 구속압이 증가함에 따라 보강점토의 축차응력이 증가하였기 때문에 강도비가 증가하였음을 알 수 있다. 특히 구속압 400kPa에서는 보강점토의 강도가 크게 증가하였음을 볼 수 있다. 즉, 구속압이 증가할수록 시료의 강성이 증가하였음을 알 수 있다. 이는 보강재 삽입이 점토의 강도보강에 매우 효과적이며 특히 구속압의 영향을 크게 받고 있음을 보여주고 있다. 또한 이들 삼축압축시험 결과 시료의 파괴는 축변형률이 대략 15~17% 사이의 큰 변형률에서 발생하였다.

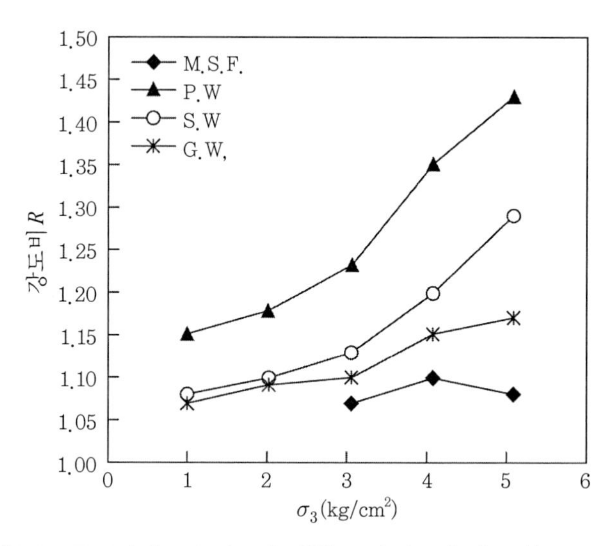

그림 2.28 무보강점토의 강도에 대한 보강점토의 강도비(ρ=0.5%)[3]

2.6.2 변형특성

(1) 초기탄성계수

Kondner(1963)는 점토 및 모래의 비선형 응력－변형률 거동을 쌍곡선으로 근사시킬 수 있음을 제시하였다.[15] 또한 Duncan & Chang(1970)은 이 모델을 발전시켜 유한요소해석법에 의한 지반변형해석에 활용한 바 있다.[8]

그림 2.29는 무보강점토에 대한 삼축압축시험(CU)에서 얻어진 결과로부터 축변형률과 축응력의 관계를 Kondner의 쌍곡선 모델에 적용시켜서 초기탄성계수를 구한 도면이다.[1] 즉, 그림 2.29(a)와 (b)는 구속압이 각각 100kPa와 300kPa일 때 실시한 삼축압축시험 결과이며, 이들 그림의 직선의 기울기와 절편으로부터 극한강도 σ_{ult}와 초기탄성계수 E_i를 구할 수 있다. 이와 같이 구한 극한강도 σ_{ult}와 초기탄성계수 E_i는 표 2.9에 정리되어 있다.

먼저 구속압이 100kPa인 경우는 표 2.9에서 보는 바와 같이 극한강도 σ_{ult}와 초기탄성계수 E_i가 각각 2.21kg/cm^{2}와 51.8kg/cm^{2}으로 구해지며 구속압이 300kPa인 경우는 극한강도 σ_{ult}와 초기탄성계수 E_i는 각각 3.86kg/cm^{2}와 163.9kg/cm^{2}으로 구해진다. 그 밖에 구속압을 200kg/cm^2, 400kg/cm^2, 500kg/cm^{2}인 경우의 실험 결과를 함께 정리하면 표 2.9와 같다. 이 표에서 보면 극한강도와 초기탄성계수는 구속압이 클수록 증가하는 경향을 보인다.

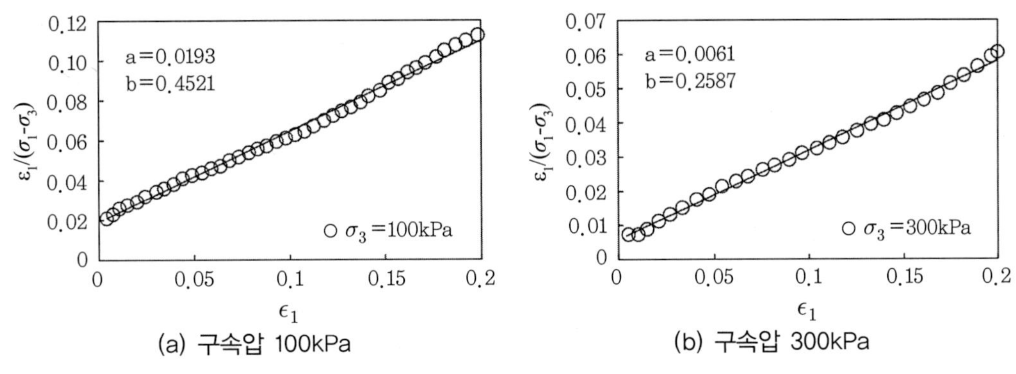

(a) 구속압 100kPa (b) 구속압 300kPa

그림 2.29 무보강점토의 삼축압축시험 결과[1)]

표 2.9 무보강점토의 초기탄성계수와 극한강도[1)]

구분		구속압(kg/cm²)				
		100	200	300	400	500
무보강점토	최기탄성계수 E_i	51.8	172.4	163.9	166.6	250
	극한강도 σ_{ult}	2.21	2.83	3.86	5.02	5.17
	R_f	0.79	0.98	0.89	0.83	0.88

표 2.9에서 R_f는 파괴 시의 압축강도를 Kondner의 쌍곡선 모델에서 점근선에 해당하는 극한강도로 나눈 값으로 무보강점토에 대한 R_f는 0.79와 0.98 사이에 분포하였다.

한편 보강점토에 대한 삼축압축시험 결과를 Kondner의 쌍곡선 모델에 적용시켜 정리하여 극한강도 σ_{ult}와 초기탄성계수 E_i를 구하여 정리하면 표 2.10과 같다. 이 표에는 보강재 밀도가 0.1, 0.3, 0.5 및 0.7%인 네 경우에 대하여 실시한 보강점토의 삼축압축시험 결과가 정리되어 있다.

표 2.10에서 보는 바와 같이 보강점토의 극한강도 σ_{ult}와 초기탄성계수 E_i는 구속압과 보강재 밀도가 증가할수록 증가하는 경향을 나타내었다. 또한 R_f의 값은 0.82와 0.91 사이에 있고 구속압과는 상관성이 없는 독립된 변수임을 알 수 있다.

표 2.10 M.S.F.보강점토의 초기탄성계수와 극한강도[1]

구분			구속압(kg/cm²)		
	특성	보강재 밀도(%)	3.06	4.08	5.10
보강점토	초기탄성계수 E_i	0.1	158	175	256
		0.3	178	185	243
		0.5	208	212	270
		0.7	119	158	227
	극한강도 σ_{ult}	0.1	4.4	4.95	5.09
		0.3	4.0	4.99	5.34
		0.5	4.06	5.13	5.46
		0.7	4.39	5.33	5.43
	R_f	0.1	0.87	0.86	0.91
		0.3	0.89	0.86	0.88
		0.5	0.91	0.89	0.91
		0.7	0.82	0.84	0.88

(2) 초기탄성계수와 구속압과의 관계

표 2.9와 표 2.10에 의하면 무보강점토와 보강점토 모두 초기탄성계수는 구속압의 증가에 따라 증가함을 알 수 있었다. 초기탄성계수 E_i와 구속압 σ_3의 관계는 Kondner의 식에서는 식 (2.17)과 같이 표현하였다.

$$E_i = kP_a(\sigma_3/P_a)^n \tag{2.17}$$

여기서 k값은 구속압(σ_3)이 대기압(P_a)과 같을 때의 초기탄성계수 값으로 구할 수 있다. 일반적으로 암이나 모래 등 조립토일수록 k값은 크고 점성토 등 세립토일수록 작다.

그림 2.30은 무보강점토와 보강점토(보강재 밀도가 0.1%인 경우)의 삼축압축시험 결과를 이용하여 초기탄성계수 E_i와 구속압 σ_3의 관계는 도시한 그림이다. 이들 그림 속에 도시한 시험 곡선의 기울기와 절편으로부터 식 (2.17)의 k값과 n값을 구할 수 있다. 그림 2.30에 의하면 무보강점토의 k값과 n값은 각각 60과 0.19로 나타났고 보강점토의 k값과 n값은 각각 73과 0.21로 나타났다.

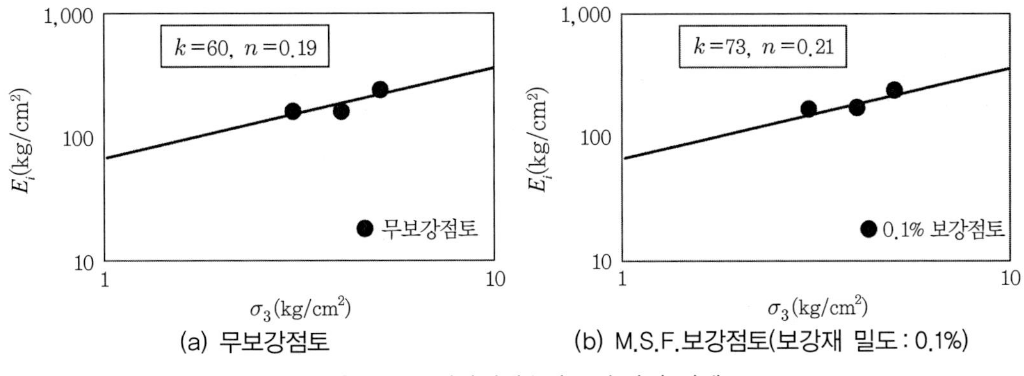

(a) 무보강점토 (b) M.S.F.보강점토(보강재 밀도 : 0.1%)

그림 2.30 초기탄성계수와 구속압의 관계

기타 다른 보강재 밀도에서 구한 계수 k값과 n값를 표로 정리하면 표 2.11과 같고 그림으로 도시하면 각각 그림 2.31(a) 및 그림 2.31(b)와 같다.

그림 2.31(a)는 계수 k를 보강재의 밀도에 대하여 도시한 결과로 계수 k값은 무보강점토에서는 60으로 최솟값을 나타내며 보강재 밀도가 0.5%에서 최댓값 100을 가지며 이후 0.7%의 보강재 밀도에서는 감소된 값 80을 나타내었다.

표 2.11 무보강점토와 M.S.F.보강점토의 계수 k와 n

구분	무보강점토	보강점토 보강재 밀도(%)			
		0.1	0.3	0.5	0.7
k	60	73	89	100	80
n	0.19	0.21	0.22	0.22	0.21

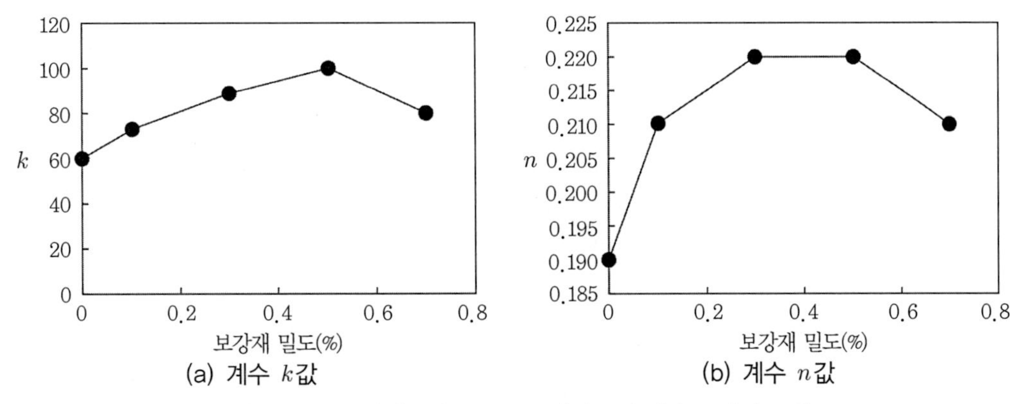

(a) 계수 k값 (b) 계수 n값

그림 2.31 무보강점토와 M.S.F.보강점토의 계수 k값과 n값

한편 그림 2.31(b)는 계수 n값을 보강재 밀도에 따라 나타낸 것으로 n값은 무보강점토에서 최솟값 0.19, 보강재 밀도 0.5%에서 최댓값 0.22를 가지며 이후 보강재의 밀도 0.7%에서 감소된 값 0.21을 나타내었다. 이러한 사실로부터 Kondner의 경험식에 의하여 구한 계수 k값과 n값은 무보강점토에서 최솟값을 가지며 보강재 밀도가 증가할수록 증가함을 알 수 있었으며 그 경계치는 보강재의 밀도가 0.5%일 때였다.

2.6.3 강도특성

(1) 유효내부마찰각

그림 2.32는 무보강점토와 보강점토에 대한 삼축압축시험 결과를 Mohr원으로 비교한 결과이다(김은기, 1999).[1] 우선 그림 2.32(a)는 무보강점토의 삼축압축시험의 결과를 Mohr원으로 나타낸 그림이다. Mohr원으로 구한 무보강점토의 유효응력 파괴포락선에 의한 유효내부

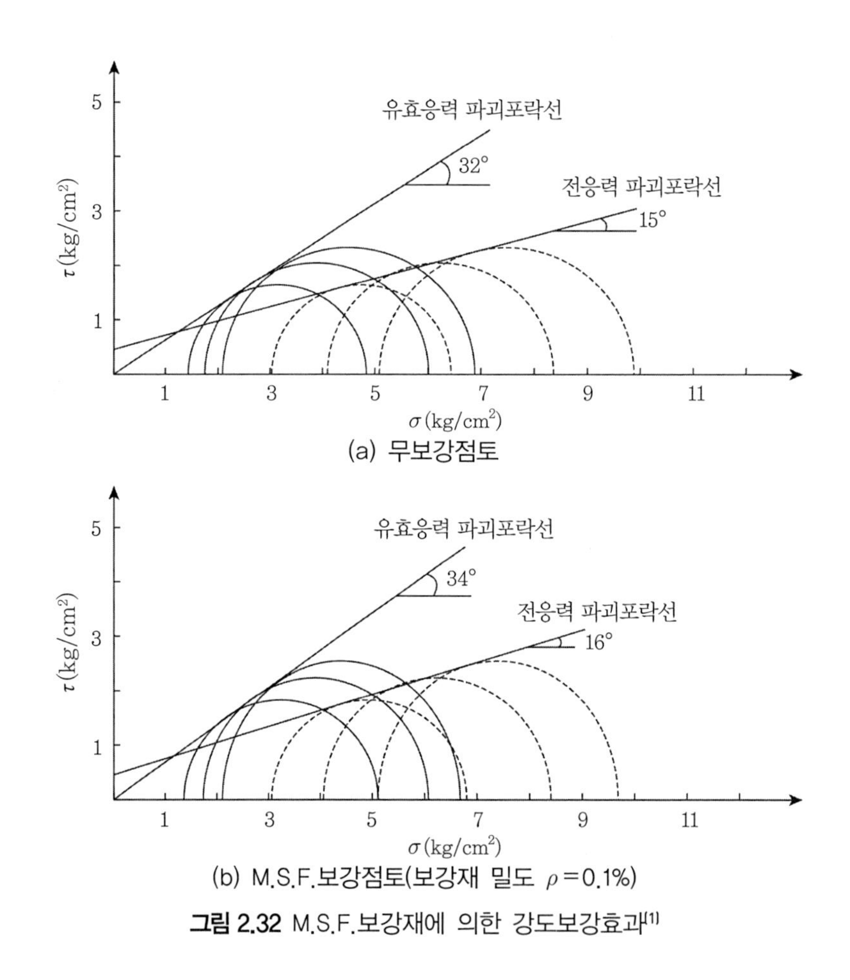

그림 2.32 M.S.F.보강재에 의한 강도보강효과[1]

마찰각은 32°이며 전응력 파괴포락선에 의한 내부마찰각은 15°에 점착력이 0.5kg/cm^{2}로 나타났다.

그림 2.32(b)는 M.S.F.보강점토의 삼축압축시험 결과를 Mohr원으로 정리한 그림이다. 보강재의 밀도는 0.1%인 경우에 해당한다. 이 시험 결과에 의하면 보강점토의 유효응력 파괴포락선에 의한 유효내부마찰각은 34°이며 전응력 파괴포락선에 의한 내부마찰각은 16°에 점착력이 0.45kg/cm^{2}으로 나타났다.

한편 보강재 밀도를 다르게 한 경우의 삼축압축시험 결과에 의한 강도정수는 표 2.12와 같다. 이 표에 의하면 유효내부마찰각은 보강재의 밀도가 0.1~0.5% 사이에서는 증가하며 보강재 밀도가 0.7%일 때는 유효내부마찰각이 다소 감소하였다.

표 2.12 M.S.F.보강점토의 삼축압축시험 결과[1]

구분	보강재 밀도 (%)	전응력포락선에 대한 내부마찰각 (ϕ)	유효응력포락선에 대한 내부마찰각 (ϕ')	전응력포락선에 대한 점착력(c_{cu}) (kg/cm^2)	유효응력포락선에 대한 점착력(c')
삼축압축 (CU)시험	0.1	16	34	0.45	0
	0.3	16	35	0.43	0
	0.5	16	37	0.47	0
	0.7	15	35	0.52	0

(2) 한계상태선

흙요소는(그것이 실내시험 공시체의 일부이건 흙 구조물의 일부이건) 실내시험의 진행과 함께 혹은 흙구조물의 축조와 함께 응력상태 및 변형상태의 변화를 받게 된다. 따라서 재하시의 어느 순간에서의 응력상태 혹은 변형상태를 해석하기 위해 Mohr원을 이용할 뿐만 아니라 응력상태 및 변형상태의 변화이력을 조사할 필요도 있다.

만약 완전 탄성재료가 탄성 범위 내에서 재하 혹은 제하를 받게 되면 그 거동은 초기 및 최종상태에만 의존하며 재하 혹은 제하 중에 지나는 경로에는 의존하지 않는다. 반대로 흙의 거동은 초기 및 최종의 응력상태뿐만 아니라 응력상태와 변형상태가 변화하는 방법 및 재하의 이력에도 의존한다. 따라서 재하이력 중의 흙요소 상태를 조사할 필요가 있다.

따라서 무보강점토 및 보강점토에 대한 삼축압축시험의 결과를 이용하여 유효응력의 경로를 조사하였다. 유효응력경로는 압밀비배수 삼축시험인 경우는 종축에 축차응력 $q' = (\sigma_1 - \sigma_3)/2$

을 횡축에 평균주응력 $p' = (\sigma_1 + \sigma_3)/2$을 나타낸다.

그림 2.33(a)는 구속압이 (1~5kg/cm^2)일 때 무보강점토에 대한 삼축압축시험 결과를 응력경로로 나타내었고 그림 2.33(b)는 M.S.F.보강재 밀도가 0.1%인 보강점토의 응력경로를 나타내고 있다. Roscoe et al.(1958)은 전단된 흙이 초기상태와 관계없이 한곳을 향하여 모아지는 듯한 상태를 평균유효주응력과 주응력차를 좌표축으로 하는 공간에서 곡선으로 나타내고 이것을 한계상태선(CSL, Critical State Line)이라 하였으며 이것을 사용하여 흙의 거동을 정량적으로 설명하고자 하였다.[32] 즉, 한계상태선은 배수와 비배수 삼축압축시험에서 시료의 파괴점이 이루는 유일한 선이며, 이것은 초기에 등방압축된 시료의 파괴 시 한계상태선에 도달하는 과정에서 시료에 따른 시험경로와는 무관한 특성을 가지고 있다.

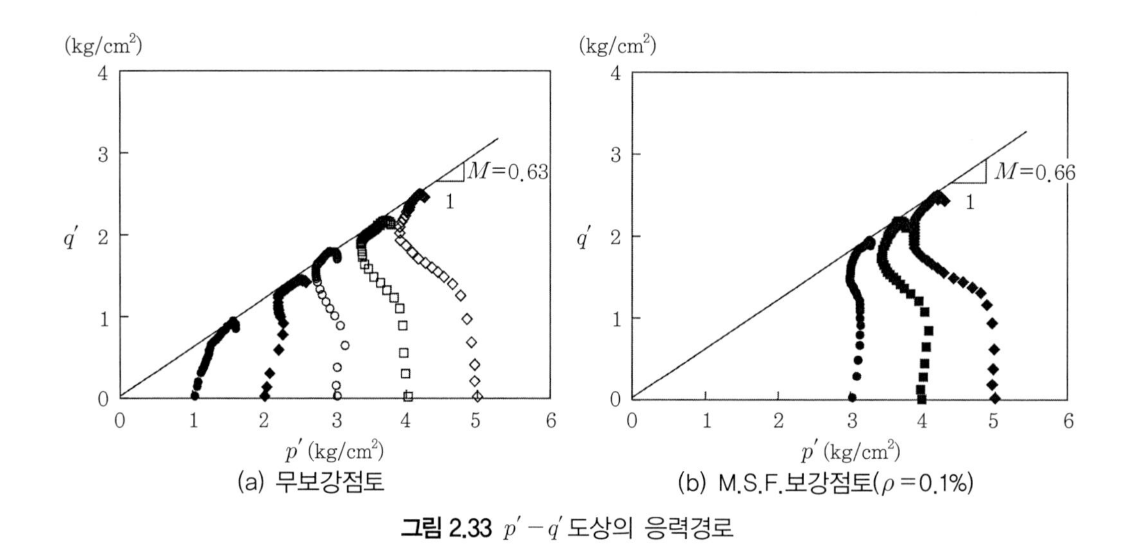

그림 2.33 $p' - q'$ 도상의 응력경로

그림 2.33의 응력경로를 보면 큰 구속압에서도 유효응력의 경로는 전형적인 과압밀거동을 보이고 있다. 또한 유효응력경로가 첨두강도에 이르러 아래쪽으로 급격히 하강하는 현상이 보이는데, 무보강점토에서 구속압이 작은 경우의 평균주응력 p'는 시험 중에 감소하지 않고 증가하는 경향을 보이지만 구속압이 크면 전단초기부터 p'가 서서히 감소되다가 그 이후에 증가해서 한계상태선에 접하여 증가하다가 첨두강도에 이르러 급격히 아래로 굽는다. p'가 감소하다가 증가하는 현상은 다일러턴시(dilatancy)의 거동을 반영하는 것이므로 모든 시험에서 다일러턴시 현상이 활발히 이루어지고 있음을 알 수 있다.

다른 보강재 밀도에서의 삼축압축시험 결과 구해진 응력경로의 끝점을 연결한 한계상태선의 기울기 M을 보강재 밀도와 연계하여 도시하면 그림 2.34와 같다.

무보강점토의 M은 0.63으로 나타났고 보강점토의 경우 M.S.F.보강재 밀도가 0.1%에서 0.66, 0.3%에서 0.69, 0.5%에서 0.74로 점차 증가하는 경향을 보였으며 보강재 밀도가 0.7%에서는 M값이 0.68로 약간 감소된 값을 나타내었다.

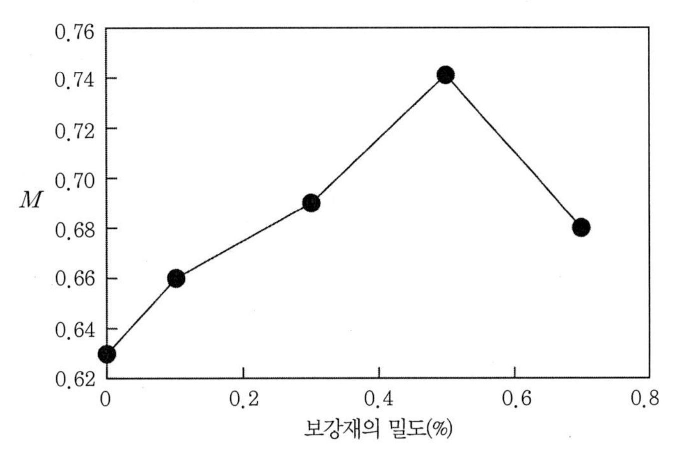

그림 2.34 M.S.F.보강재 밀도와 한계상태선의 M값과의 관계

(3) Lade의 강도정수

Lade(1977)는 마찰물질에 대한 재료의 3차원 파괴규준은 곡선 형태의 파괴포락선을 가진다고 하였다.[16] 이 규준은 제1응력불변량 I_1, 제3응력불변량 I_3의 항으로 다음과 같이 제안되었다.

$$\left(\frac{I_1^3}{I_3}-27\right)\left(\frac{P_a}{I_1}\right)^m=\eta_1 \tag{2.18}$$

여기서 η_1과 m은 재료에 따라 결정되는 토질매개변수이다.

이 식으로부터 얻어지는 파괴면은 주응력공간상에서 응력축의 원점에서 정점을 가지는 비대칭탄알모양이며 정점에서의 각도는 삼축압축시험에 의해 결정되고 η_1의 값에 따라 증가한다. 식 (2.18)에 의해 제시된 파괴규준은 양면 대수지에 파괴 시의 (I_1^3/I_3-27)과 (P_a/I_1)의 관계를 각각 종축과 횡축의 값으로 도시함으로써 구할 수 있다. 이처럼 삼축압축시험의 결과치를 회귀분석하여 구한 절편과 기울기가 각각 η_1과 m이다.

그림 2.35(a)는 구속압이 100~500kPa인 무보강점토에 대한 삼축압축시험(CU 시험) 결과로 η_1은 38로 m은0.57로 나타났다. 한편 그림 2.35(b)는 M.S.F.보강재의 밀도가 0.1%이고 구속압이 각각 300, 400, 500kPa인 M.S.F.보강점토에 대한 삼축압축시험 결과를 도시한 그림이며 이 그림에서 η_1은 39.5로 m은 0.55로 나타났다.

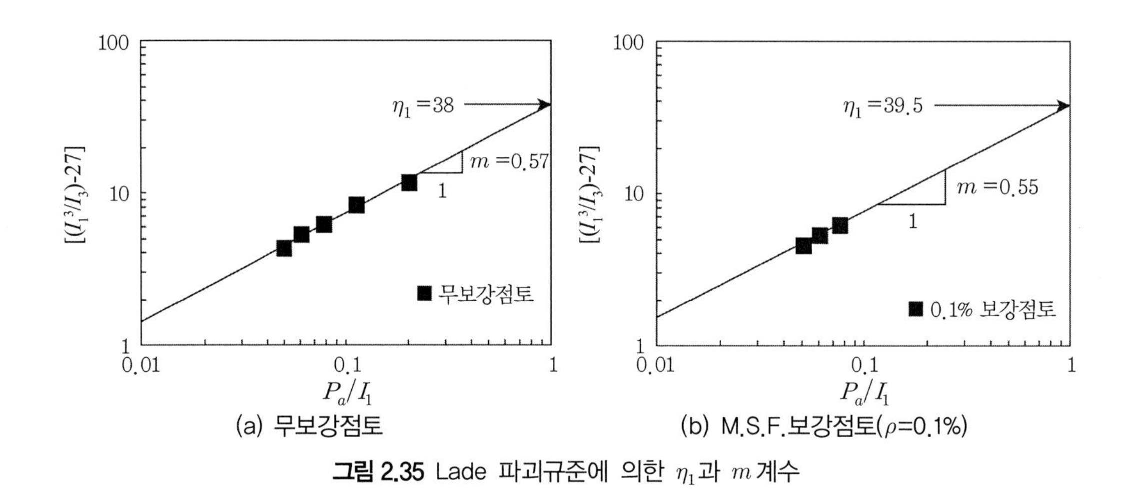

그림 2.35 Lade 파괴규준에 의한 η_1과 m 계수

M.S.F.보강재의 밀도를 0.1%에서 점차 0.7%까지 점차 증대시켜 구한 η_1과 m은 표 2.13과 같다. 계수 m은 보강재 밀도의 증가와 거의 무관하게 0.51에서 0.63값으로 나타났으나 계수 η_1은 보강재 밀도와 관련성이 나타났다. 이 관련성을 그림으로 정리하면 그림 2.36과 같다. 즉, 이 그림에 의하면 η_1계수는 보강재 밀도가 증가할수록 증가하였고 보강재 밀도가 0.5%일 때 최대치를 보였으며 그 후 약간 감소하는 경향을 보였다.

표 2.13 무보강점토와 보강점토의 η_1과 m 계수[1]

구분	무보강점토	보강점토 보강재 밀도(%)			
		0.1	0.3	0.5	0.7
η_1계수	38	39.5	41.0	45	41
m계수	0.57	0.55	0.51	0.63	0.62

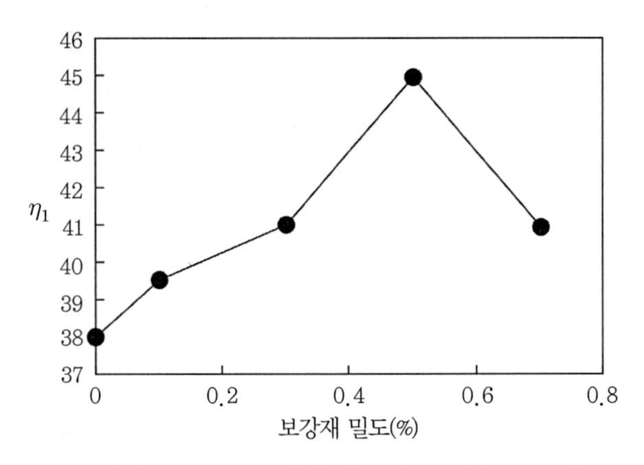

그림 2.36 M.S.F.보강재 밀도와 η_1 계수의 관계

2.6.4 보강재 특성

(1) 보강재 밀도

그림 2.37은 M.S.F.보강점토에 대한 삼축압축시험 결과로 파악된 보강재 밀도와 유효내부마찰각의 관계이다.[1] 유효내부마찰각은 보강재 밀도에 비례하여 증가하다가 일정한 값에 수렴하여 감소하는 경향을 보이고 있다. 즉, 일정 구속압에 대하여 보강재의 밀도가 커질수록 유효내부마찰각은 증가하다가 낮은 구속압에서는 0.7%의 밀도에서 일정하게 수렴하며 높은 구속압에서는 0.5%의 밀도에서 최대치를 보이고 이후 약간 감소하는 경향을 보였다.

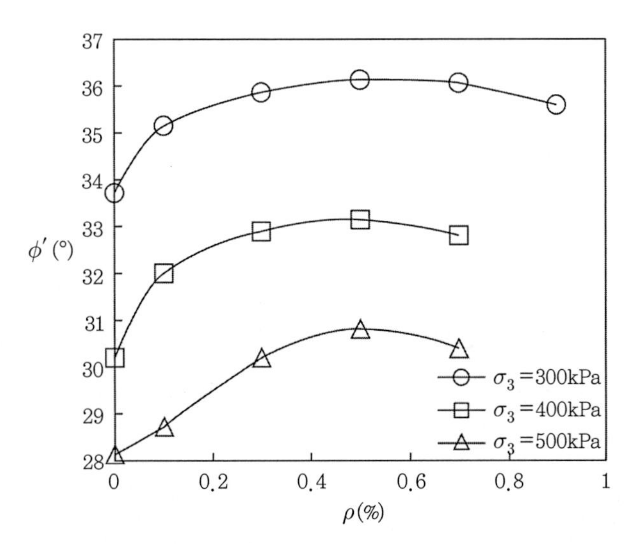

그림 2.37 보강재 밀도에 따른 M.S.F.보강점토의 유효내부마찰각 ϕ' [1]

이는 일반적으로 높은 구속압에서 발생되는 간극수압의 상승으로 인하여 일정한 보강재 밀도 이상에서는 유효응력의 감소로 보강재와 흙 사이의 마찰력이 감소하여 토체의 변형에 의한 보강재의 인장력 발휘와 보강재에 의한 토체의 구속이 효과적으로 이루어지지 않기 때문으로 추정된다.

그림 2.38은 G.W., M.S.F., P.W., S.W.의 네 가지 보강재에 대한 삼축압축시험 결과 파악한 보강점토의 유효내부마찰각 ϕ'을 보강재 밀도 ρ와 연계하여 도시한 그림이다.[3] 일반적으로 유효내부마찰각은 보강재 밀도에 비례하여 증가하며 보강재 밀도가 0.7%를 넘어서면 감소하는 경향을 보이고 있다. 구속압을 400kPa로 통일시키고 보강재 밀도만을 변화시켜 삼축시험을 실시한 결과 보강재 밀도가 커질수록 유효내부마찰각은 증가하며 보강재 밀도 0.5%에서 최대유효내부마찰각을 나타내고 있다가 이후 감소하는 경향을 보이고 있다.

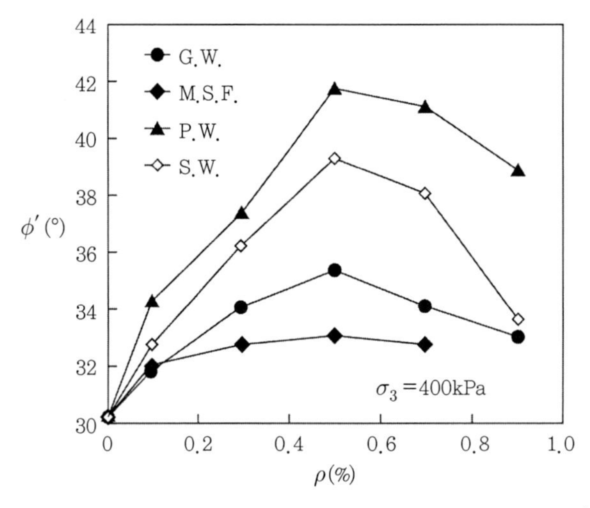

그림 2.38 여러 보강재에 대한 보강재 밀도 ρ와 유효내부마찰각 ϕ'의 관계[3]

이는 일반적으로 보강재 밀도가 증가할수록 유효내부마찰각이 증가하지만 일정밀도를 넘어서면 보강재 밀도의 증가가 시료를 교란시킴으로써 오히려 최대주응력비가 감소하여 유효내부마찰각이 감소하게 된다. 즉, 일정한 밀도 이상에서는 유효응력의 감소로 보강재와 흙 사이의 마찰력이 감소하여 토체의 변형에 의한 보강재의 인장력 발휘와 보강재에 의한 토체의 구속이 효과적으로 이루어지지 않기 때문으로 추정된다.

이러한 시험 결과는 사면, 절토지반 등을 보강하기 위하여 지중에 보강재를 삽입하여 흙과 보강재 상호작용에 의한 토체의 안정성과 강도를 높이는 보강토공법의 메커니즘과 관련하여 살펴볼 때 그 연관성을 찾을 수 있다.

보강토공법은 보강재를 설치하여 흙의 변형을 구속하고 흙의 강도를 증가시킴으로써 벽면에 작용하는 토압의 경감, 지지력의 증대, 사면안정성의 향상을 목적으로 적용하고 있다. 이들 공법 중에서 쏘일네일링공법은 보강재를 주로 흙의 내부에 생기는 최소주변형률(신장변형률) 방향으로 배치하여 최소주변형률의 절대치를 작게 억제함으로써 흙의 전단강도를 증대시키는 인장보강방법으로 보강점토에 대한 삼축압축시험과 유사한 역학적 특성을 지니고 있다.

그림 2.39는 실제 절토현장에서 쏘일네일링 사공 형태를 나타내고 있다. 이 중 그림 2.39(a)는 1개의 네일이 지지하는 면적과 이들의 배치간격을 나타내며 그림 2.39(b)는 네일의 설치단면도를 나타내고 있다. 쏘일네일링공법을 실시한 현장에 대한 네일 간격을 1개의 네일이 지지하는 면적비(밀도 개념)로 환산하여 보강재의 밀도와 비교 분석해본다. 여기서 단위면적당 네일의 밀도는 다음에 의해서 산정한다.

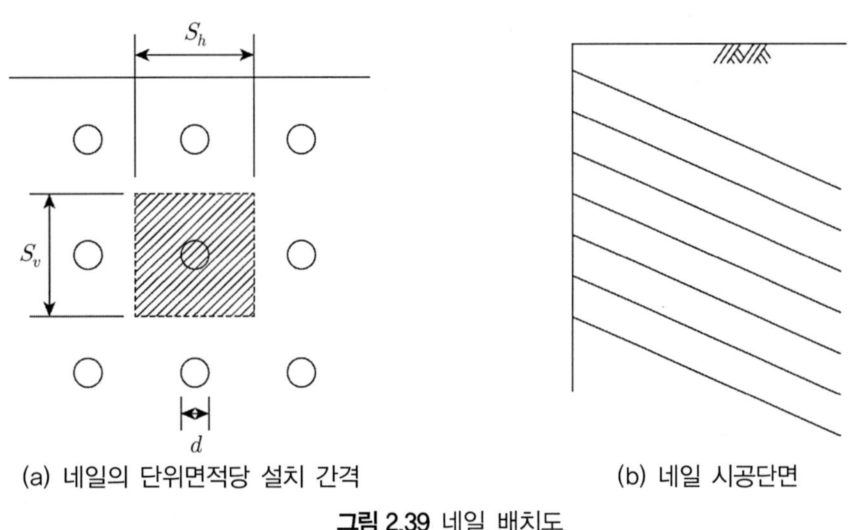

(a) 네일의 단위면적당 설치 간격 (b) 네일 시공단면

그림 2.39 네일 배치도

네일 1개의 면적 A_{nail}은

$$A_{nail} = \frac{\pi d^2}{4} \tag{2.19}$$

여기서, d : 네일그라우팅 지름(일반적으로 10cm)

1개 네일이 지지하는 보강분담 면적 A는

$$A = S_v \times S_h \tag{2.20}$$

단위면적당 1개의 네일 밀도 : A_{nail}/A

공준현(1998)은 단위면적당 네일의 밀도가 0.78%에 해당하는 현장이 적절하게 설계·시공된 현장임을 밝힌 바 있다.[2] 이러한 사실은 삼축압축시험으로부터 얻은 최대보강효과를 발휘하는 보강재의 밀도 0.5%와 다른데 이러한 것은 본 연구에서 수행한 시료가 점토로서 현장의 지반과 다르기 때문에 차이가 발생한 것으로 판단된다.

그러나 현장에서 실시되고 있는 쏘일네이링공법의 보강특성이 보강점토에 대한 실내삼축압축시험의 결과와 유사함을 알 수 있었다. 즉, 보강재 밀도에 따른 유효내부마찰각의 관계를 보인 그림 2.40을 살펴보면 최적의 보강효과를 발휘할 수 있는 보강재 밀도는 0.5~0.7%임을 알 수 있다.

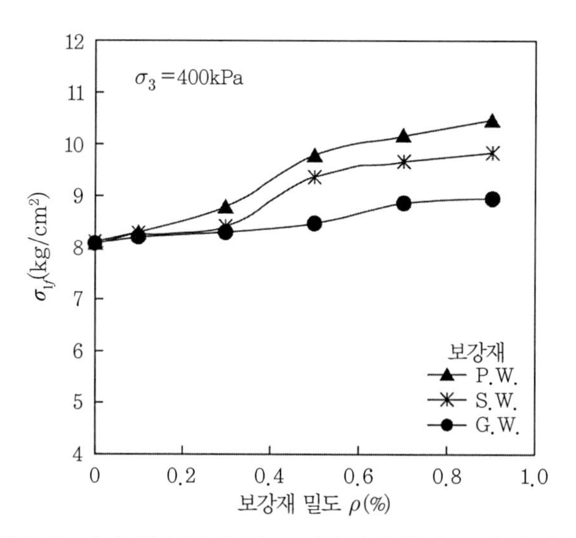

그림 2.40 파괴 시 보강재 밀도 ρ(%)와 주응력 σ_1과의 관계[3]

그림 2.40은 구속압을 400kPa로 통일시키고 여러 보강재로 보강한 점토시료의 파괴 시 주응력과 보강재 밀도의 관계를 도시한 그림이다. 파괴 시 보강재 밀도가 증가함에 따라 주응력

이 점차적으로 증가하고 있음을 알 수 있다. 이는 보강재 밀도가 전단강도에 영향을 주는 것으로 판단된다. 또한 그림 2.40에서 P.W.보강점토와 S.W.보강점토의 파괴 시 주응력이 보강재 밀도 0.5%에서 가장 크게 증가(보강재 증가량 대비 주응력 증가량이 가장 크다)하였으며 G.W.보강점토의 파괴 시 주응력은 보강재 밀도가 0.7%에서 가장 크게 증가하고 있음을 알 수 있다. 즉, 위 그림에서 영종도점토의 가장 효과적인 밀도는 보강재에 따라 0.5~0.7%라 할 수 있다.

다양한 밀도에 대한 주응력은 P.W. >S.W. >G.W.의 순으로 나타났으며 특이한 사항은 보강재의 인장강도가 큰 G.W.의 경우가 오히려 파괴 시 주응력이 가장 작게 나타났다. 이는 G.W.보강재가 다른 보강재에 비해 형상비 $\eta(l/d_R)$가 2배 이상 작고 보강 형태가 다른 보강재와 특이한 경우이다. 즉, 형상비가 작을수록 보강점토의 파괴 시 주응력이 증가함을 알 수 있다.

(2) 보강재 형상

물리적 특성이 다른 보강재가 보강점토의 전단강도에 미치는 영향을 규명하기 위해 인장강도와 직경이 상이한 두 종류의 보강재를 사용하여 보강한 점토에 대한 삼축압축시험(CU 시험)의 결과를 분석한다. 또한 보강재 직경에 대한 보강재의 길이의 비로 정의되는 형상비 ($\eta(=l/d_R)$)에 대하여 그 영향을 살펴본다.

그림 2.41은 밀도가 0.3%인 M.S.F.보강재(형상비 $\eta=39$)와 R.L.보강재(형상비 $\eta=70$)에 대하여 구속압을 400kPa 하에서 실시한 삼축압축시험 결과를 비교한 그림이다. 그림 2.41(a)에 나타난 바와 같이 직경이 0.9mm인 M.S.F.보강재(인장강도 3.68×10^3kg/cm^2)의 경우는 직경 0.5mm의 R.L.보강재(인장강도 1.75×10^3kg/cm^2)보다 인장강도는 2배 이상 크지만 삼축압축시험 결과 보강점토의 전단강도는 오히려 더 작게 나타나고 있다. 따라서 보강점토의 전단강도와 보강재의 인장강도와는 아무런 관계가 없음을 알 수 있다. 이는 보강재의 직경이 클수록 동일한 보강재의 밀도에서의 보강재의 양이 작아 보강재와 점토의 마찰면이 작게 될 뿐만 아니라 보강재와 점토 사이의 마찰력에 의해 각 보강재에서 발휘되는 인장응력이 보강재가 보유하고 있는 인장강도보다 극히 작기 때문으로 판단된다. 특히 점토에 굵은 직경의 보강재로 보강한 경우에는 인장효과를 유발하는 보강재와 흙 사이의 마찰력이 상대적으로 작기 때문에 보강재의 보강효과가 거의 나타나지 않는 것으로 판단된다.

그림 2.41(b)는 두 보강재에 대한 주응력비 곡선을 나타낸 것으로 이로부터 유효내부마찰각을 구하면 R.L.보강점토의 내부마찰각이 더 큼을 알 수 있다. 파괴 시의 변형률을 관찰해보

면 R.L.보강재가 M.S.F.보강재보다 일찍 파괴에 도달하는 것처럼 보이지만 그림 2.41(a)에 나타난 바와 같이 R.L.보강재의 초기탄성계수가 보다 크고 지반설계 시 허용변위량의 견지에서 고려할 때 M.S.F.보강재보다는 안전한 범위에서 응력-변형률 거동을 보인다고 할 수 있다. 따라서 일정한 보강재 밀도에서 보강재의 형상비가 클수록 보강효과가 더 많이 발휘된다는 것을 알 수 있다.

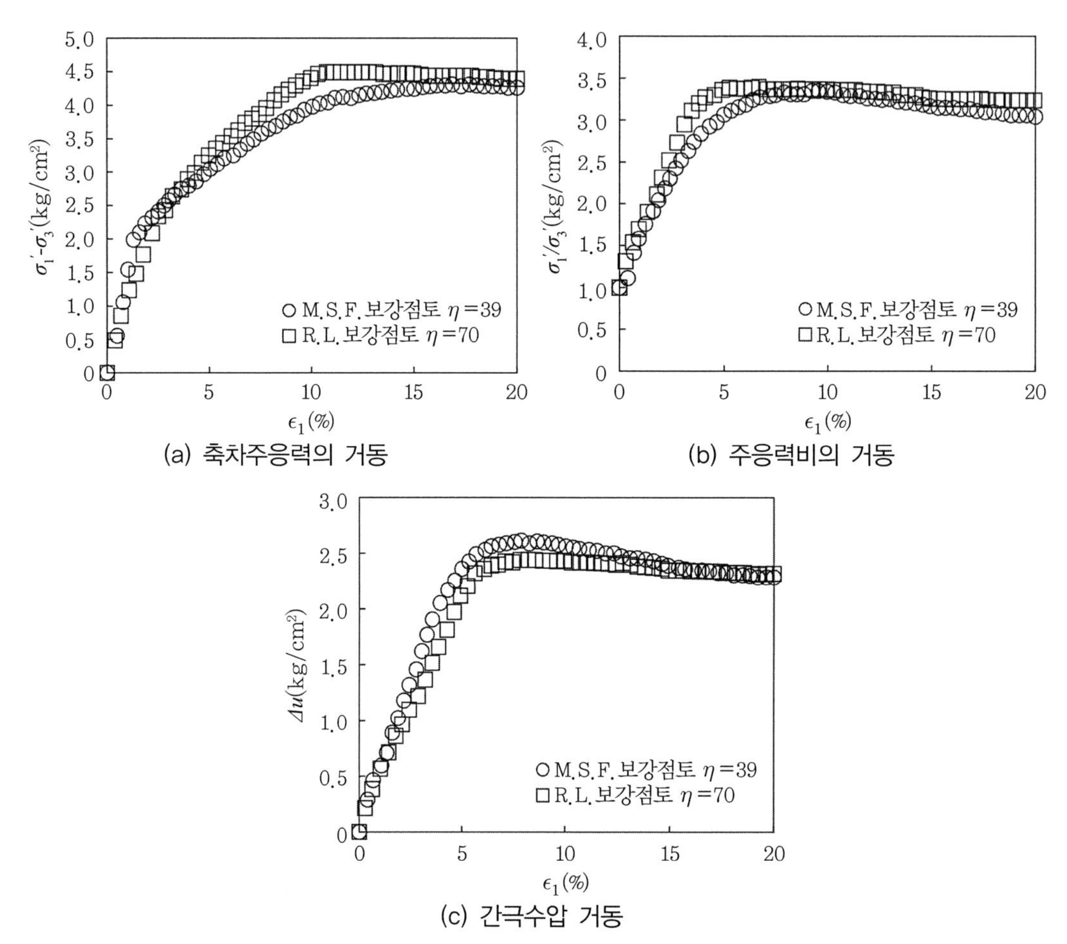

(a) 축차주응력의 거동

(b) 주응력비의 거동

(c) 간극수압 거동

그림 2.41 M.S.F.보강점토(형상비(η)가 39)와 R.L.보강점토(형상비(η)가 70)의 삼축압축시험 결과(구속압 400kPa, 보강재 밀도 0.3%)

그림 2.42는 보강재 밀도를 0.5%로 하고 무보강점토와 보강점토의 파괴 시 주응력과 형상비의 관계를 나타낸 그림이다. 보강재의 형상비$\eta(l/d_R)$가 작을수록 파괴 시의 주응력이 증가하고 있음을 알 수 있다. 무보강점토에 대한 보강점토의 파괴 시 주응력을 비교해볼 때 보강재

의 인장강도가 클수록 무보강점토에 비해 파괴 시 주응력이 크게 나타난다. 하지만 보강재만을 비교할 때 보강재의 인장강도가 클수록 최대축차응력이 크게 나타난다. 여기서 중요한 것은 보강재의 형상비가 큰 차이가 날 경우 오히려 형상비가 큰 보강재가 파괴 시 주응력이 더 작게 나타내고 있다.

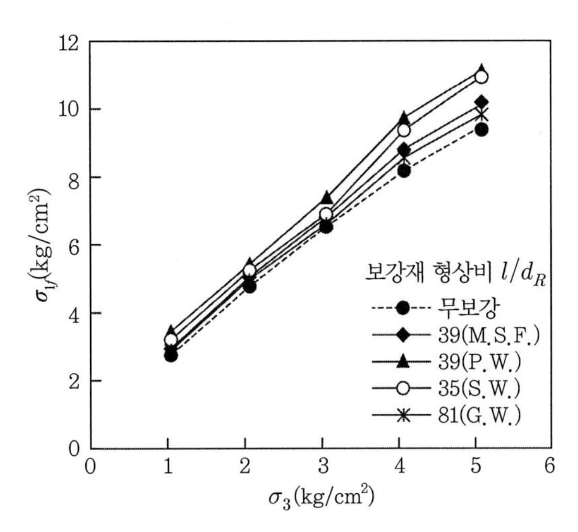

그림 2.42 파괴 시 주응력과 보강재 형상비 $\eta(=l/d_R)$의 관계(보강재 밀도 $\rho=0.5\%$)

그림 2.43은 일정 구속압(400kPa)하에서 보강점토의 전단강도에 미치는 보강재의 형상비의 효과를 도시한 그림이다. 먼저 그림 2.43(a)는 일정 구속압(400kPa)하에서 형상비와 최대주응력비의 관계를 도시한 그림이다. 그림 2.43(a)에 의하면 형상비가 작을수록 최대주응력비가 증가함을 나타내고 있다. 그러나 M.S.F.보강재의 경우 형상비는 작지만 형상비가 큰 G.W.보강재와 비교했을 때 낮은 최대주응력비를 나타내고 있다. 이는 보강재의 인장강도의 차이 때문이라고 생각된다.

한편 그림 2.43(b)는 보강재의 형상비에 대한 유효내부마찰각의 관계를 나타내었다. 보강재 P.W.와 S.W.는 G.W.보강재보다 형상비는 작지만 유효내부마찰각은 크다. 반면에 M.S.F.보강재는 G.W.보강재보다 형상비가 작고 유효내부마찰각도 작다. 이는 보강재의 인장강도의 차이라고 설명할 수 있다. 즉, 형상비가 작을수록 인장강도가 클수록 유효내부마찰각이 크게 나타남을 알 수 있다.

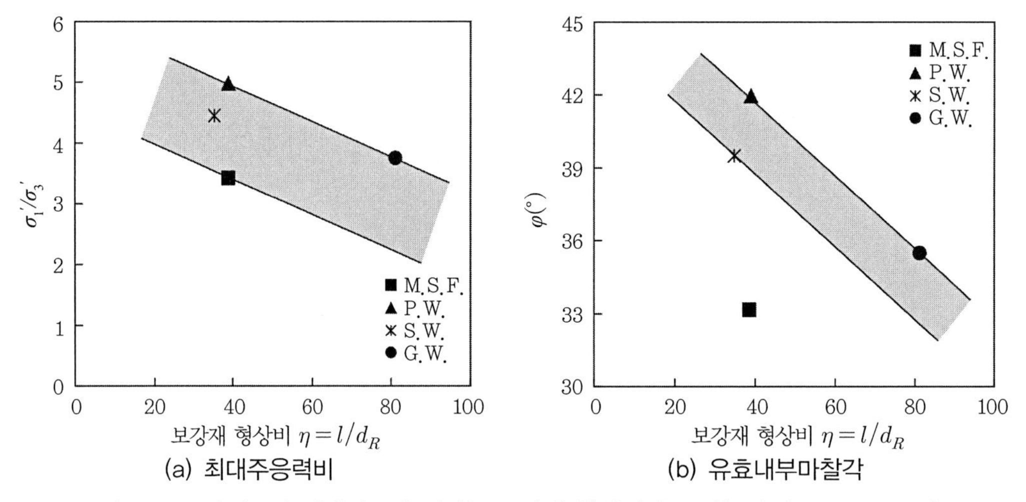

(a) 최대주응력비 (b) 유효내부마찰각

그림 2.43 보강점토의 전단강도에 미치는 보강재 형상비의 효과(구속압 σ_3=400kPa)

그림 2.44는 일정구속압(400kPa)하에서 보강재 밀도에 따른 파괴 시 주응력과 보강재 간격($\Delta H/2$)의 영향을 나타내었다. 일반적으로 보강재간격이 작을수록, 즉 보강재 밀도가 증가할수록 파괴 시 주응력이 증가함을 알 수 있다. 보강재를 이용한 보강점토의 전단강도에 영향을 미치는 보강재 연직간격은 $\Delta H/2 \leq 0.5$일 때 보강점토에 가장 큰 영향을 미친다. 그림 2.44는 보강재 연직간격($\Delta H/2$)이 0.5 이상에서는 보강효과가 거의 없다는 것을 보여주고 있다.

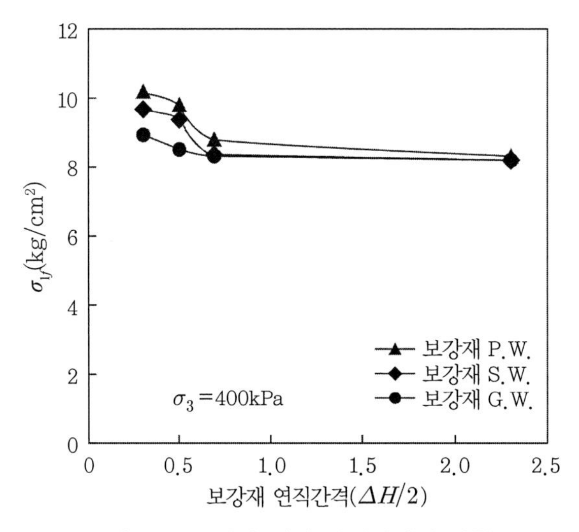

그림 2.44 보강재 배치 연직간격의 영향

(3) 보강재인장강도

비배수삼축압축시험(CU) 결과를 볼 때 낮은 구속압에서는 간극수압거동이 보강재 유무에 관계없이 유사한 반면에 높은 구속압에서는 보강재에 따라 구속압이 차이를 보임을 알 수 있다. 또한 최대축차응력과 최대주응력비는 보강재의 유무에 크게 영향을 받고 있음을 알 수 있다.

동일한 구속압과 보강재 밀도에 대한 삼축압축시험 결과를 도시한 그림 2.45에서 보강재의 인장강도에 따라 최대주응력과 최대주응력비가 크게 증가함을 볼 수 있다. 즉, 보강재의 인장강도가 보강점토의 역학적 특성에 크게 기여함을 의미한다.

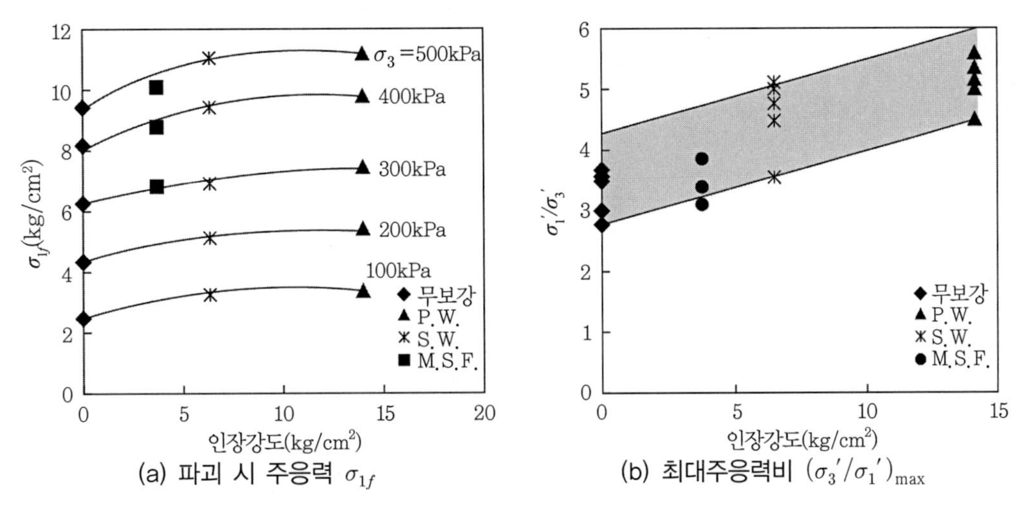

(a) 파괴 시 주응력 σ_{1f} (b) 최대주응력비 $(\sigma_3'/\sigma_1')_{max}$

그림 2.45 보강재인장강도 효과(구속압 : 100~500kPa, 보강재 밀도 : 0.5%)[3]

우선 그림 2.45(a)는 무보강점토와 보강재 밀도가 0.5%인 보강점토의 파괴 시 주응력과 보강재의 인장강도의 관계를 100~500kPa 사이의 다양한 구속압에 대해 정리한 결과이다. 이 그림에서 보듯이 보강재의 인장강도가 증가할수록 무보강점토에 비해 파괴 시 주응력이 증가함을 알 수 있다. 그러나 파괴 시 주응력은 증가하다가 어느 한계에서 일정하게 수렴하였다.

한편 그림 2.45(b)는 보강재의 인장강도에 대한 최대주응력비와의 관계를 100~500kPa 사이의 다양한 구속압에 대해 정리한 그림이다. 일반적으로 최대주응력비는 구속압이 낮을수록 더 큰 값을 나타내는 경향이 있다. 그림 2.45(b)에 나타나듯이 최대주응력비는 구속압이 낮을수록 인장강도가 높을수록 더 큰 값을 보이고 있다. 구속압이 500kPa일 경우에는 최대주응력비가 그림 2.45(b)에 나타나듯이 직선상에 거의 일치함을 알 수 있다. 이는 보강재의 인장강도에 따라 보강점토의 전단강도가 거의 선형적으로 증가하는 거동을 보임을 의미한다.

일반적으로 구속압이 증가할수록 주응력비의 감소가 상당히 크게 나타난다. 이는 구속압이 증가할수록 간극수압이 상대적으로 크게 발생되어 보강재와 점토 사이의 마찰력이 감소하여 보강재의 인장력이 효과적으로 발휘되지 못하기 때문인 것으로 추측된다.

표 2.14는 다양한 구속압에서 무보강점토와 보강재 밀도가 0.5%인 보강점토에 대한 유효내부마찰각을 정리한 결과이다. 이 표의 유효내부마찰각을 보강재의 인장강도와 연계하여 도시하면 그림 2.46과 같다.

표 2.14 다양한 보강재의 보강점토(보강재 밀도 : 0.5%)와 무보강점토에 대한 유효내부마찰각[3]

구속압(kPa)	유효내부마찰각(ϕ')			
	무보강점토	G.W.보강점토	S.W.보강점토	P.W.보강점토
100	35.00	40.15	43.20	44.18
200	34..4	37.71	41.80	43.28
300	33.75	36.87	40.84	42.52
400	30.16	35.44	39.37	41.80
500	28.09	31.82	34.02	39.47

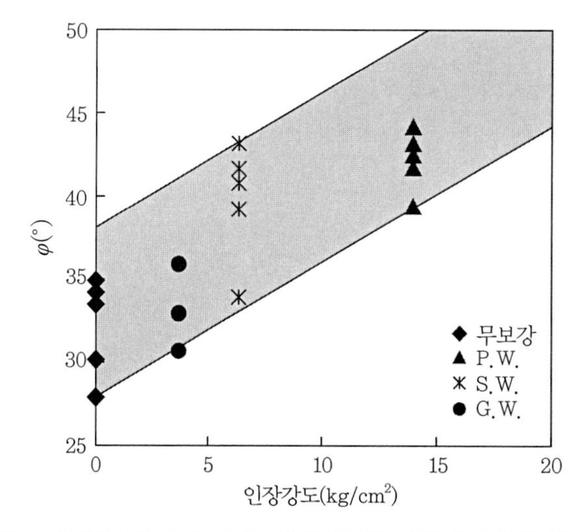

그림 2.46 유효내부마찰각과 보강재 인장강도와의 관계(보강재 밀도 ρ=0.5%)

표 2.14와 그림 2.46으로부터 유효내부마찰각이 가장 적은 경우의 구속압은 500kPa이었고 유효내부마찰각이 가장 큰 경우의 구속압은 100kPa이었다. 이와 같이 그림 2.46에서 보는

바와 같이 유효내부마찰각은 전반적으로 보강재의 인장강도가 클수록 크게 나타나고 있음을 알 수 있다.

즉, 보강재의 인장강도가 $10kg/cm^2$인 경우까지는 무보강점토의 전단강도에 비해 보강점토의 전단강도가 크게 증가하였다. 그러나 보강재의 인장강도가 $10kg/cm^2$ 이상이 되면 보강점토의 유효내부마찰각이 어느 정도 수렴하는 경향을 보이고 있다.

(4) 보강재 삽입 각도

문인철(2001)은 수평보강재가 아닌 수평면을 기준으로 상하 방향으로 경사지게 삽입한 경사보강재를 대상으로 파괴면에서의 보강재 삽입 각도에 따른 시료의 강도특성을 조사하였다.[4] 이 시험은 같은 조건, 즉 구속압과 보강재 밀도를 동일하게 유지시킨 상태에서 보강재의 삽입 각도의 영향을 살피기 위해 보강재를 상향 5, 10, 20, 30, 35, 45, 55°와 하향으로 5, 10, 15°로 삽입한 보강점토를 대상으로 삼축압축시험(CU)을 실시하였다.

삼축압축시험에서 공시체의 파괴면은 그림 2.47에 도시한 바와 같이 수평면과 $(45° \pm \phi/2)$의 각으로 발생하므로 파괴면의 법선 방향으로 파괴면에 수직으로 보강재가 삽입되어 있을 때 보강재의 인장강도 효과가 증대될 수 있다고 생각되어 수평면에서 상방향으로 높은 각도, 즉 파괴면과 수직이 될 때까지 보강하게 되었다.

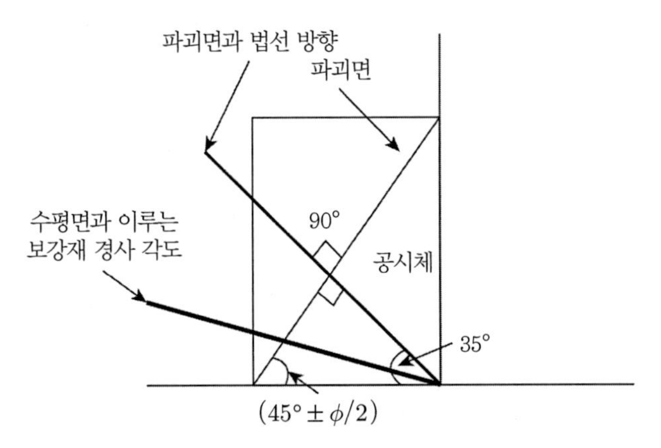

그림 2.47 보강재 삽입 시 파괴면과 이루는 각도

만약 유효내부마찰각이 20°이면 공시체상에서 수평면을 중심으로 상향 35°로 보강되었을 때가 파괴면과 수직을 이루는 법선 방향의 보강재 각도가 그림 2.47에 도시한 바와 같다. 즉,

파괴면에서 법선 방향과 삽입시 각도를 그림 2.47에 내부마찰각을 고려한 파괴면의 법선을 중심으로 한 각도를 보강재 삽입각과 비교하여 표시하였다.

결과적으로 보면 파괴면에서 보강재 삽입각 10° 이후에는 파괴면의 법선 방향을 지나서도 조금씩 강도가 감소하고 있으므로 파괴면에 수직으로 보강했을 때의 강도의 효과는 보강하지 않은 시료의 강도보다는 크지만 차이가 크게 나지 않음을 알 수 있다.

그림 2.48에는 최대주응력비와 P.W.보강재 삽입 각도 및 파괴 시 변형률을 도시하였다. 즉, 그림 2.48(a)에는 종축을 최대주응력비로 정하고 횡축을 보강재 삽입 각도로 정하여 각각의 보강재 삽입각에 따른 경사보강재의 강도특성을 살펴보았으며 그림 2.48(b)에는 최대주응력비와 파괴 시 변형률의 관계를 도시하였다.

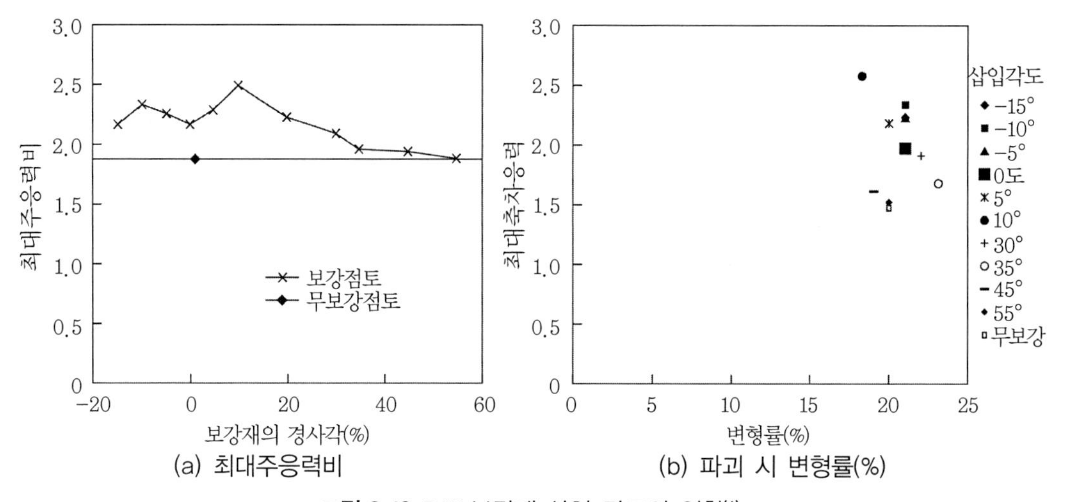

그림 2.48 P.W.보강재 삽입 각도의 영향[4]

먼저 그림 2.48(a)에 의하면 P.W.보강재 삽입으로 인해 보강점토공시체의 전단강도는 무보강점토에 비해 증가하였다. 하향이든 상향이든 보강재 삽입 각도 5°와 10°에서 전단강도가 상당한 크기로 증가하였다. 특히 상향 5°일 때 보강점토의 최대주응력비는 무보강점토에 비해 25% 증가하였으며 상향 10°일 때는 36%나 강도가 증가하였다. 따라서 보강재의 삽입 각도는 10°로 하는 경우가 가장 효과적임을 알 수 있다.

또한 보강재의 경사각을 20° 이상으로 크게 삽입하면 전단강도가 감소하기 시작하여 55° 경사로 보강재 삽입 시에는 무보강점토의 경우와 비슷한 전단강도를 보이고 있다. 이는 동일 길이의 보강재를 삽입 시 삽입 각도가 커짐에 따라 시료의 파괴에 영향을 주는 부분이 적어짐으로써 결국 공시체 중앙부분에 보강효과가 없는 공간이 발생하게 되어 생기는 현상으로 사료된다.

한편 그림 2.48(b)로부터 무보강점토와 보강점토 모두 최대축차주응력은 공시체변형률이 20% 전후에서 발생함을 볼 수 있다. 이는 무보강점토의 변형률보다 크거나 약간 작은 변형률에 해당한다. 따라서 보강재의 삽입 각도는 파괴 시 변형률에 무관한 것으로 판단된다.

참고문헌

1. 김은기(2000), 보강점토의 역학적특성에 관한 연구, 중앙대학교대학원, 공학석사학위논문.
2. 공준현(1998), 쏘일네일링 흙막이벽의 수평변위와 쏘일네일링의 축력, 중앙대학교대학원, 공학석사학위논문.
3. 권오민(2001), 보강점토의 역학적 거동에 영향을 미치는 보강재 재료특성의 영향, 중앙대학교대학원, 공학석사학위논문.
4. 문인철(2002), 보강재 삽입 각도에 따른 해성점토의 강도특성, 중앙대학교대학원, 공학석사학위논문.
5. Al-Refeai, T.(1991), "Behaviour of granular soils reinforced with discrete randomly oriented inclusions", J. Geotextiles and Geomembranes, Vol.10, pp.319~333.
6. Andersland, O.B. and Khattak(1979), "Shear strength of Kaolinite/fiber soil mixtures", Proc., IC on Soil Reinforcement, Paris, France, 1, pp.11~16.
7. Brinch Hansen, J., and Lundgren, H.(1960), "Hamptprobleme der Bodenmechanik", Springer-Veriag, Berin Gottingen-Heidelberg(in German).
8. Duncan, J.M. and Chang, C.Y.(1970), "Nonlinear analysis and strain in soils", J., GE., ASCE, Vol.96, No.5.
9. Gray, D.H. and Obashi, H.(1983), "Mechanics of fiber-reinforcement in sand", J. Geotech. Engrg, ASCE, Vol.109, No.3, pp.335~353.
10. Gray D.H. and Maher, M.H.(1989), "Admixure stabilization of sand with discrete, randomly distributed fibers", Proc., XIIth ICSMFE, Rio de Janeiro, Brazil, pp.1363~1366.
11. Gray, D.H. and Al-Refeai, T.(1986), "Behaviour of fabric versus fiber-reinforced sand", J. Geotech. Engrg, ASCE, Vol.112, No.8, pp.804~820.
12. Guilloux, A., Schlosser, F., and Long, N.T.(1979), "Etude du frottement sable-armature en laboratoire", Proc., IC Soil Reinforcemeent, Paris, France, Vol.1, pp.47~52.
13. Hoare, D.J.(1979), "Laboratory study of granular soils reinforced with randomly oriented discrete fibers", Proc., IC on Use of Fabrics in Geotech., Paris, France, 1, pp.47~52.
14. Jewell, T.S. and Wroth, C.P.(1987), "Direct shear tests on reinforced sand", Geotechnique, Vol.37, No.3, ASTM, Philadelphia, pp.112~119.
15. Kondner, R.I.(1963), "Hyperbolic stress-strain response, cohesive soils", J., GE, Vol.99, No.SM1, ASCE, pp.115~143.
16. Lade(1977), "Elasto-plastic stress-strain theory for cohesionless soil with curved failure surfaces," International Journal of Solids and Structures, Pergamon Press. Inc., New York, N.Y.

Vol.13, pp.1019~1035.

17. Maher, M.h. and Gray, D.H.(1990), "Static response of sands reinforced with randomly distributed fibers", J. Geotech. Engrg, ASCE, Vol.116, No.11, pp.1661~1677.
18. Michalowski, R.L. and Zhao, A.(1996), "Failure of fiber-reinforced granular soils", Jour. Geot. Engineering, ASCE, Vol.122, No.3, pp.226~234.
19. Namman, T., Movenzadh, F., and McGarry, F.(1974), "Probabilistic analysis of fiber reinforced concrete", J. Engrg, Mech. Div., ASCE, Vol.100, No.2, pp.397~413.
20. Nataraj, M.S., Addula, H.R. and McManis, K.L.(1996), "Strength and deformation charateristics of fiber reinforced soils", Geosynthetics and Ground Improvement.
21. Potyondy, J.G.(1962), "Skin friction between various soils and construction materials", Geotechnique, Vol.11, No.4, pp.339~353.
22. Ranjan, G., Vasan, R.M. and Charan, H.D.(1996), "Probabilistic analysis of randomly distributed fiber-reinforced soil", Jour., Geotechnical Engineering, ASCE, Vol.122, No.6, pp.419~426.
23. Rao, G.V. and Pandy, S.K.(1988), "Evaluation of geotextile-soil friction", Indian Geotech. J., 18(1), pp.77~105.
24. Setty, K.R.N.S. and Rao, S.V.G.(1987), "Characteristics of fiber reinforced lateritic soil", IGC(87), pp.77~105.
25. Setty, K.R.N.S. and Murthy, A.T.A.(1990), "Behavior of fiber-reinforced Nlack Cotton soil", IGC, Bombay, pp.45~49.
26. Sridharan, A. and Singh, H.R.(1988), "Effect of soil parameters on the friction coefficient in reinforced earth", Indian Geotech., J., 18(1), pp.323~339.
27. Terzaghi, K., and Peck, R.B.(1967), Soil Mechanics Inin Engineering Practices, 2nd Ed., John Wiley and Sons, Inc., New York , N.Y.
28. Verna, B.P. and Char, A.N.(1978), "Triaxial tests on reinforced sand", Proc., Symp. Soil Reinforcing and Estabilising Techniques, Sydmey, Australia, pp.29~39.
29. Waldron, L.J.(1977), "Shear resistance of root permeated homogeneous and stratified soil", Soil Sci. Soc. of Am. Proc., 41, pp.843~849.
30. テールアルメ工法研究會(1993), テールアルメ工法の設計と施工. 理工圖書株式會社, 東京.
31. 土質工學會編(1986), "補强土工法, 土質基礎工學 ライブラリ-29, 土質工學會.
32. Roscoe, K.H., Schofield, A.N. and Wroth, C.P.(1958), "On the yielding of soils", Geotechnique, Vol.8, pp.22~53.

C·H·A·P·T·E·R

03

강그리드보강재를 이용한 보강토옹벽

C·H·A·P·T·E·R

03 강그리드보강재를 이용한 보강토옹벽

3.1 강그리드보강재

보강토옹벽에 쓰이는 보강재 중 그리드보강재는 스트립보강재나 직포, 부직포 등의 보강재에 비해 큰 인발저항을 가진다.[18,20] 특히 강그리드보강재의 경우에는 지오그리드보다 큰 인발저항을 보일 뿐 아니라 재료가 비신장성인 특징을 지니고 있어서 구조물의 변형 역시 지오그리드에 비해 작다. 그림 3.1은 강그리드보강재를 이용한 보강토옹벽이다.

이러한 강그리드보강재를 이용한 보강토옹벽은 다양한 벽면체의 사용이 가능한데, 벽면체로 강그리드보강재와 부직포, 콘크리트 패널 등을 쓸 수 있으며 보강재로 지오텍스타일과 함께 쓸 수도 있다.

강그리드보강재는 원형 철근 또는 이형 철근을 용접하여 격자형 보강재로 만든 것으로 일반 철근으로 만든 강그리드보강재와 아연도금한 철근으로 만든 강그리드보강재가 쓰인다. 일반 철근으로 만든 강그리드보강재는 부식의 문제가 있으나 임시 가설물로서 유용하고 아연도금한 철근으로 만든 강그리드보강재는 부식에 강하므로 영구구조물로 쓰인다.

강그리드보강재를 이용한 보강토옹벽 중 그림 3.1(a)의 경우에는 식생공과 병용하고 그림 3.1(b)의 경우 화단 조성이 가능한 특수콘크리트 패널을 사용하면 환경적인 효과도 얻을 수 있다.

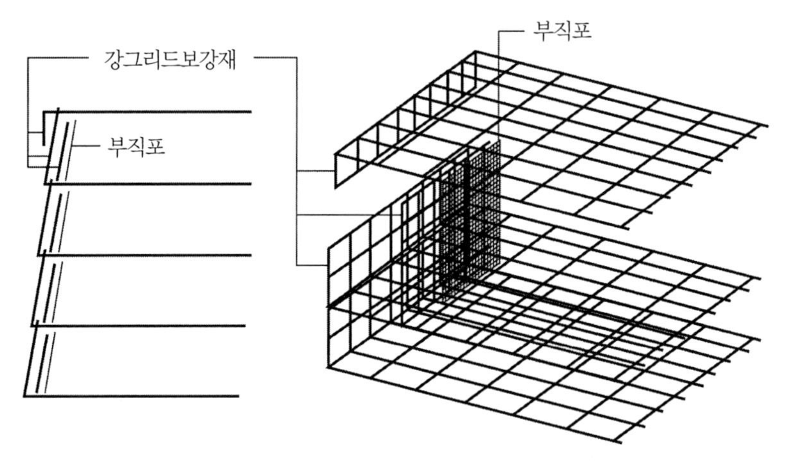

(a) 벽면재로 강그리드보강재와 부직포를 사용한 옹벽

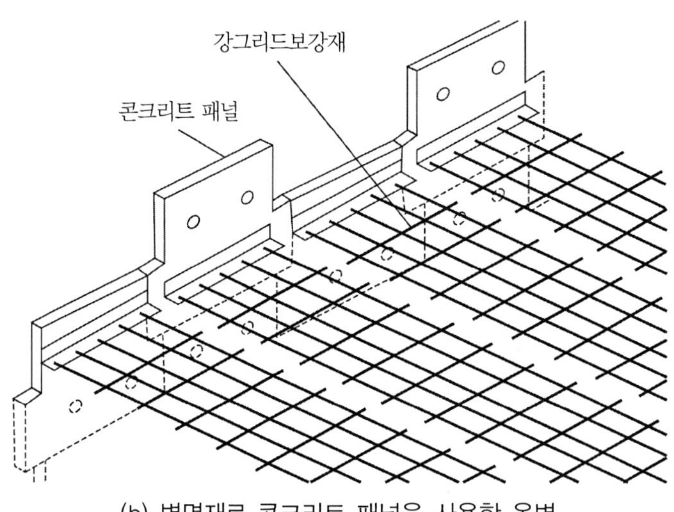

(b) 벽면재로 콘크리트 패널을 사용한 옹벽

그림 3.1 강그리드보강재를 이용한 보강토옹벽

3.1.1 강그리드보강재의 저항메커니즘

보강토구조물에서 일반적인 보강재의 인발저항은 보강재와 흙 사이의 마찰저항으로 산정된다. 그러나 종방향 부재와 횡방향 부재로 구성되는 그리드보강재, 특히 강그리드보강재의 경우에는 종방향 부재와 흙 사이에서 발생하는 마찰저항 외에도 횡방향 부재에서 지지저항이 함께 발생한다.[14] 이러한 강그리드보강재의 저항메커니즘은 그림 3.2와 같다. 강그리드보강재는 그림 3.2에서와 같이 인발력이 작용하는 방향에 대해 종방향 부재에서는 보강재와 흙 사이에 마찰저항이 발생하고 횡방향 부재에서는 지지저항이 발생한다.

지지저항은 강그리드보강재 전체의 인발저항의 80% 이상을 차지한다.[4,6,11] 따라서 강그리드보강재의 인발저항을 산정함에서는 마찰저항뿐 아니라 지지저항에 대한 저항메커니즘을 파악해야 할 필요가 있다.

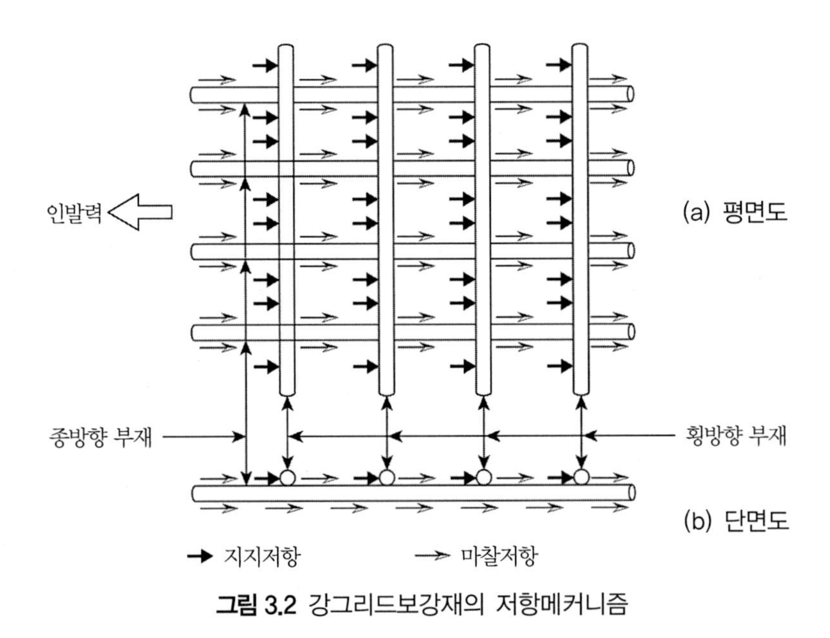

그림 3.2 강그리드보강재의 저항메커니즘

3.1.2 강그리드보강재의 마찰저항

강그리드보강재의 종방향 부재와 흙 사이에서 발생하는 마찰저항은 다음 식으로 구할 수 있다.[14]

$$P_f = M\sigma_{ave}\pi d_R \tan\delta L_a \tag{3.1}$$

여기서, P_f : 강그리드보강재와 흙 사이에서 발생하는 마찰저항

M : 강그리드보강재의 종방향 부재의 개수

σ_{ave} : 평균상재압

d_R : 강그리드보강재의 직경

δ : 보강재와 흙 사이의 마찰각

L_a : 유효보강 길이

3.1.3 강그리드보강재에 대한 지지저항

강그리드보강재의 횡방향 부재에서 발생하는 지지저항에 대한 기존 산정방식은 Peterson & Anderson(1980)에 의한 전면전단파괴(그림 3.3(a) 참조)[14] 모델과 Jewell et al.(1985)에 의한 관입전단파괴(그림 3.3(b) 참조)[8] 모델이 있다. 이는 모두 Prandtl 이론에 근거한 지지력이론을 통해 지지저항에 대한 저항메커니즘을 파악한 연구이다.

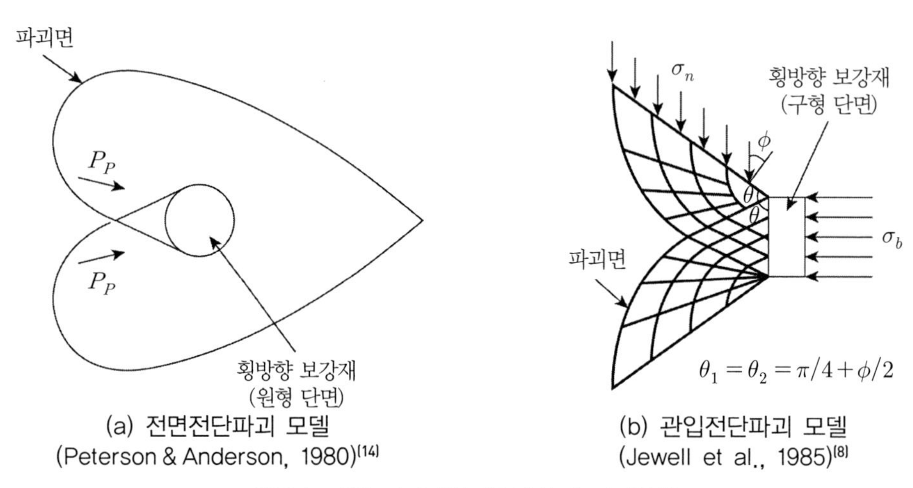

(a) 전면전단파괴 모델
(Peterson & Anderson, 1980)[14]

(b) 관입전단파괴 모델
(Jewell et al., 1985)[8]

그림 3.3 기존 지지저항이론에서의 파괴유형

만약 성토재가 점착력이 없는 흙($c=0$)이라면 강그리드보강재의 횡방향 부재에 작용하는 단위폭당 극한지지저항 P_b는 식 (3.2)와 같다.

$$P_b = N\sigma_n d_R N_q \tag{3.2}$$

여기서, N : 강그리드보강재의 횡방향 부재의 개수
σ_n : 상재압
d_R : 강그리드보강재의 직경
N_q : 지지력계수

식 (3.2)에서 전면전단파괴와 관입전단파괴에 대한 지지력계수 N_q는 다음과 같다.

전면전단파괴의 경우

$$N_q = e^{\pi \tan\phi} \tan^2\left(\frac{\pi}{4} + \frac{\phi}{2}\right) \tag{3.3}$$

관입전단파괴의 경우

$$N_q = e^{\left(\frac{\pi}{2} + \phi\right)\tan\phi} \tan\left(\frac{\pi}{4} + \frac{\phi}{2}\right) \tag{3.4}$$

식 (3.3)과 식 (3.4)에서의 전면전단파괴와 관입전단파괴의 지지력계수 N_q를 기존의 인발시험과 비교해보면 그림 3.4와 같다.

그림 3.4에서 보면 대부분의 시험 결과치가 전면전단파괴와 관입전단파괴 사이에 분포되어

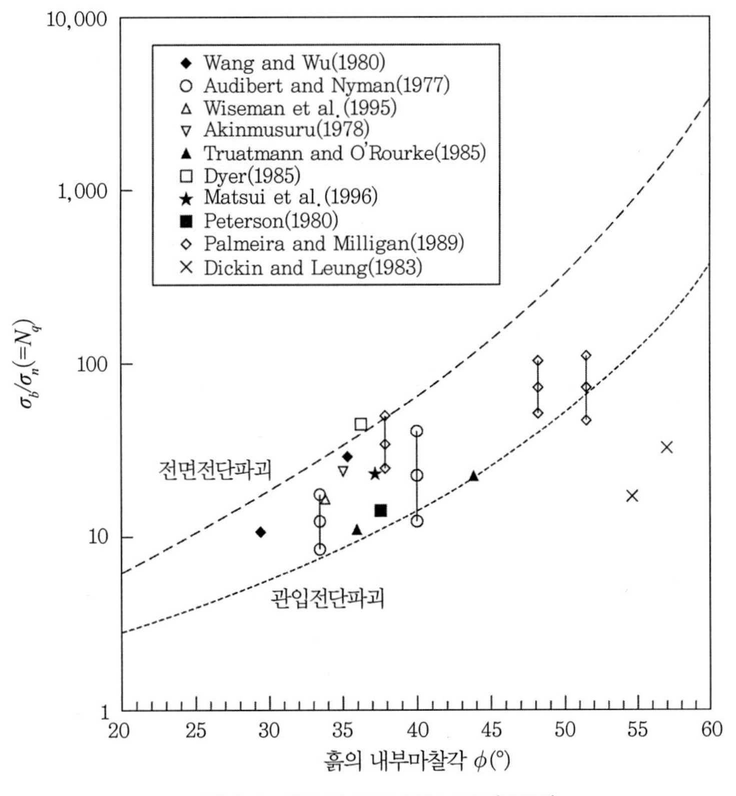

그림 3.4 기존의 인발시험 결과[10,13,17]

있다.

즉, 전면전단파괴에 의한 값이 상한치를 이루고 관입전단파괴에 의한 값이 하한치를 이루고 있는 것을 알 수 있다.

Matsui et al.(1996a)의 연구에서는 지반을 정지토압상태로 보고 지지저항산정식의 지지력계수 N_q를 식 (3.5)와 같이 제안하였다.[9]

$$N_q = e^{\pi \tan\phi} \tan\left(\frac{\pi}{4}+\frac{\phi}{2}\right)\left[\cos\left(\frac{\pi}{4}-\frac{\phi}{2}\right)+(1-\sin\phi)\sin\left(\frac{\pi}{4}-\frac{\phi}{2}\right)\right] \tag{3.5}$$

3.2 강그리드보강재에 대한 지지저항의 새로운 모델

홍원표 연구팀은 강그리드보강재에 대하여 두 가지 새로운 지지저항 모델을 제안하였다. 먼저 첫 번째 모델은 Prandtle의 지지력이론을 응용한 지지저항 모델이고(홍원표 등, 2001a)[1] 두 번째 모델은 Prandtle 지지력이론과 원주공동확장이론에 의한 지지력이론을 조합한 지지저항 모델이다(홍원표 등, 2001b).[2] 이 두 모델을 각각 모델 I과 모델 II라 하기로 한다.

모델 I은 간단한 유도과정을 통해 얻어낼 수 있으며 모델에 필요한 파라미터는 전단강도정수인 흙의 점착력 c와 내부마찰각 ϕ로 대략적인 지지저항의 산정에는 용이하다고 할 수 있으나 지지저항의 증가경향을 정확히 나타낼 수 없다.

그러나 모델 II는 좀 더 복잡한 유도과정과 전단강도정수 이외에 자반의 탄성계수 E와 포아송비 ν를 필요로 한다. 다소 복잡하더라도 지지저항의 경향을 좀 더 정확하게 나타낼 수 있다. 모델 II의 경우와 같은 Prandtle의 지지력이론과 공동확장이론을 조합한 지지력이론은 기초의 선단지지력을 구하기 위한 모델로서 Vesic(1977),[16] 高野·岸田(1980),[19] 平山(1988)[21]에 의해 제시된 바 있다. 그러나 이와는 다른 접근 방법과 유도과정을 통해 강그리드보강재의 횡방향 부재에서 발생하는 지지저항을 산정하기 위한 모델을 제시한다.

두 모델은 강그리드보강재의 횡방향 부재에 의한 지반의 파괴유형을 가정하는 데 서로 다른 가정을 전제로 하고 있다. 즉, 모델 I에서는 파괴유형을 전면전단파괴로 가정하고 있고 모델 II에서는 파괴유형이 관입전단파괴로 가정하고 있다.

또한 소성흐름영역과 수동쐐기 경계에서의 등분포하중 q_w을 가정하는 데도 차이를 보인다.

이하 이에 대한 자세한 설명을 하기로 한다.

3.2.1 Prandtle 지지력이론에 의한 모델(모델 I)

점착력이 있는 흙($c \neq 0$)에서의 파괴형상을 그림 3.5(a)와 같이 가정한다. 먼저 그림 3.5(a)에서 주동쐐기영역 힘의 평형에서

$$\sigma_b = (q_o + c)\tan\alpha \tag{3.6}$$

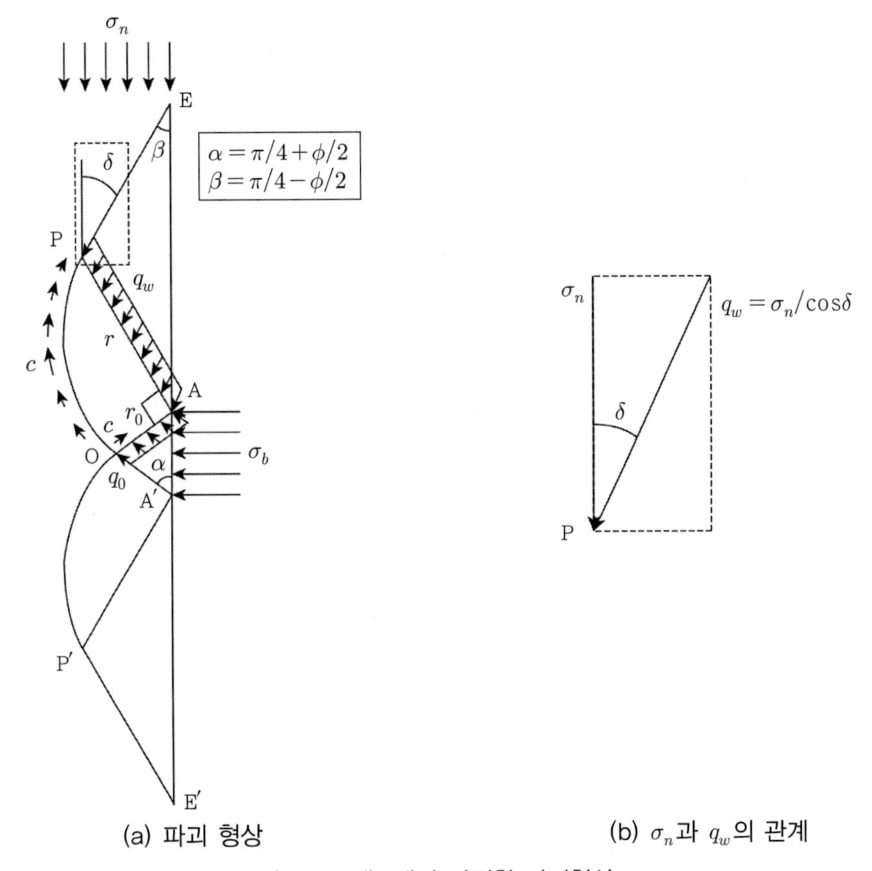

(a) 파괴 형상　　(b) σ_n과 q_w의 관계

그림 3.5 모델 I에서 가정한 파괴형상

A점에 대한 모멘트의 평형에 의하여

$$q_o \cos\phi \frac{r_o^2}{2} = q_w \cos\phi \frac{r^2}{2} + \int_0^w rcrdw \tag{3.7}$$

소성흐름영역은 대수나선이므로

$$r = r_o e^{w \tan\phi} \tag{3.8}$$

식 (3.8)을 식 (3.7)에 대입하여 정리하면 다음과 같다.

$$q_o = q_w e^{2w\tan\phi} + \frac{c}{\sin\phi}(e^{2w\tan\phi} - 1) \tag{3.9}$$

식 (3.9)를 식 (3.6)에 대입하면

$$\sigma_b = q_w e^{2w\tan\phi}\tan\alpha + c\frac{e^{2w\tan\phi} + \sin\phi - 1}{\sin\phi}\tan\alpha \tag{3.10}$$

여기서 점선부위를 확대한 P점에서의 힘의 평형조건에서 소성흐름영역과 수동쐐기 경계에서의 등분포하중 q_w를 식 (3.11)과 같이 가정할 수 있다.

$$q_w = \frac{\sigma_n}{\cos\delta} \tag{3.11}$$

식 (3.10)을 식 (3.11)에 대입하여 σ_b와 σ_n에 대해 정리하고 $w = \frac{\pi}{2}$, $\delta = w - \left(\frac{\pi}{4} + \frac{\phi}{2}\right) = \frac{\pi}{4} - \frac{\phi}{2}$을 대입하면 다음 식을 얻을 수 있다.

$$\sigma_b = c\frac{e^{\pi\tan\phi} + \sin\phi - 1}{\sin\phi}\tan\left(\frac{\pi}{4} + \frac{\phi}{2}\right) + \sigma_n \frac{e^{\pi\tan\phi}}{\cos\left(\frac{\pi}{4} - \frac{\phi}{2}\right)}\tan\left(\frac{\pi}{4} + \frac{\phi}{2}\right) \tag{3.12}$$

표 3.1 모델 I의 지지력계수

$\phi(°)$	N_c	N_q
20	10.35	5.47
21	10.96	5.90
22	11.61	6.36
23	12.32	6.87
24	13.09	7.44
25	13.93	8.05
26	14.85	8.73
27	15.85	9.49
28	16.96	10.32
29	18.17	11.24
30	19.52	12.27
31	21.00	13.41
32	22.64	14.69
33	24.47	16.12
34	26.51	17.73
35	28.79	19.54
36	31.35	21.59
37	34.23	23.91
38	37.49	26.55
39	41.18	29.57
40	45.38	33.03
41	50.18	37.01
42	55.70	41.61
43	62.05	46.95
44	69.42	53.17
45	78.01	60.47
46	88.06	69.07
47	99.90	79.26
48	113.93	91.40
49	130.66	105.98
50	150.75	123.58

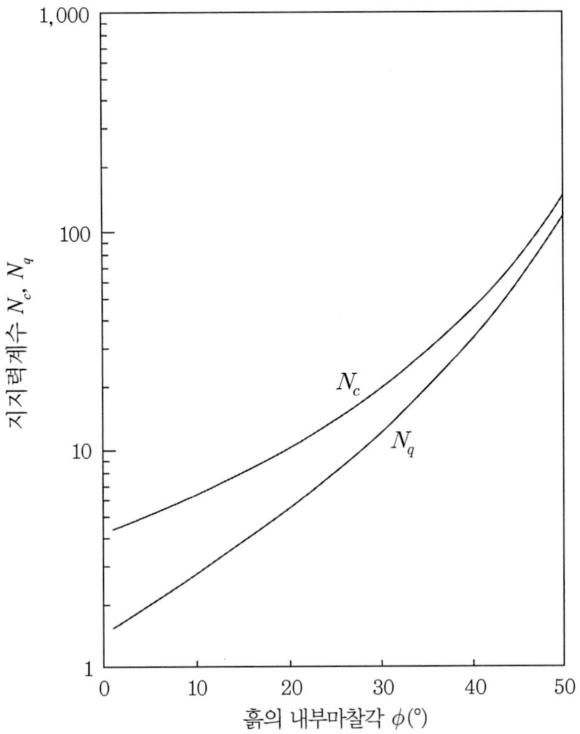

따라서 지지력계수 N_c, N_q를 다음과 같이 구할 수 있다.

$$N_c = \frac{e^{\pi \tan\phi} + \sin\phi - 1}{\sin\phi} \tan\left(\frac{\pi}{4} + \frac{\phi}{2}\right) \tag{3.13a}$$

$$N_q = \frac{e^{\pi \tan\phi}}{\cos\left(\frac{\pi}{4} - \frac{\phi}{2}\right)} \tan\left(\frac{\pi}{4} + \frac{\phi}{2}\right) \tag{3.13b}$$

지지력계수 N_c, N_q는 표 3.1로도 구할 수 있다.

3.2.2 원주공동확장이론에 의한 모델(모델 II)

(1) 원주공동확장이론

반무한체의 등방 균질한 토체에서의 원주공동확장의 문제는 깊은기초의 지지력, 공내재하시험의 해석, 폭발에 의한 구멍, 앵커의 파단저항 등의 여러 가지 토질공학적 문제에 적용되고 있다. 특히 깊은기초의 지지력문제와 관련하여 Gibson & Skempton은 지반을 강소성체로 가정하여 지지력해석에 원주공동확장이론을 적용하였다.[15] 또한 Vesic(1972)[15]과 山口(1975)[22]는 지반을 탄소성체로 가정하여 공동확장에 의한 지지력이론을 제안하였으며 이는 지반을 강소성체로 가정한 것보다 실제의 상태에 가깝다고 할 수 있다.

따라서 강그리드에 대한 지반의 지지력에 대한 가정은 그림 3.2에서 보는 바와 같이 횡방향부재에 대하여 부재의 길이 방향에 대한 평면변형률상태로 가정한다. 또한 소성영역에서의 원주 방향에 대하여 평균체적변형률을 zero(0)로 가정한다. 제3.2.2절에서는 강그리드 횡방향부재의 경우 원주 방향에 대하여 Prandtle의 지지력이론과 Vesic(1972),[15] 高野·岸田(1980),[19] 平山(1988)[21]에 의해 제시된 공동확장이론을 조합한 지지력이론에 근거하여 지지저항 모델을 확립한다.

먼저 원주공동확장 시 극한내압 q_L은 식 (3.14)와 같으며 전단강도정수 이외에 지반의 탄성계수 E와 포아송비 ν를 사용하게 된다.

그림 3.6으로부터 유도된 극한내압 q_L에 대하여 비압축성재료인 경우 체적변형률의 변화가 없는 $\Delta=0$인 경우 단순화하여 정리하면 다음과 같다.[15]

$$q_L = cF_c + p_m F_q \tag{3.14}$$

여기서, $F_c = (F_q - 1)\cot\phi$

$$F_q = (1+\sin\phi)(I_\gamma \sec\phi)^{(\sin\phi)/(1+\sin\phi)}$$

$$I_\gamma = \frac{E}{2(1+\nu)(c+p_m \tan\phi)} = \frac{G}{\tau}$$

$$p_m = \frac{1+2K_o}{3}\sigma_n$$

F_c, F_q : 무차원 원주공동확장계수

I_γ : 단순화된 강성지수

p_m : 평균주응력

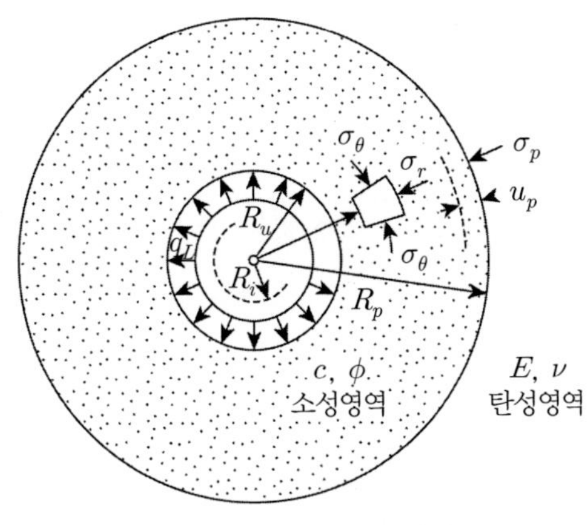

그림 3.6 원주공동확장

(2) 지지저항 산정

그림 3.2와 같은 강그리드보강재의 지지저항을 산정하기 위해 횡방향 부재 주변 지반(점착력이 없는 흙, $c=0$)의 파괴형상을 가정할 수 있으며 이때 강그리드 횡방향 부재의 연직방향에 대한 단면을 고려하여 횡방향 부재에 작용하는 지반의 지지저항을 원주공동확장이론에 의한 파괴형상으로 나타내면 그림 3.7과 같다.

그림 3.7에서 보는 바와 같이 횡방향 부재에 의한 지지저항이 작용하는 지반상에는 소성영역이 발생하는데, 영역 AA′O는 $\alpha = \pi/4 + \phi/2$인 쐐기영역이고 그 양측에는 소성흐름영역 AOP 및 A′OP′가 형성되며 활동면 OP 및 OP′는 대수나선을 이룬다. 여기서 q_o는 AO면상에 작용하는 등분포하중을 나타내고 q_w는 AO면에서 $w = \pi/4 - \phi/2$만큼 회전한 AP면상에 작용하는 등분포하중을 나타낸다. 또한 AP면과 A′P′면의 경계면상에서는 원주공동을 확장하는 경우의 극한내압 q_L이 작용한다고 가정하여 영역 ABCP 및 A′B′C′P′의 소성영역이 형성되고 그 밖의 영역은 탄성영역이 된다.

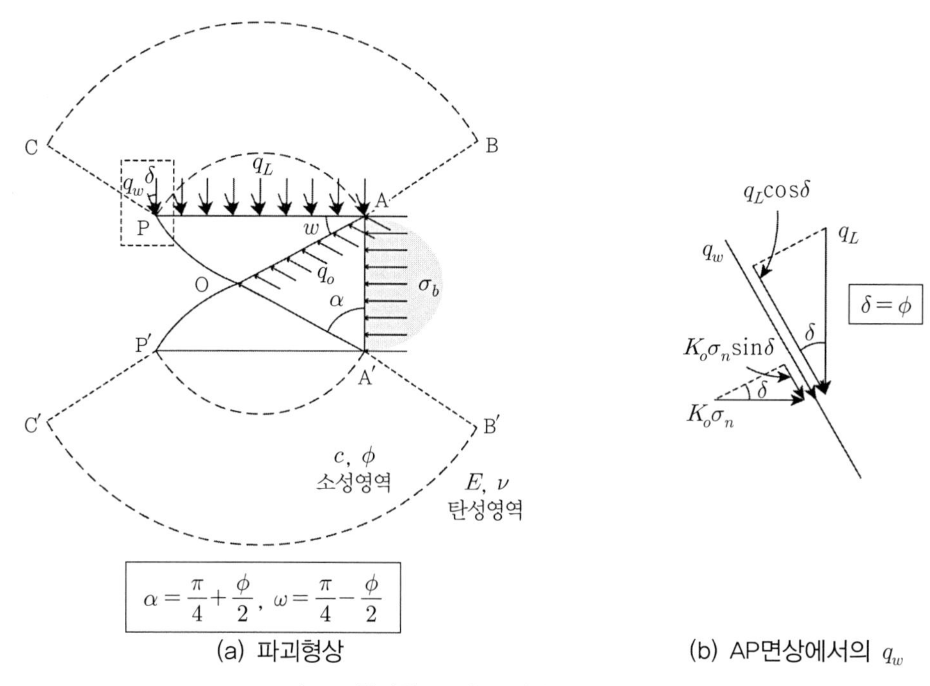

(a) 파괴형상 (b) AP면상에서의 q_w

그림 3.7 횡방향 부재 주변지반의 파괴형상

이때 그림 3.8과 같이 원주공동을 확장하는 극한내압 q_L은 수직응력만을 고려하여 AP면과 A′P′면상에 등분포하중으로 작용한다고 보고, 극한내압의 분력에 따른 감소를 고려한 수정계수 λ를 적용하면 σ_b와 q_o, q_w와 q_o사이에는 각각 식 (3.15) 식 (3.16)의 관계가 성립한다.

$$\sigma_b = q_o \tan\left(\frac{\pi}{4} + \frac{\phi}{2}\right) \tag{3.15}$$

$$q_w = q_o e^{-2\omega\tan\phi} \tag{3.16}$$

즉, 수정계수 λ는 극한내압 q_L의 함수이므로 그림 3.8에서 a가 최대일 때 등분포하중은 식 (3.17)과 같이 구해지고(그림 3.8 참조), 그림 3.8의 x축 방향에 대한 y축의 감소비 $\overline{y} = \overline{A}/x$가 되므로 $\overline{y}$는 식 (3.17)과 같이 구하여 수정계수 λ를 구한다.

$$\overline{A} = \int_0^x y\,dx = q_L d_R \ln\left[\tan\left(\frac{\pi}{4} + \frac{a}{2}\right)\right] \tag{3.17}$$

여기서, d_R : 강그리드 횡방향 부재의 반경

$$x = d_R \tan a$$

$$y = q_L \cos a$$

$$\text{따라서 } \bar{y} = q_L \frac{\ln\left[\tan\left(\frac{\pi}{4} + \frac{\phi}{2}\right)\right]}{\tan a} = q_L \lambda \quad (3.18)$$

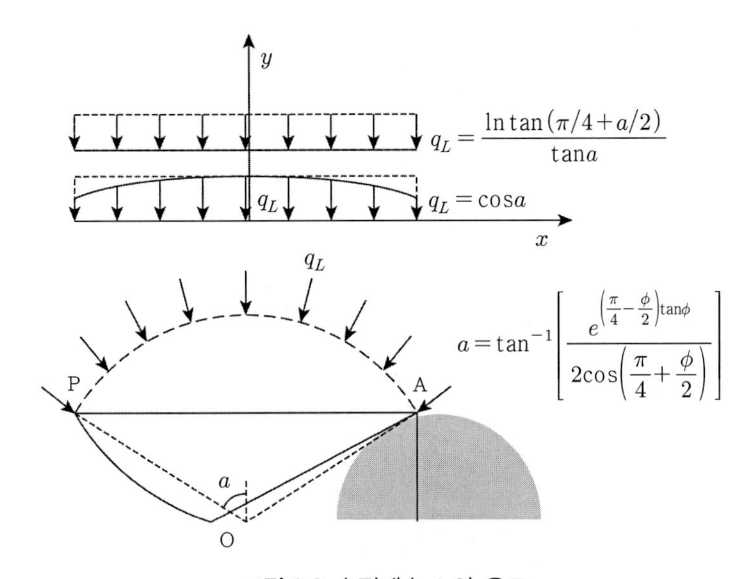

그림 3.8 수정계수 λ의 유도

한편 그림 3.8의 P점상에서 점선부분을 그림 3.7과 같이 q_w와 σ_n 사이의 관계로 나타내고 정지토압상태로 가정하면(Matsui et al., 1996a) 식 (3.19)가 된다.[9]

$$q_w = q_L \cos\delta + K_o \sigma_n \sin\delta \quad (3.19)$$

여기서, q_L : $P_m F_g$($c=0$이므로)

δ : q_w와 q_L이 이루는 각

K_o : 정지토압계수

식 (3.15), (3.16) 및 (3.19)를 조합하고 Prandtle 이론에 기초하여 σ_b와 σ_n의 관계를 나타내면 식 (3.20)과 같이 된다.

$$\sigma_b = \sigma_n \left[\frac{1+2K_o}{3} \lambda (1+\sin\phi)(I_\gamma/\cos\phi)^{\sin\phi/(1+\sin\phi)} \cos\phi + K_o \sin\phi \right] e^{\left(\frac{\pi}{2}-\phi\right)\tan\phi} \tan\left(\frac{\pi}{4}+\frac{\phi}{2}\right) \tag{3.20}$$

여기서, λ : 수정계수$\left(= \dfrac{\ln\left[\tan\left(\frac{\pi}{4}+\frac{\phi}{2}\right)\right]}{\tan a}\right)$

a : 그림 3.8 참조$\left(=\tan^{-1}\left[\dfrac{e^{\left(\frac{\pi}{4}-\frac{\phi}{2}\right)\tan\phi}}{2\cos\left(\frac{\pi}{4}+\frac{\phi}{2}\right)}\right]\right)$

식 (3.20)을 σ_b/σ_n로 정리하면 지지력계수 N_q를 식 (3.21)과 같이 구할 수 있다.

$$\begin{aligned} N_q &= \frac{\sigma_b}{\sigma_n} \\ &= \left[\frac{1+2K_o}{3} \lambda (1+\sin\phi)(I_\gamma/\cos\phi)^{\sin\phi/(1+\sin\phi)} \cos\phi + K_o \sin\phi \right] \\ &\quad \times e^{(\pi/2-\phi)\tan\phi} \tan\left(\frac{\pi}{4}+\frac{\phi}{2}\right) \end{aligned} \tag{3.21}$$

만약 점착력이 있는 흙($c \neq 0$)에 적용시키고자 하면 식 (3.22)를 이용할 수 있다.

$$\sigma_b = cN_c + \sigma_n N_q \tag{3.22}$$

여기서, $N_c = (N_q - 1)\cot\phi$

3.3 이론예측치와 시험 결과의 비교

제3.1.3의 기존연구와 그림 3.4에 의하면 기존의 지지저항 산정식인 전면전단파괴와 관입저항파괴에 의한 이론예측치는 각각 시험치의 상한치와 하한치를 이루고 그 사이에 대부분의 실험치가 존재함을 볼 수 있었다.

한편 제3.2절에서는 강그리드보강재의 횡방향보강재의 지지저항을 정확하게 산정하기 위해 Prandtle의 지지력이론과 원주공동확장이론을 도입하여 모델 I과 모델 II의 두 가지 모델을 유도 제안하였다. 제3.3절에서는 이들 모델의 정확성을 검증하기 위해 여러 연구자들에 의해 수행된 강그리드보강재를 이용한 보강토에 실시된 인발시험 결과와 비교해본다.

3.3.1 보강재 인발시험 사례

강그리드보강재를 대상으로 실시한 인발시험의 자료 중 검토 대상은 다음과 같이 세 가지 사례를 선택하였다. 검토 대상이 된 인발시험에 쓰인 흙시료의 물성과 강그리드보강재의 사양을 정리하면 표 3.2 및 표 3.3과 같다.

표 3.2 인발시험에 쓰인 흙시료의 물성[3-5,10,12,]

시료의 종류	통일분류법에 의한 분류	상대밀도 D_r(%)	점착력 c(t/m^2)	내부마찰각 ϕ(°)	비고
모래	SP	80	–	37.3	Matsui et al., 1996b[10]
실트질 모래	SM	90	2.297	36.7	Nielsen·Anderson, 1984[12]
잔자갈	GW	100	8.269	36.2	
세척모래	SW	90	–	42.6	
점토질 모래	SC	95	6.016	37.0	Bergado et al., 1993b[5]
풍화점토	CL	95	9.075	32.2	Bergado et al., 1992[3]
라테라이트	SM	95	5.200	38.5	Bergado et al., 1993a[4]

① 일본 오사카대학 실험 : 모래를 대상 토질로 하였으며 보강재직경은 6mm로 하였다. 보강재 부재개수는 횡방향 1~3개 종방향 5개였다. 또한 횡방향 부재길이는 750mm이고, 종방향 간격과 횡방향 간격은 각각 150mm와 225mm로 하였다(Matsui et al., 1996b).[10]

② 미국 유타주립대학 실험 : 대상 토질은 실트질 모래, 잔자갈(pea gravel), 세척모래로 다

양하게 선택하였다. 보강재 직경도 3.8~9.5mm로 다양하게 하였다. 보강재 부재개수는 횡방향 3~10개 종방향 6, 16개였다. 또한 횡방향 부재 길이는 762mm이고 종방향 간격과 횡방향 간격은 각각 51~152mm와 152~610mm로 하였다(Nielson and Anderson, 1984).[12]

③ 태국 AIT 실험 : 대상 토질은 점토질 모래, 풍화점토, 라테라이트(Lateritic soil)로 다양하게 선택하였다. 보강재직경도 5.4mm에서 13.0mm로 다양하게 하였다. 보강재 부재개수는 횡방향 4~6개 종방향 4개였다. 또한 횡방향 부재길이는 450mm 및 456mm로 정하였고 종방향 간격은 150mm 혹은 152mm와 횡방향 간격은 152~350mm로 하였다(Bergado et al., 1993b; 1992; 1993a).[3-5]

표 3.3 인발시험에 쓰인 강그리드보강재의 규격

시료의 종류	보강재 직경 (mm)	횡방향 부재 개수	종방향 부재 개수	횡방향 부재 길이 (mm)	종근 간격 ×횡근 간격 (mm×mm)	비고
모래	6	1~3	5	750	150×225	Matsui et al., 1996b[10]
실트질 모래	3.8, 4.5, 6.4, 9.5	3, 4, 5, 6, 10	6, 16	762	51×152 152×305 152×457 152×610	Nielsen·Anderson, 1984[12]
잔자갈						
세척모래						
점토질 모래	5.4, 6.1, 6.5, 7.6, 9.9	5	4	450	150×225	Bergado et al., 1993b[5]
풍화점토	6.5, 9.5, 13.0	5	4	450	150×230 150×300 150×350	Bergado et al., 1992[3]
라테라이트	6.3, 9.5, 12.7	4~6	4	456	152×152 152×225	Bergado et al., 1993a[4]

위에서 설명한 바와 같이 모두 일곱 가지의 흙시료로서 점토에서 모래 잔자갈과 같이 현재 성토재로 사용되고 있는 토사로 다양하게 선택한 관계로 다양한 토사에 대한 비교가 가능하다. 또한 각 시료에 대한 입도 분포 곡선은 그림 3.9와 같다.

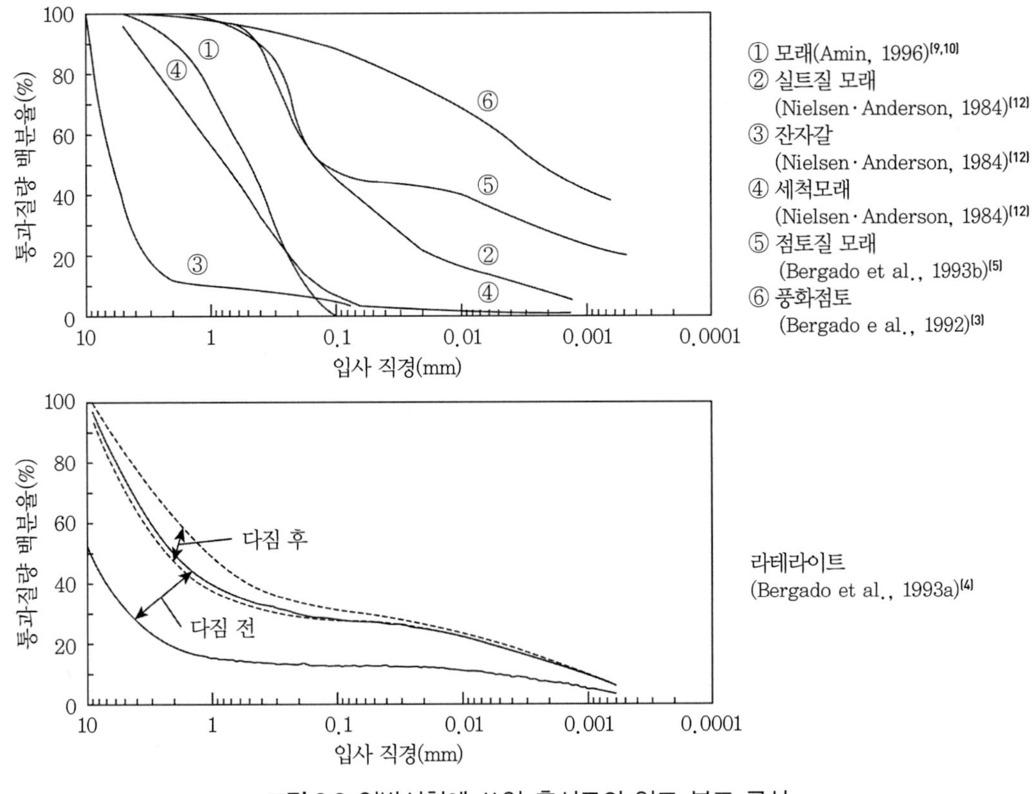

그림 3.9 인발시험에 쓰인 흙시료의 입도 분포 곡선

3.3.2 인발시험 결과와 이론예측의 비교

모델 I과 달리 모델 II를 적용하기 위해서는 토질정수 점착력 c와 내부마찰각 ϕ 이외에 지반의 탄성계수 E와 포아송비 ν가 필요하다. 지반의 탄성계수 E는 표 3.4를 활용하여 알 수 있고 포아송비 ν는 식 (3.23)으로 주어진다(Bowles, 1996).[7]

$$\nu = \frac{K_o}{1 + K_o} \tag{3.23}$$

여기서, K_o : 정지토압계수($= 1 - \sin\phi$)

표 3.4에서 제공되는 탄성계수 E값의 범위가 너무 크므로 대개 설계에서는 평균값을 이용하거나 입도 분포, 상대밀도 등을 고려하여 설계자의 경험에 의한 범위 내의 다른 값을 이용하

는 것도 가능하리라 본다.

보강토공법의 시공에서 다짐을 실시하므로 인발시험에서는 시료의 상대밀도가 80% 이상이 되도록 하여 시험을 실시한다. 따라서 조밀한 사질토나 단단한 점성토로 취급하여 표 3.4의 탄성계수의 값을 제안식에 적용하였다.

표 3.4 흙 종류에 따른 탄성계수 E값의 범위(Bowles, 1996)[7]

토질	E(t/m^2)
점토	
매우 연약	200~1,530
연약	510~2,550
중간 연약	1,530~5100
단단한	5,100~10,200
모래질	2,550~25,490
빙적토	
느슨한	1,020~15,300
조밀한	15,300~73,420
매우 조밀	50,990~146,840
레스	1,530~6,120
모래	
실트질	510~2,040
느슨한	1,020~2,550
조밀한	5,100~8,260
모래 자갈	
느슨한	5,100~15,300
조밀한	10,200~20,390
세일	15,300~509,850
실트	200~2,040

그림 3.10과 그림 3.11에 도시한 실험치는 강그리드보강재를 대상으로 한 인발시험을 통해 얻은 실험치로서 일본 오사카대학(Matsui et al., 1996),[9,10] 미국 유타주립대학(Nielson and Anderson, 1984)[12] 그리고 태국 AIT(Bergado et al., 1992; 1993a; 1993b)[3-5]에서 수행 발표한 실험자료를 사용하였다. 그림 3.10에는 오사카대학 실험 결과와 미국유타대학 실험 결과를 여러 이론 예측치와 함께 도시하였으며 그림 3.11에는 태국 AIT 실험 결과를 예측치와 함께 도시한 결과이다. 즉, 이들 실험치는 표 3.2의 일곱 가지 흙시료에 대하여 실시한 인발시

험의 결과로서 모래에서 점토에 이르기까지 다양한 흙시료에 대한 인발시험 결과를 도시한 그림이다.

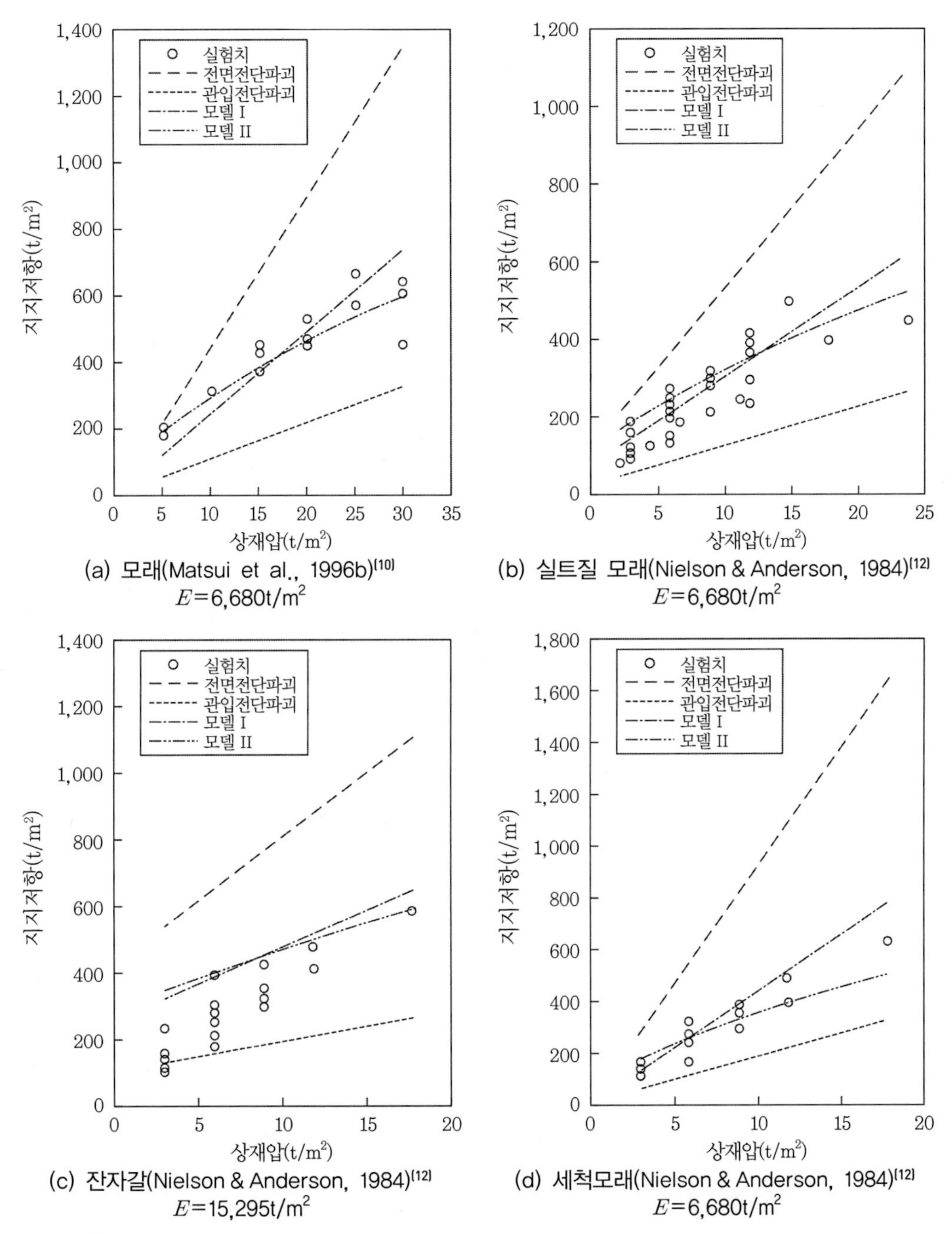

(a) 모래(Matsui et al., 1996b)[10]
E=6,680t/m²

(b) 실트질 모래(Nielson & Anderson, 1984)[12]
E=6,680t/m²

(c) 잔자갈(Nielson & Anderson, 1984)[12]
E=15,295t/m²

(d) 세척모래(Nielson & Anderson, 1984)[12]
E=6,680t/m²

그림 3.10 Matsui et al(1996b),[10] Nielson & Anderson(1984)[12] 실험 결과와 이론예측치의 비교

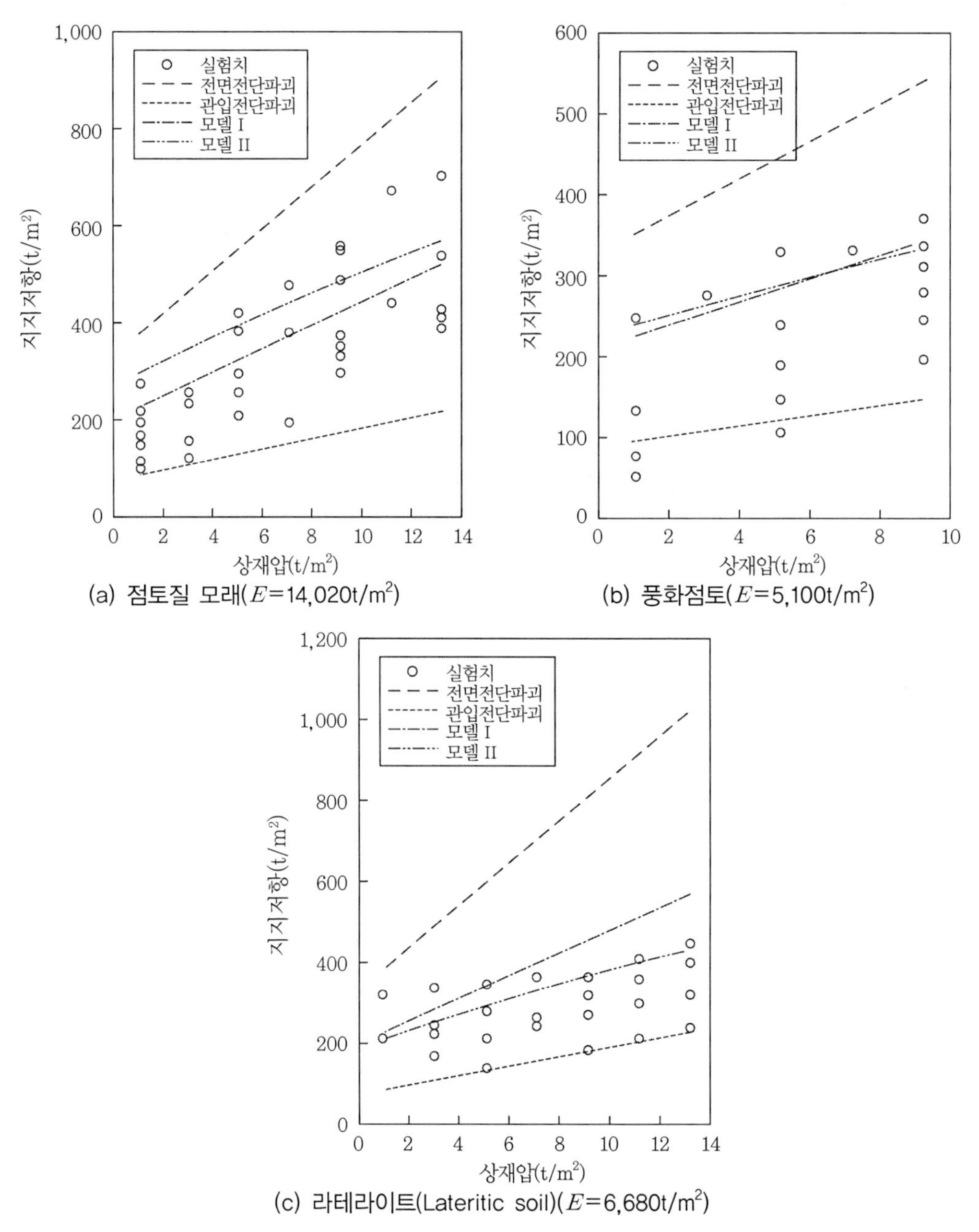

그림 3.11 Bergado et al.(1992)[3] 실험 결과와 이론예측치의 비교 결과와 이론예측치의 비교

한편 이들 그림 속에는 제3.1.3절에서 설명한 기존의 전면전단파괴이론과 관입전단파괴이론에 의한 이론예측치와 제3.2절에 설명한 새로운 모델 I과 모델 II에 의한 이론예측치를 함께 도시하였다.

그림 3.10과 그림 3.11에서 보는 바와 같이 강그리드보강재의 지지저항의 시험치와 이론예측치는 모두 상재압의 증가와 함께 증가하는 경향은 동일하게 나타났다. 다만 모델 I에 의한 이론예측치는 상재압의 증가에 따라 지지저항이 선형 증가하는 데 반해 모델 II에 의한 이론예측치는 약간 곡선형으로 증가함을 볼 수 있다. 즉, 상재압이 낮은 경우에는 모델 I보다 높은 값을 보이다가 상재압이 증가함에 따라 모델 I보다 낮은 값을 보이는 경향을 알 수 있다.

이들 인발시험에 적용된 흙시료를 통일분류법에 의해 분류해보면 GW, SW, SP, SM, SC, CL로 분류되며 이러한 다양한 시료로 실시한 인발시험의 대부분의 결과치는 그림 3.4와 동일하게 모두 전면전단파괴와 관입전단파괴 사이에 놓여 있음을 알 수 있다. 특히 모래와 실트질 모래의 경우 모델 I과 모델 II에 의한 이론예측치도 전면전단파괴와 관입전단파괴 사이의 값을 보여준다. 이 경우 모델 I 및 모델 II에 의한 이론예측치는 대략 전면전단파괴와 관입전단파괴 사이의 평균에 해당함을 알 수 있다.

그림 3.10을 세밀히 관찰해보면 모래의 경우 실험 결과는 모델 I 및 모델 II로 예측한 이론예측치와 아주 좋은 일치를 보임을 알 수 있다. 그러나 점토와 같은 세립이 섞인 흙의 경우는 그림 3.11에서 보는 바와 같이 실험 결과가 대략 모델 I 및 모델 II로 예측한 이론예측치와 관입전단파괴이론에 의한 이론예측치와의 사이에 존재함을 알 수 있다.

참고문헌

1. 홍원표 외 2인(2001a), "강그리드보강재의 지지저항 산정", 대한토목학회논문집, 제21권, 제3C호, pp.225~231.
2. 홍원표 외 2인(2001b), "원주공동확장이론에 의한 강그리드보강재의 지지저항 산정식", 대한토목학회논문집, 제21권, 제4C호, pp.409~420.
3. Bergado, D.T. et al.(1992), "Pullout resistance of steel geogrids with weathered clay as backfill material", Geotechnical Testing Journal, GTJODJ, Vol.15, No.1, pp.33~46.
4. Bergado, D.T. et al.(1993a), "Interaction of Lateritic soil and steel grid reinforcement", Can. Geotech. J. Vol.30, pp.376~384.
5. Bergado, D.T. et al.(1993b), "Interaction behavior of steel grid reinforcement in a clayey sand", Geotech.
6. Bishop, J.A.(1979), "An evaluation of a welded wire retaining wall", Master's thesis, Utah State University.
7. Bowles, J.E.(1996), Foundation Analysis and Design, 5th ed,. The McGraw-Hill Companies, Inc.
8. Jewell, R.A. et al.(1985), "Interaction between soil and geogrides", Polymer grid reinforcement, Thomas Telford, London, pp.18~30.
9. Matsui, T. et al.(1996a), "Bearing mechanism of steel grid reinforcement in pullout test", Proc., IS on Earth Reinforcement, IS Kyushu, pp.101~105.
10. Matusi, T. et al.(1996b), "Ultimate pullout loads of steel mesh in sand", Technology Reports of the Osaka University, Vol.46, No.2240, pp.61~73.
11. Matsui, T. et al.(1997), "Tensile strength of jointed reinforcements in the steel grid reinforced earth", Proc., Soil Improvement, Macau.
12. Nielson , M.R. and Anderson, L.R.(1984), "Pullout resistance of wire mats embeded in soil", Report to the Hifiker Company, Utah State University.
13. Palmeira, E.M. and Milligan, G.W.E.(1989), "Scale and other factors affecting the results of pull-out tests of grid buried in sand", Geotechnique, Vol.39, No.3, pp.511~524.
14. Peterson, L.M. and Anderson, L.R.(1980), "Pullout resistance of welded wire mesh embeded in soil", Report to the Hifiker Company, Utah State University.
15. Vesic, A.S.(1972), "Expansion of cavities in infinite soil mass", Proc., ASCE, Vol.98, No.SM3, pp.265~290.

16. Vesic, A.S.(1977), Design of Pile Foundation, National Cooperative Highway Research Program, Synthesis of Highway Practice 42, Trandporatation Research Board, National Research Council, Washington, D.C.
17. Wiseman, G. et al.(1995), "Testing a welded wire mesh-geotextile composite", Asian Regional Conference, Beijing, China, pp.457~462.
18. 日本土質工學會編(1986), 補强土工法, 土質基礎工學ライブラリ-29.
19. 高野昭信·岸田英明(1980), "杭先端部地盤極限支持力", 第15回土質工學研究發表會, pp.921~924.
20. 龍岡文夫(1993), "ジオテキスタイルを用いた補强土工法 2.ジオテキスタイルによる補强メカニズム その1", 土と基礎, Vol.41, No.3, pp.76~82.
21. 平山英喜(1988), "杭の鉛直支持力關する理論と實際への適用," 土と基礎, Vol.36, No.7, pp.5~10.
22. 山口柏樹(1975), "彈塑性解析によるクイの先端支持力式とその適用性", 土と基礎, Vol.23, No.7, pp.7~11.

C·H·A·P·T·E·R

04

화학적 지반보강방법

C·H·A·P·T·E·R

04 화학적 지반보강방법

제1장에서 설명한 바와 같이 흙속에 여러 화학적 물질을 혼합 주입하여 흙을 화학적으로 고결 강화시킴으로써 흙 자체의 취약한 역학적 특성을 개량하는 방법을 화학적 지반보강방법이라 한다. 이 지반보강방법은 연약지반이나 취약한 구조를 가진 지반의 보강 목적으로 주로 사용된다.

국토의 면적이 좁고 산지가 많은 우리나라에서 최근 각종산업의 발달과 인구의 도시집중화에 따라 유발되는 국토건설사업과 국제화, 세계화에 따른 교역량의 증대로 인한 항만 및 신공항 등 사회간접자본시설의 확충에 따른 토지수요를 해결하기 위해 이전에는 활용하지 않았던 서남해안지역의 해성점성토를 준설하여 해안매립지를 조성하는 공사가 활발히 진행되고 있다.

이러한 지역에서 준설 매립된 지반은 초연약한 점성토로서 변형성이 비교적 큰 반면 전단강도가 상대적으로 작은 특징을 지니고 있다. 따라서 이러한 지반을 다양한 공학적 목적으로 이용하기 위해서는 지반개량이 실시되어야 한다. 즉, 준설매립된 지반의 역학적 성질 및 물리적 성질을 개선하여 지반의 지지력을 증대시키거나 지반의 변형 및 침하를 방지해야 한다.

4.1 표층개량과 심층개량

준설 매립된 초연약지반을 개량하는 방법에는 표층개량과 심층개량의 두 가지가 있다.[34,44] 개량심도에 대해서는 1~2m 깊이까지를 표층개량이라 하고 이것보다 깊은 심도의 개량은 심층개량이라고 한다. 즉, 여러 가지 건설장비가 연약지반상에 진입하여야 하나 이들 장비가 진입하지 못할 정도로 지반이 연약한 경우에 표층지반을 먼저 개량하여야 하며 이를 표층개량이라 한다.

한편 심층개량은 연약지반상에 축조되는 구조물을 지지하기 위하여 기초지반의 강도를 증대시키는 방법이다. 일반적으로 초연약점성토 지반의 경우 표층부를 먼저 개량해서 건설장비의 주행성을 확보해야만 지반 전체의 심층부를 개량할 수 있으므로 표층안정처리공법이 널리 이용되고 있다.

표층안정처리공법은 주로 시멘트나 시멘트계 고화제를 사용하여 지반의 표층부분을 대상으로 원지반과 교반혼합한 후 고화제의 화학적인 고결적용에 의해 지반의 강도나 변형특성, 내구성 등을 개선하는 지반개량공법중의 하나이다. 시멘트계 고화제는 일본, 미국 등 외국에서 이미 오래전에 각각 독특한 상품을 개발하여 각종 연약지반의 표층개량에 이용되어 많은 시공실적을 축적해왔으며 일반화된 상품으로 실용단계에 이르고 있다.

국내에서도 표층안정처리에 대한 관심이 고조되어 시멘트에 포졸란, 그 밖의 활성제 등이 혼합된 시멘트계 고화제를 사용하여 연약지반의 표층개량을 실시하고자 하는 시도가 활발히 이루어지고 있다.

한편 심층지반을 개량하기 위해서는 약액이나 시멘트 등의 고화제를 심층에 주입하는 공법이 사용된다. 최근에는 고압으로 주입하는 기술이 개발되어 고압분사주입공법이 많은 건설현장에서 발생하는 어려운 지반문제를 해결하는 데 적용되고 있다.

제4장에서는 이들 화학적 지반보강공법을 자세히 구분 설명한다. 나아가 제5장에서는 초연약지반의 표층개량현장에 적용한 지반보강시험을 통하여 파악된 결과를 중심으로 고찰한다. 또한 제6장에서는 고압분사주입공법에 의한 현장시험을 통해 고압분사주입공법에 의한 심층개량공법에 의한 화학적 지반보강공법효과의 현장 사례를 설명한다.

4.2 초연약지반의 표층고화처리공법

4.2.1 개 요

연약지반 안정처리공법은 처리 대상의 심도에 따라 표층안정처리, 천층안정처리, 심층안정처리로 구별된다. 표층안정처리는 지표면에서 1~2m 정도의 범위 내에서 실시하는 안정처리를 말하는 경우가 많다.

표층개량공법은 협의의 의미에서는 지반의 표층만을 대상으로 안정재를 첨가혼합하고 화학적 고결작용을 이용해서 지반의 안정성(강도와 변형 특성, 내구성 등)을 개선하는 지반개량공법을 말한다.[2,9]

한편 광의의 표층개량공법은 Geotextile 등의 보강재를 부설하고 그 위에 성토 등을 실시하는 쉬트공법이나 매트공법으로 부르는 보강토공법이나 표층부를 다져 지반의 강도를 증대시키는 공법 등 표층부분의 지반을 개량하는 공법을 말한다.[18]

그러나 여기서 취급하는 표층개량공법은 시멘트 혹은 시멘트계 고화제에 의해 지반을 고결시키는 공법으로 협의의 표층개량공법을 의미한다. 시멘트계 재료를 이용하는 지반개량공법, 즉 연약지반의 표층부분을 평면적으로 개량하는 표층고화처리공법을 중심으로 설명한다.

4.2.2 표층고화처리의 용도 및 목적

표층고화처리는 주로 건설기계의 주행과 작업에 필요한 트래커빌리티나 지반지지력을 확보하는 등의 가설적인 성토에 이용되고 있다. 그 이외에도 도로의 노상이나 노반 등의 변형성이나 강도, 내구성의 향상을 위한 지반안정처리나 구조물의 기초지반의 지지력의 증대를 위한 지반안정처리 등 영구적인 지반개량에도 이용되고 있다.

표층고화처리의 시공방법은 초연약 점성토지반의 경우에는 고화제를 표층부분에 살포하거나 교반혼합하고 다짐은 실시하지 않는 공법이 이용되고 있다. 그러나 노상, 노반의 지반안정처리의 경우에는 고화제를 플랜트 혹은 노상에서 혼합한 후 다짐을 수반하는 시공방법이 이용된다. 표층고화처리공법은 안정재의 첨가율을 조정하여 연약한 지반을 설계시공조건에 따라 필요한 강도로 개량할 수 있다. 또한 치환공법에 비해 불량한 굴착토가 발생하지 않으므로 건설잔토의 문제가 없으며 양호한 치환토의 입수가 곤란한 경우에도 적용할 수 있다.

시멘트계 고화제에 의한 표층고화처리의 목적은 구조물의 용도나 형상에 따라 다르지만 다음과 같은 세 가지 항목으로 분류할 수 있다.

(1) 환경보존을 위한 표층개량

준설에 의한 매립지, 하천, 운하의 퇴적지, 산업폐기물의 처리장 등에서 건조된 토사의 비산 방지, 인접주민의 보행 시의 위험 방지 및 매립토사 혹은 폐기물로부터의 악취 발생 방지 등의 환경보전의 견지에서 해당지표층의 개량을 실시한다. 통상 이러한 경우 개량표면에 복토를 실시하여 개량표면을 보호하는 경우가 많다.

(2) 가설 흙구조물

일시적인 흙구조물로서의 기능을 달성하기 위하여 지반개량을 실시한다. 예를 들면, 건설자재와 기계의 반입을 가능하게 하는 가설도로의 기능 확보, 건설기계의 주행 및 건설기계 작업장으로서의 지지지반구축 등 가설 흙구조물로서의 기능을 달성하기 위하여 지반을 개량하는 경우이다.

(3) 영구 흙구조물

영구 흙구조물의 축조를 위하여 표층지반을 개량한다. 이러한 표층지반개량으로 각종의 설계외력에 대하여 흙구조물이 안정하도록 한다. 여기서 흙구조물에 가해지는 설계외력으로는 중기하중, 교통하중, 구조물하중, 토압, 수압, 지진력 등이 있다. 영구 흙구조물의 축조물을 위한 지바개량설계 시에도 개량지반의 지지력과 사면활동에 대한 안정 및 침하량의 검토를 병행하여 실시한다.

또한 미개량토에 비교해서 개량토의 강도가 현저하게 크게 되는 경우 견고한 구조물로서의 내부응력을 초과하지 않도록 설계한다.

4.2.3 표층고화처리공법의 환경 영향[5]

각종 건설공사의 설계, 시공에서는 환경보전의 중요성이 크게 대두되고 있으므로 표층고화처리공법을 적용할 때 환경에 대한 대책을 세워야만 한다. 대표적인 환경오염으로는 소음, 진동, 수질오염, 토양오염, 지반침하, 대기오염 등을 들 수 있다. 이것들이 모두 표층고화처리공사에 관계가 있는 것은 아니지만 수질오염이나 악취 등에 대해서는 사전에 환경에 미치는 영향 정도를 검토할 필요가 있다.

(1) 수질오염에 대한 고려

표층고화처리공사에 의한 지표수나 지하수의 영향이 없어야 한다. 수질오염의 정도는 pH의 상승으로 판단한다. 시멘트계나 석회계 고화제의 첨가, 혼합 시 지하수 및 지표수에 이러한 안정재가 용출하여 pH의 상승을 초래될 것이 예상되는 경우에는 수질을 포함한 수원의 상황이나 용수의 상황을 잘 조사해서 그 영향에 대해서 예측, 평가를 실시할 필요가 있다.

(2) 비산 방지에 대해서

시멘트계나 석회계의 안정처리공법에서는 고화제가 분말채로 되어 있기 때문에 첨가, 혼합 시 분말이 비산한다. 이러한 현상은 대기오염높이까지는 이르지 않지만 주변 환경에 큰 악영향을 미치게 된다.

최근에는 공장 혼합방식이 많이 이용되고 있어 영향은 크게 줄일 수 있지만 노상혼합방식의 경우는 살포, 혼합 시에 주변에 대한 배려가 불가피하다. 따라서 방진처리를 사전에 실시한 새로운 고화제가 개발되고 있다. 방진처리로서는 고화제를 입상으로 하기도 하고 수지나 유지분을 혼합하기도 하는 방법이 이용되고 있다.

(3) 악취에 대해서

해상이나 하천에 퇴적된 초연약지반의 안정처리 등에서 퇴적물 속에서 유화수소가스나 암모니아성 가스 등의 악취가스기 대기 중에 확산되는 경우가 많다. 특히 석회, 시멘트계 고화제를 첨가, 혼합하면 알칼리성이 되기 때문에 유화수소가스의 발생이 억제되는 데 반해서 암모니아성 가스가 발생된다. 따라서 소취제를 병용하는 등의 공사기간 중의 주변 환경에 대한 방취대책이 요구된다.

4.2.4 시멘트계 고화제의 지반개량 원리

함수비가 큰 연약한 점성토나 시멘트의 수화를 저해하는 유기물을 다량으로 포함한 초연약 점성토를 고화시킬 경우 포틀랜드시멘트를 사용하면 개량효과를 얻기가 어렵다. 이러한 고화 대상물의 첨가량을 보다 적게 사용하여 경제적으로 고화시키는 것을 목적으로 시멘트를 주성분으로 고화에 유효한 성분을 첨가하기도 하고 성분을 조정한 특수시멘트가 개발되고 있다. 이 특수시멘트는 시멘트를 모체로 해서 고화를 목적으로 하는 재료의 의미로서 '시멘트계 고화제'라 부르고 있다.[19]

연약한 흙뿐만 아니라 초연약 해성점성토, 고유기질토 및 산업폐기물 등 여러 가지의 대상물을 고화처리하기 위해 몇 가지 혼합물을 첨가하여 포틀랜드시멘트의 성능을 개선시킨 특수시멘트로서 시멘트계 고화제가 있다.

(1) 시멘트의 조성과 성능

포틀랜드시멘트는 산화칼슘(CaO), 이산화규소(SiO_2) 및 산화알루미늄(Al_2O_3)을 주원료로 한 시멘트로 그 화학성분을 나타내면 표 4.1과 같다. 이들 화학성분 가운데 CaO, SiO_2, Al_2O_3의 세 가지 성분의 합계는 90%를 초과하고 있다. 시멘트의 성분가운데 약 2/3를 차지하고 있는 산화칼슘은 지반개량재로서 사용되고 있는 생석회와 동일한 화학기호 'CaO'로 표현되고 있지만 이것은 시멘트가 생석회를 포함하고 있다는 것이 아니다.

표 4.1 시멘트의 화학성분(%)[9]

시멘트의 종류		보통 시멘트 A	보통 시멘트 B	보통 시멘트 C
강열감량		0.7	1.0	0.9
불용잔분		0.1	0.4	0.3
이산화규소(SiO_2)		22.4	21.5	23.4
산화알루미늄(Al_2O_3)		4.9	4.6	4.2
산화철(Fe_2O_3)		2.9	2.6	4.1
산화칼슘(CaO)		64.8	66.0	64.0
산화마그네슘(MgO)		1.4	1.2	0.8
삼산화황(SO_3)		2.1	1.9	1.9
합계(%)		99.3	99.2	99.6
참고				
SiO_2 Al_2O_3 CaO	합계	92.1	92.1	91.6

시멘트는 표 4.1에 나타낸 성분들이 균등하게 혼합된 원료로 소성과정에서 반응하여 활성이 풍부한 수화열의 새로운 광물로 변화하기 때문에 단순히 표4.1에 나타낸 성분의 집합체로 되지 않고 소성과정에서 다음의 4종류의 광물이 생성된다.

① 규산3칼슘 : 3CaO, SiO_2(C_3S)

② 규산칼슘 : 2CaO, SiO_2(C_2S)

③ 알루민산3칼슘 : 3CaO, Al_2O_3(C_3A)

④ 철알루민산3칼슘 : 4CaO, Al_2O_3, Fe_2O_3(C_4AF)

그림 4.1은 시멘트의 주성분과 조성광물의 비율 및 시멘트의 품종을 나타내고 있다. 시멘트의 조성광물은 그림 4.2 및 그림 4.3에 나타낸 바와 같이 각각 수화속도, 수화물의 강도 등에 큰 영향을 미치고 있다.

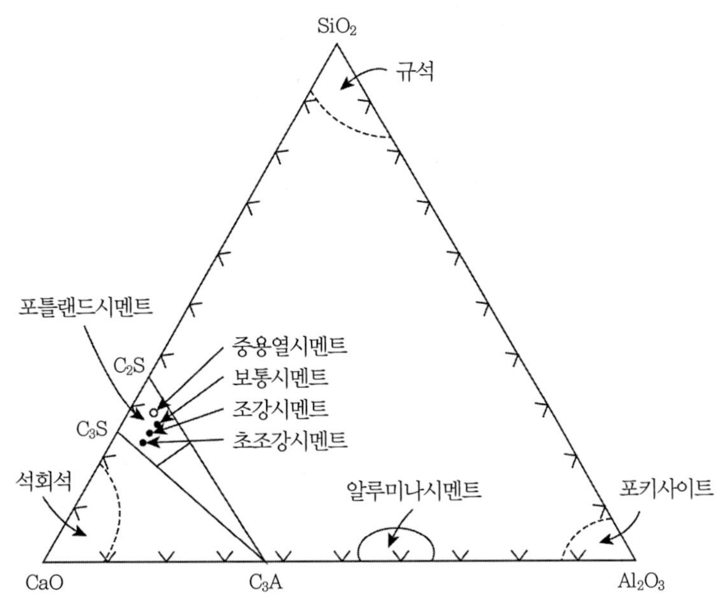

그림 4.1 시멘트의 종류와 조성관계

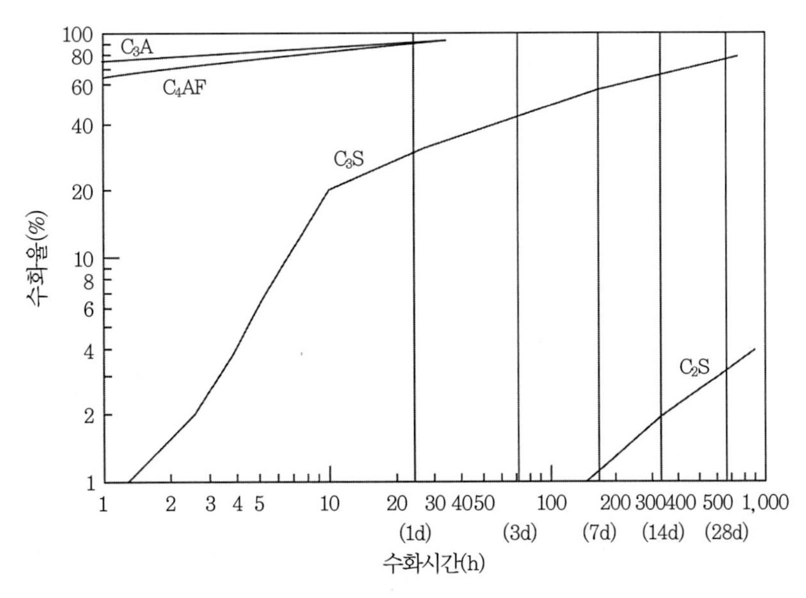

그림 4.2 시멘트 조성광물의 수화반응속도

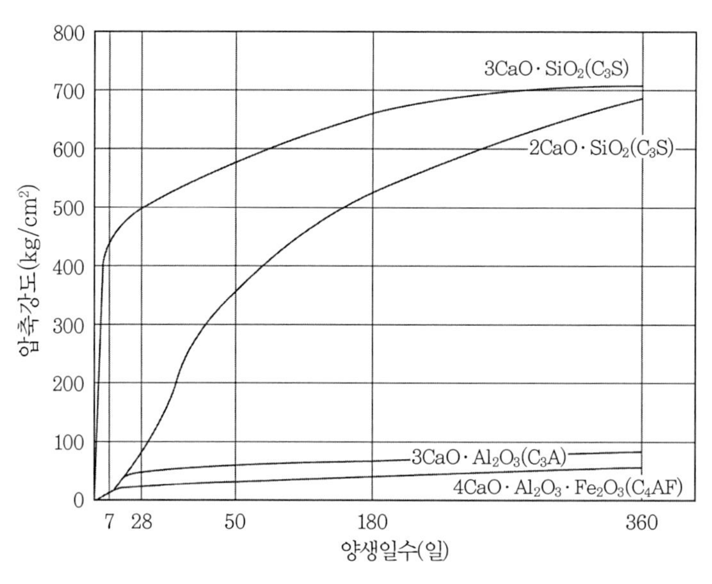

그림 4.3 그린카 광물의 강도발현속도

또한 수화속도와 관련해서 발열량에도 큰 차이가 있다. 예를 들어, 양생일수 3일의 발열량은 C_3A가 약 207cal/g로 가장 크고 발열량이 가장 작은 C_2S는 62cal/g로 C_3A의 1/3이 된다(21°C의 경우). 각종 시멘트에서 조성광물의 구성비율의 한 예를 나타내면 표 4.2와 같다. 보통시멘트를 기준으로 조강시멘트는 초기수화속도가 크고 강도발현이 뛰어난 광물의 생성량이 많으며 중용열시멘트는 수화열이 작은 광물의 생성량이 많다.

표 4.2 시멘트의 품질과 광물조성(%)

시멘트 종류	C_3S	C_2S	C_3A	C_4AF
보통시멘트	48	28	8	9
중용열시멘트	41	41	4	13
조강시멘트	64	13	8	7

이러한 원료의 비율을 변화시키거나 미분쇄하여 시멘트의 특성을 변화시켜 고유기질토나 초연약점성토에 특히 효과가 큰 시멘트계 고화제가 제작되고 있다. 시멘트계 고화제는 시멘트입자의 미분쇄나 응결조정용 석고의 첨가량을 조정하여 그 효과를 한층 높이기도 한다.

시멘트계 고화제에 첨가된 유효성분은 슬래그, 플라이애쉬 등의 포졸란재와 알루미나시멘트, jet 시멘트 등 특수한 성분의 강도증진재 그리고 석고, 유산소다 등 시멘트의 수화자극제 등 여러 가지가 있지만 이러한 성분들은 대부분 무기계의 재료이고 유기물이나 유해성분을 포함하고 있지는 않다.

(2) 시멘트 안정처리토의 반응 과정

시멘트 안정처리토의 반응과정 및 강도발현기구는 대상토에 따라 상당히 다르게 된다. 사질토를 대상으로 한 경우에는 그 반응과정 및 강도발현이 부배합의 시멘트·모르타르와 유사하게 나타난다.

사질토를 사용한 시멘트처리토의 고결은 시멘트의 수화반응의 과정에서 생성된 C-S-H(규산석회수화물)겔에 의해 각각의 모래입자가 연속적으로 결합되는 과정으로 발생하고 재령의 경과와 동시에 치밀한 조직이 형성되어 처리토의 강도는 증가한다.

한편 포틀랜드시멘트를 구성하는 주요 광물인 C_3S 및 $\beta-C_2S$의 수화반응과정에서는 C-S-H 겔과 동시에 수산화칼슘($Ca(OH)_2$)도 생성된다(포틀랜드시멘트가 완전히 수화되면 20~30%의 수산화칼슘이 생성된다).[5] 시멘트 광물의 대표적인 수화반응은 그림 4.4와 같다.

그림 4.4는 시멘트 광물의 대표적인 수화반응을 나타내고 있다. 점토분을 함유한 점성토를 대상으로 하는 경우에는 시멘트의 수화반응의 과정에서 생성된 수산화칼슘과 점토와의 사이에서 2차적인 반응으로서 석회의 흡착과, 이온 교환 및 포졸란 반응이 동시에 진행되므로 C-S-H겔에 의한 토립자의 고결작용과 동시에 시멘트와 점토와의 화학적 물리화학적 상호작용도 시멘트 차리토의 강도발현에서 중요한 역할을 하고 있다. 따라서 시멘트 처리토에서 시멘트와 시료토와의 반응과정 및 그 결과 생성되는 반응생성물의 종류는 함유점토광물에 의해 상당히 다르게 되므로 점성토를 대상으로 하는 경우에는 그것을 충분히 이해할 필요가 있다.

$$2(3CaO \cdot SiO_2) + 6H_2O \rightarrow 3CaO \cdot 2SiO_2 \cdot 3H_2O + 3Ca(OH)_2$$

$$2(2CaO \cdot SiO_2) + 4H_2O \rightarrow 3CaO \cdot 2SiO_2 \cdot 3H_2O + Ca(OH)_2$$

$$3CaO \cdot Al_2O_3 + O \rightarrow 3CaO \cdot Al_2O_3 \cdot 6H_2O$$

$$4CaO \cdot Al_2O_3 \cdot Fe_2O + 2Ca(OH)_2 + 10H_2 \rightarrow 3CaO_3 \cdot Al_2O \cdot 6H_2O + 3CaO \cdot Fe_2O_3 \cdot 6H_2O$$

$$3CaO \cdot Al_2O_3 \cdot 3CaSO_4 + 32H_2O \rightarrow 3CaO \cdot Al_2O_3 \cdot 3CaSO_4 32H_2O$$

(석고가 소비된 후 $3CaO \cdot Al_2O_3 \cdot CaSO_4 \cdot 12H_2O$로 변화한다.)

그림 4.4 시멘트 광물의 대표적인 수화반응[19]

시멘트 처리토의 내부조직을 전자현미경으로 관찰하면 비교적 큰 모래입자 및 실트입자를 골격으로 해서 이러한 입자 사이의 간격이 C-S-H겔, 포졸란 반응생성물, 미세한 점토입자 및 미수화 시멘트입자에 의해 충진되어 있으며 복잡한 각극구조를 가진 내부조직이 형성된다.

C-S-H겔에 의한 토립자의 고결도는 시멘트의 첨가율과 그 수화도에 의해 결정된 C-S-H겔의 생성량과 동시에 시료토의 종류(비표면적, 입도 분포)에 의해서도 크게 영향을 받으며 C-S-H겔에 의한 토립자의 고결효과는 점성토보다도 사질토에서 크게 나타난다. 또한 시멘트의 수화반응의 진행에 미치는 점토입자의 영향에 대해서는 시멘트의 수화반응의 진행이 미세한 점토입자의 존재에 따라 억제된다.

더욱이 시멘트 처리토에서는 토양 중에 포함된 유기물이 시멘트의 수화반응을 저해하는 것으로도 알려지고 있다. 유기물 속의 후민산 및 후루보산은 시멘트의 수화반응에 의해 생성되는 수산화칼슘과 반응해서 후민산(또는 후루보산)칼슘을 생성하고 이러한 생성물이 미수화의 시멘트입자를 덮고 있으므로 시멘트의 수화반응의 진행이 저해된다.

(3) 시멘트계 고화제를 사용한 안정처리토의 반응 과정

시멘트계 고화제는 포틀랜드시멘트에서는 처리가 곤란한 고함수비의 점성토, 유기질토 및 산업폐기물에도 적용할 수 있도록 보통포틀렌드시멘트를 모재로 하여 각종 성분이 첨가되고 있다. 현재 시멘트 회사로부터 각종의 시멘트계 고화제가 시판되고 있지만 이들의 화학성분의 특징은 C-S-H겔과 함께 알루민산 유산석회수화물(ettringite)의 생성반응을 활발하게 하기 때문에 3산화이온분(SO_3)이 많게 되는 것과 특수한 크링카의 사용이나 고로슬래그 미분말, 플라이애쉬의 첨가에 의해 활성이 높은 알루미나분이 가해지는 것이 있다.

시멘트계 고화제의 화학성분 및 광물조성은 대상토의 성질이나 개량목적에 따라 변화시킬 수 있고 입도조성 등도 조정할 수 있다. 시멘트계 고화제(일반 연약토용)의 화학성분은 대체로 표 4.3에 나타낸 범위에 있고 유효성분의 종류에 따라서는 산업폐기물에 포함된 유해중금속류의 용출 감소를 목적으로 한 것도 포함되어 있다.[5,6]

표 4.3 시멘트계 고화제(일반 연약토용)의 화학 성분

비표면적(cm^2/g)	SiO_2(%)	Al_2O_2(%)	CaO(%)	SO_3(%)
2,700 이상	15~32.5	3.5 이상	40~70	4.0 이상

시멘트, 석고, 고로슬래그의 각종 처리재의 반응 과정도 시멘트계 고화제와 동일하다고 생각할 수 있다. 알루민산유산석회수화물에는 고유산염형의 에트리자이트(Ettringite)($3CaO \cdot Al_2O_3 \cdot 3CaSO_4 \cdot 32H_2O$)와 자유산염형의 수화물($3CaO \cdot Al_2O_3 \cdot CaSO_4 \cdot 12H_2O$)이 존재한다.

에트리자이트(Ettringite)는 전자현미경으로나 확인 가능한 침상결정으로 시멘트의 산화석회 등의 결정의 간극을 보전하도록 결정화가 이루어지며 고화 대상물의 수분을 다량 소화한다. 이 작용에 의하여 팽창성이 생기며 고화의 밀실화와 함께 유해중금속류, 유기물 등을 고착시키는 능력을 갖는 안정도가 높은 광물이다.

또한 연약지반에서는 고화강도의 발현뿐만 아니라 압밀지반저하 방지 주위토의 강도 증가 등의 이점이 더해져서 강고한 지반을 형성하는 데 효과가 있다. 또한 침상결정으로 불리는 결정구조는 조직의 밀실화 및 유해물질의 고착력뿐만 아니라 유해중금속류의 치환에 의한 고정능력에 의해 달성되며 토립자 간에 고화제의 수화물이 충진되어 치밀화되기 때문에 개량 전보다 차수성이 향상된다.

또한 에트리자이트의 생성은 보통 포틀랜트 시멘트 이상의 고화강도와 조기강도의 발현능력을 갖도록 하는 데 도움을 주며 고화제의 수화반응 시에는 다량의 결합수를 필요로 하며, 이 다량의 결합수를 고화 대상물에서 흡수하여 고화작용을 진행시키면 고화제의 탈수효과가 증진된다. 수화의 처음 과정에서 적출되는 에트리자이트는 시간이 경과하면 육각판상의 모노설페이트($3CaO \cdot Al_2O_3 \cdot CaSO_4 \cdot 12H_2O$)로 변형되며 보통포틀랜트시멘트에서 모토설페이트 수화물(monosurface hydrate)의 존재는 내산성을 저하시킨다.

알루민산유산석회 수화물은 그 화학조성에서도 분명한 것처럼 결정수로서 많은 수분을 고정할 수 있으므로 시멘트계 고화제에는 안정처리의 효과로서 함수비의 저하를 기대할 수 있다. 또한 알루민산유산석회수화물은 각종 복염화합물을 생성할 수 있고 이러한 성질은 초연약점성토 처리에서 중금속 고화과정문제에서 중요하다.

에트리자이트의 결정 형태는 $1\mu m$ 정도의 미세한 결정부터 수십 μm의 큰 침상결정까지 다양하고 처리토 가운데 3차원적으로 조합된 골격구조를 형성한다. 처리토에서 에트리자이트의 생성의 역할은 함수비의 저하와 함께 에트리자이트의 결정과 시멘트젤의 조합에 의해 간극이 충진되고 토립자 간의 고결력이 증대되는 효과가 있다. 또한 에트리자이트의 생성반응 유기물 등이 존재할 때에도 별로 장애가 되지 않으므로 유기질토의 개량에 적합하다.

시멘트계 고화제를 연약토에 첨가한 경우의 반응을 모식적으로 나타내면 그림 4.5와 같다.

① 다량의 에트리자이트를 생성한다. 에트리자이트는 다량의 물을 결합수로 해서 함수비를 저하시키는 동시에 토립자의 이동을 구속하고 시멘트결합이 용이한 상태를 만든다.

② 수산화칼슘, 규산칼슘 등에서 방출하는 Ca^{++}는 토립자를 응집시킨다. 따라서 토립자는 응집, 단립화해서 사질토에 가까운 액상을 나타낸다.

③ 규산칼슘 수화물의 생성에 의해 강도가 상승한다.

④ 장기 재령에서 흙에 포함되어 있는 SiO_2, Al_2O_3 등의 가용성분이 $Ca(OH)_2$와 불용성의 수화물을 생성해서 경화된다. 이것을 포졸란 반응이라 한다.

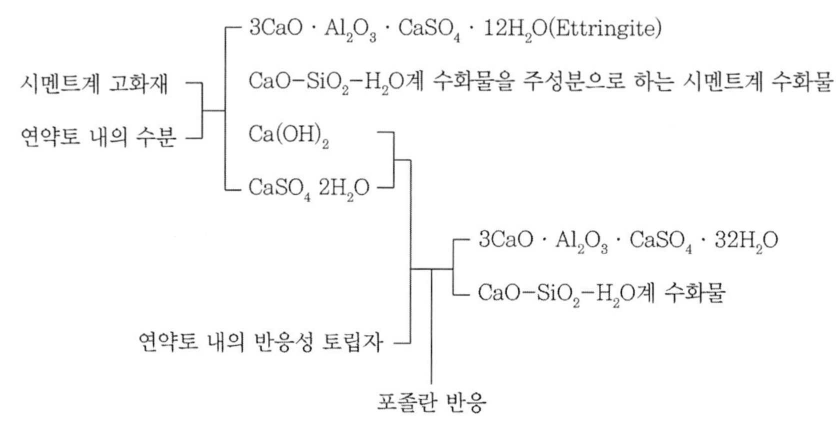

그림 4.5 시멘트계 고화제의 수화반응과 수화생성물

4.3 심층개량 주입공법

심층개량은 연약지반상에 축조되는 구조물을 지지하기 위하여 기초지반의 강도를 증대시키는 방법이다. 일반적으로 초연약점성토지반의 경우 표층부를 먼저 개량해서 건설장비의 주행성을 확보해야만 지반 전체의 심층부를 개량할 수 있으므로 표층안정처리공법이 널리 이용되고 있다.

표층안정 처리 대상 심도는 대략 1~2m 깊이에 지나지 않는다. 그러나 지반이 연약하거나 불량한 경우는 표층안정 처리 대상 심도보다는 깊은 경우가 대부분이다. 이런 경우 대개 주입공법을 적용하여 대상 지반의 강도를 향상시켜야 한다. 즉, 연약지반이나 도심지에서의 도로공사, 해안매립공사, 지하철공사, 지하굴착공사 등의 각종공사가 빈번히 실시되고 있다. 이와 같은 토목구조물의 축조 시 측방토압 증가, 지하수위 저하, 주변지반 침하, 측방유동 등의 바람직하지 않은 지반변형 현상으로 인하여 인접구조물에 균열이 발생하거나 붕괴가 발생하여 공사 중의 안전성뿐만 아니라 공사완료후의 안전성의 확보에 어려움이 많이 발생하고 있다. 이러한 문제를 해결하기 위해서는 연약지반을 개량하거나 지반의 강도를 증대시켜줄 필요가 있다.

현재 연약지반의 개량 및 구조물기초지반의 보강을 위하여 약액주입공법(chemical grouting) 및 고압분사주입공법(jet grouting) 등의 지반개량공법이 건설현장에서 널리 사용되고 있다.

이 가운데 약액주입공법은 약액을 지반 중에 주입 혹은 혼합하여 지반을 고결 또는 경화시킴으로써 지반강도증대효과나 차수효과를 높일 수 있다. 그러나 이 공법은 저압주입공법인 관계로 적용 대상 지반의 범위가 넓지 못하여 시공 시 종종 난관에 직면하는 결점을 가지고 있다. 그 밖에도 이 공법은 지반개량의 불확실성, 주입효과 판정법 부재, 주입재의 내구성 및 환경공해 등 아직 해결되지 못한 문제점을 내포하고 있다.

이러함 문제점을 해결하기 위해 1970년대부터 수력채탄에 쓰이고 있던 고압분사 굴착기술을 도입한 고압분사주입공법으로 단관분사주입공법, 2중관주입공법, 3중관분사주입공법 등이 개발되었다. 이 공법은 종래의 약액주입공법과는 달리 균등침투가 불가능한 세립토층, 자갈층 등 다양한 지층에 대해서도 교반혼합방법 등 여러 가지 형태로서 활용할 수 있다.

4.3.1 주입공법의 개요

(1) 약액주입공법

약액주입공법은 지반개량공법 중의 하나로 고결재를 지중에 유입하는 압력주입공법이며, 이것은 최근에 행해지고 있는 교반혼합공법 및 고압분사공법과 구별된다. 즉, 약액주입공법은 지반의 투수성을 감소시키거나 지반의 강도를 증대시킬 목적으로 세립관을 통해 소정깊이에 약액을 주입하는 공법이다.

이와 같이 약액을 지중에 주입하여 지반을 고결 또는 경화시킴으로써 최근 각종 토목공사에서 지반강도의 증대나 차수효과를 상당히 높이고 있다. 특히 지하철공사, 지하차도공사, 도심지굴착공사 등의 토목공사에서 종종 직면하게 되는 교통장애, 협소한 도로, 주택지의 밀집, 각종 지하매설물 등의 악조건을 용이하게 극복하고 안전한 시공을 실시하고자 할 때 많이 사용되고 있다.

현재 약액주입공법은 건설공사의 넓은 분야에 걸쳐 광범위하게 적용되고 있다. 예를 들어, 터널굴진 시의 지반붕괴 방지 및 굴착 바닥의 융기 방지, 도심지 지반굴착 시 인접건물 언더피닝(underpinning), 흙막이벽의 토압 감소, 기초의 지지력보강, 댐기초의 지수 등의 목적으로 활용되고 있다.[48-51] 그 밖에도 최근에는 지반진동을 경감하기 위한 대책으로 쓰이고 있다.

약액주입공법의 특징으로는 설비가 간단하고 소규모여서 협소한 공간에서도 시공이 가능한 점과 소음, 진동, 교통에 대한 문제가 적은 점을 들 수 있다. 더욱이 신속하게 시공할 수 있다는 장점도 갖고 있다. 또한 주입관은 상하좌우 어느 방향으로도 압입이 가능하며 지중에 매설물이 있어도 큰 영향을 받지 않고 주입구로부터 상당히 넓은 범위를 개량할 수 있다.

그러나 복잡하고 불균일한 지반을 대상으로 약액주입공법을 적용할 경우 대상 지반의 불균일성, 약액의 종류, 겔화 시간, 주입압력, 주입방식 등의 여러 가지 요인에 크게 영향을 받으므로 지반개량효과를 정확히 확인하기가 어렵다. 특히 본 약액주입공법에는 개량 후의 지반 고결강도의 신뢰성 문제, 지하수 등의 수질오염 문제, 정확한 주입효과의 판정 방법의 부재 문제 등 아직까지 해결되지 않은 많은 문제점들이 내포되어 있어 고도의 시공기술과 철저한 시공관리가 요구된다. 또한 현재 사용되고 있는 약액은 내구성에 문제가 있어 영구적으로 사용되는 예는 거의 없다. 따라서 내구성이 있는 약액의 개발이 필요하다.[37,43,46,52]

본 공법에 대한 공학적 체계화가 진행 중에 있는 현 상황에서 볼 때 다른 지반개량공법에 비해 반드시 신뢰할 수 있는 공법이라고는 할 수 없다. 그러나 본 공법의 역할을 감안해볼 때 그 사용 빈도가 점차 증대되고 있어 본 공법이 내포하고 있는 문제점들을 해결하고 발전시키기 위해서는 보다 많은 연구가 뒤따라야 한다.

자세한 내용은 참고문헌[13]을 참조하기로 한다.

(2) 고압분사주입공법

고압분사주입공법은 기반개량공법의 하나로, 경화재를 고압고속으로 일정한 방향으로 송출시킴으로써 이 분류체가 가진 운동에너지에 의해 지반을 절삭 파괴하는 동시에 경화재로 원지반을 치환시키거나 교반혼합시키는 공법이다. 즉, 고압분사주입공법은 분출압력이 대기압의 보통 200~500배 정도인 초고압력의 유체로 구성된 고압분류체의 에너지로 지반을 절삭 파괴시켜 생긴 공간에 지반을 개량하는 주입재를 충진시키는 공법이다.[23,29,32,40]

본 공법의 특징 중의 하나는 에너지 변환효율이다. 고압분류유체의 밀도, 유량노즐의 직경, 압력의 크기, 노즐의 이동속도 등을 변환시킴으로써 용이하게 지반의 파쇄조건을 변화시킬 수 있다. 분사노즐의 운동형식에 의해서 지중에 원주상의 고결체 형성을 기본으로 하여 연직 방향, 수평방향 어느 쪽으로도 고결체를 지중에 조성할 수 있다.[23-25]

본 공법은 초고압분류수에 의한 암반굴착기술을 지반개량공법으로 응용한 것으로 본 공법이 개발된 직접적인 계기는 약액주입공법의 문제점을 보완하고자 하는 데 있었다. 즉, 약액주입공법에서는 지층의 복잡성 및 이방성 때문에 균질한 침투주입을 기대할 수 없었으며, 개량지반 전체에 대한 균일한 개량효과를 얻을 수 없었다. 특히 비공학적 요소가 많이 존재하고, 이론과 실제와의 모순을 피할 수 없는 면이 존재하였다. 그러나 고압분사주입공법은 이러한 약액주입공법의 결점을 어느 정도 해결하고 있다.

고압분사주입공법의 장점은 지중에 인위적으로 만든 간극에 경화제를 충진시키기 때문에 인접건물이나 지하매설물에 미치는 영향을 상당히 감소시킬 수 있다는 점과 사용하는 재료가 무공해 시멘트계 재료이므로 지하수 오염물질에 해당되지 않는다는 점이다. 또한 경화제의 밀도도 높기 때문에 지중에 다소의 유속이 있어도 유실되지 않으므로 지반조건이나 시공목적에 따라 균일한 개량체를 조정할 수 있으며, 개량체의 직경을 어느 정도 조절할 수 있다.[3,13,35,55]

본 공법에 의한 개량체를 말뚝 대용으로 사용하고자 하는 시도도 있어 현장콘크리트말뚝과 자주 비교된다. 본 공법의 적용 범위는 연약지반의 지지력 보강, 히빙 방지, 사면붕괴의 방지, 기설구조물의 보호 및 언더피닝(underpinning) 등 어떠한 경우에도 적용 가능하다. 그 밖에도 현장에서 말뚝을 지중에 조성하여 흙막이 등의 목적으로 사용할 수 있다. 특히 흙막이의 경우에는 지수효과를 얻을 수 있기 때문에 굴착흙막이벽의 안정처리에 적합하다.[10,14,19,20,27,30,42]

자세한 내용은 참고문헌[13]을 참조하기로 한다.

4.3.2 주입공법의 역사

주입공법은 약액주입공법이 먼저 개발되었으며 최근에 활용되는 고압분사주입공법의 개발에까지 이르고 있다.

약액주입공법은 19세기 초 프랑스의 Berigny가 점토와 석탄의 수용액을 세굴된 수문의 보수공사에 이용한 것이 시초가 되었다. 또한 점토의 대용으로 천연 시멘트(pozzolana)도 이용되어, 자갈층 지반의 침투주입도 행해졌다. 그 후 포틀랜드시멘트가 개발되었고 주입용 펌프의 개량과 터널굴착 등의 토목공사 이외에 광산의 입갱굴착공사에서 용수처리로 시공되어왔다.[43]

이러한 기술은 댐의 건설이 시작된 1920~1930년대에 비약적으로 발전하여 댐 기초암반의 차수를 목적으로 하는 커튼그라우팅이나 강도 증가를 목적으로 하는 압밀그라우팅 등 현재의 암반주입기술의 기초가 되었다.

일본에서도 1915년에 탄광입갱굴착에 시멘트가 사용된 기록이 있으며, 또한 1924년에는 터널 용수처리에 다량의 시멘트 밀크가 사용되었다. 한편 지반에의 침투를 목적으로 한 현탁액형 주입재의 발상은 19세기 후반(1986) 독일의 Jeziorsky의 물유리계와 염화칼슘을 각각 지반에 주입하는 기술에까지 거슬러 올라간다.

이 방법은 1926년 광산 기술자 Joosten에 의해 실용화되었고, 그 후 지하철공사 등에 사용되었지만 세립토층에서는 침투가 어려워 일반화되지는 못하였다. 1930년대에 이르러서 주재의 물유리계와 반응재의 염화칼슘을 별도로 주입하는 2액 2계통식(2shot형)으로 대체되었고, 주재와 반응재를 사전에 혼합해서 주입하는 2액 1계통식(1.5shot형)의 약액의 개발이 이루어졌다. 그리고 물유리계를 주재로 하고 염산이나 유산 등의 염류, 중탄산나트륨, 염화나트륨 등의 염류를 반응재로 하는 약액이 뒤따라서 개발되었다.[22] 이러한 것이 현재 수많은 물유리계 용액형 약액의 기본이 되었다.

일본에서는 1952년 발표된 알루미늄산 염화나트륨을 반응재로 하는 MI법이 개발되어 약액주입공법이 토목공사에 응용되기 시작하였다.[21] 1961년에는 물유리계에 시멘트밀크를 반응재로 이용한 LW 공법이 개발되었고, 건설공사의 증가와 동시에 주입공법이 발전하는 토대가 되었다. LW 공법은 그 후 高爐洙滓 슬래그 이용에 의해서 겔화 시간을 자유롭게 조절하여 강도 증가와 내구성, 내해수성의 향상 등 뛰어난 성질을 가진 MS 공법으로 발전되었다.

한편 1960년에 석유화학공법의 발달을 배경으로 아크릴아미드계, 요소계, 우레탄계와 같이 각각의 특징이 있는 고분자계 약액이 차례로 개발되어, 주입공사의 전성기를 추구하게 되었다. 그래서 1970년대에 들어와서 이러한 고분자계 약액은 이때까지의 약액으로 지반개량이 불가능하였던 지반에 대해서도 뛰어난 개량효과를 발휘하게 되었다. 반면, 지반조건이나 주변 환경에 대해 충분히 고려하지 않고 사용함으로써 지하수오염 문제를 일으키게 되었다.

1974년 일본에서 발생된 이 아크릴아미드계 약액에 의한 우물, 호수오염 문제를 계기로 일본건설성에서 동년 7월 '약액주입에 의한 건설공사의 시공에 관한 잠정지침'을 발표하였다. 이것에 의해 일본에서의 약액주입은 사용재로가 물유리계의 약액으로 제한되었다.

또한 이때까지의 시공기술은 가장 간단한 단관 롯드에 의한 2액 1계통식(1.5shot형)에 의한 것이 대부분이었지만 이 방식으로는 아무리 성능이 좋은 약액을 사용해도 약액의 유출을 피하기 어려워 복잡한 지층구조를 가진 연약지반을 확실하게 개량하는 것은 매우 어려운 실정이었다. 따라서 약액을 개량 범위에 확실하게 주입할 목적으로 1976년경부터 수 초의 겔화 시간을 가진 순결성 약액과 이중관을 이용한 순결이중관공법이 실용화되었다. 이 공법을 기초로 순결성 약액과 겔화 시간이 수 분 이상의 완결성 약액을 조합시켜, 보다 낮은 압력에서 효과를 증대시킬 수 있는 복합주입공법도 실용화되었다.[37,42] 또한 프랑스에서 개발된 겔화 시간이 매우 긴 약액을 이용하는 주입방식도 점차로 확대되어 2중관 더블팩커공법으로서 정착되어 현재에 이르고 있다.

한편 1965년에 이르러서 종래의 약액주입공법의 단점을 보완하기 위해 고압분사주입공법이 개발되었다. 본 공법은 심층지반을 개량하는 기술로서 약액주입공법보다 훨씬 광범위하게 적용되는 지반개량공법이다.

지반을 굴삭 제거하기 위해 고압분류체와 시멘트쏘일의 사용에 대한 최초의 연구는 1965년 초에 일본에서 Yamakado 형제에 의해 시작되어 1940년 초에 이르러서 고압분사주입공법이 개발하였다. 고압분사주입기술은 Nakanishi와 그의 회사 N.I.T에 의해 발전되었다. 단일 롯드의 하단에 위치하고 있는 작은 노즐(1.2~2.0mm)을 통해서 초고압력으로 분사된 분사매체로 화학주입재와 시멘트 주입재를 사용했다. 주입재가 분사되는 동안 단일 롯드는 상승 회전되므로 쏘일-시멘트기둥과 같은 말뚝이 형성된다. 이 공법의 가장 큰 특징은 현장에서 지반을 굴삭하기 위해 세 가지 다른 형태의 유체(물, 공기, 주입재)가 사용되기 때문에 세 가지 롯드 방식이 요구된다.[37,40,49]

이러한 공법은 국제적인 기술용어로서 Jet Grouting 공법으로 칭하고 있는데, 1965년경부터 일본에서 최초로 단관분사방법을 사용하여 경화제를 고압으로 분사시켜 지반을 세굴하고 경화제를 원지반과 혼합시켜 원주상의 개량체를 조성하는 단관분사주입공법(CCP 공법)이 개발·실용화되어 공사현장에 응용되었다.

당시 단관 분사주입공법은 고압분류체가 분출할 때 그 수력으로 지반을 파쇄할 수 있다는 것에 힌트를 얻어서 개발되었으며, 지반 중에 주입관을 삽입하여 수평방향으로 200kg/cm^{2}의 고압으로 경화재(cement paste)를 분사시켜 주입관을 회전 인발시킴과 동시에 직경이 30~50cm 정도의 원주상 고결체를 지중에 형성하는 것이다.[35,37,53]

1970년대 중반 고압분사주입공법에 대한 변화가 급속하게 일어났다. 이러한 결과로 고압분사주입공법은 당연히 지반개량공법으로서 세계 여러 나라에서 주목되었으며, 여기에 공기분류체를 병행시킴으로써 토층에 경화제 분류체의 절삭능력을 높여 직경을 단관분사주입공법보다 크게 하는 2중관 분사주입공법(JSP 공법)이 개발되었다. 2중관 분사주입공법에 의해 지중에 조성된 지반개량체는 압축공기를 사용함으로써 비슷한 분사매개체를 사용하여 만든 단관분사 주입공법에 의해 지중에 조성된 지반개량체보다 크기가 일반적으로 1.5~2배가 더 크다.[5,32,44,54]

고압분사주입공법의 기술은 서유럽(특히 이탈리아, 독일, 브라질)에서도 활발하게 활용되었다. 일례로 1974년경 이탈리아에서 단관분사주입공법이 도입되어 고압분사주입공법의 기본 원리 및 시공실적과 기술자료를 기초로 해서 이탈리아 RODIO 회사에 의해 기술 개량이 이루어졌다. 한편 1979년 초에 북아메리카에도 고압분사주입공법이 널리 보급되었다.[15,55]

오늘날 기계공학의 발전과 더불어 400~800kg/cm^2 정도의 초고압 펌프가 개발되어 분류체의 압력을 더욱 크게 하여 급기야는 지반개량체의 직경이 2.0~2.5m가 되는 초대형 원주상 고결체를 지중에 조성할 수 있게 되었다.[42] 이러한 공법은 이탈리아 Pacchiosi 회사에서 개발한 공법으로 종래의 고압분사주입공법의 기본 원리에 그동안 기술이 축적된 경험을 바탕으로 개발된 분사 시스템을 합하여 더욱 개량 발전시킨 3중관 분사주입공법이다. 본 공법의 명칭은 Super Injecting Grouting의 알파벳 첫머리를 문자로 인용하여 SIG 공법으로 불린다. 본 공법의 분사 시스템은 3중관 롯드 방식으로 1991년 국내에 처음으로 도입되어 연약지반의 개량공사 및 각종 토목공사의 보조공법으로 널리 활용되고 있다.[3,9]

4.3.3 주입재의 분류 및 특성

(1) 주입재의 분류

주입재는 유동성을 갖고 있으므로 지중의 간극 내에 압입·충진되어 일정 기간이 경과하면 겔화 또는 고결하는 성질을 갖고 있다.

일반적으로 약액을 유동성과 주제별로 분류하면 그림 4.6과 같이 시멘트계, 점토계, 아스팔트계 등의 현탄액형과 물유리계 및 고분자계와 같은 용액형으로 크게 구분되는데, 이 중 물유리계 및 고분자계를 약액이라고 부른다. 고분자계에는 크롬리그린계, 아크릴아미드계, 요소계 및 우레탄계 등의 약액이 이에 속한다.

(2) 주입재의 특성

시멘트계를 함유한 현탁액형 주입재는 일반적으로 고강도이며, 내구성이 커서 경계적인 면에서 가장 널리 사용되고 있다. 그러나 지반 내의 침투성이 나쁘기 때문에 비교적 큰 공극을 갖는 사력층 이외에는 주입되지 않으며, 경화하기까지는 많은 시간이 소요된다. 따라서 시멘

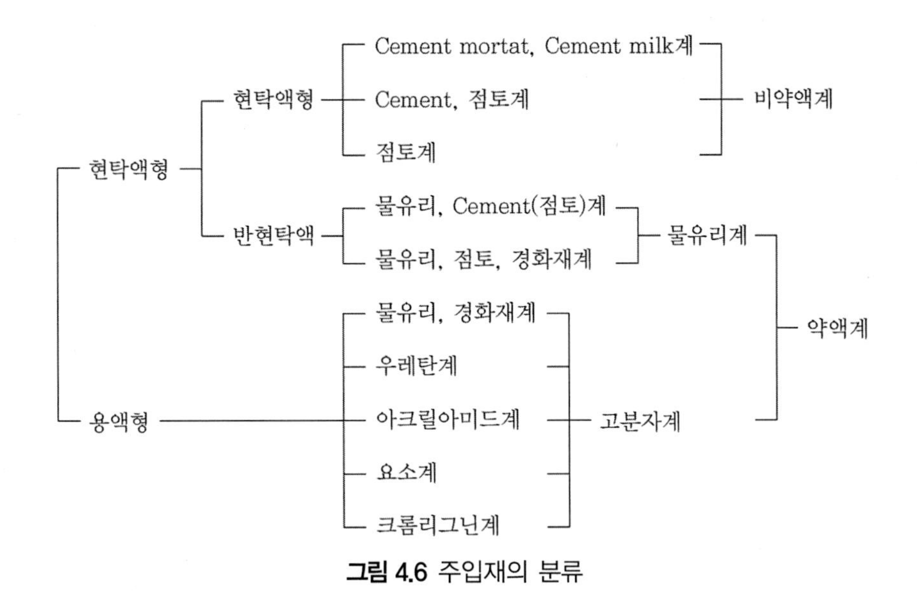

그림 4.6 주입재의 분류

트계를 함유한 현탁액형 주입재는 고압분사주입공법에서 지반을 절삭하는 초고압분류체로 사용되거나 지중에서 초고압으로 절삭된 토립자와 교반혼합되어 원주상의 고결체를 형성시키는 데 사용된다. 이러한 고결체는 지수, 지반보강, 기존 구조물의 기초보강 등에 큰 효과를 발휘하고 있다.

물유리계 주입재는 침투성이 좋아 사력층, 모래지반, 실트질 모래지반 등에 널리 사용되고 있다. 물유리계 주입재의 겔화 시간은 수 초에서 수십 분까지 조절이 가능하며, 고농도의 물유리계를 사용하면 고분자계 주입재에 상응하는 고강도의 고결토를 얻을 수 있다. 한편 입자가 작아서 시멘트 주입으로 기대할 수 없는 작은 균열의 깊은 골까지 주입할 수 있다. 물유리계 주입재는 단관 고압분사주입공법(CCP 공법)에서도 널리 사용되고 있으며, 시멘트계와 함께 사용하면 개량 강도를 증대시킬 수 있다.[35] 차수효과가 크고 공해의 염려가 적어 다른 주입재들보다 많이 사용되고 있다.

우레탄계는 지반에 주입되어 물과 접촉하는 순간 고결화가 이루어지지 때문에 유속이 빠른 지하수류에서 차수용으로 효과가 크다. 또한 팽창성이 매우 우수하여 주입량 이상의 고결화가 가능하고 강도 증대 효과가 매우 높으나 물과 혼합되지 않는 부분에서는 고결이 어렵고, 점도가 매우 높으며, 경우에 따라서 유독가스가 발생하기도 한다.

아크릴아미드계는 점성이 약액 중에 가장 낮아 침투성이 매우 우수하다. 겔화 시간의 조절이 정확하고 용이하며 겔화 직전까지도 저점성을 유지할 수 있다.

요소계는 투수성도 양호하고 약액 중 강도효과가 가장 우수하고 경제적이다. 그러나 강산성 조건이 아니면 겔화하기가 어렵다.

크롬리그닌계는 물유리계와 비슷한 점성을 가지고 있으나 재료 자체에 계면활성효과가 있어서 침투수성은 우수한 편이다. 또한 강도증대효과도 크며, 값도 비교적 저렴하나 유독성 중 크롬산을 함유하고 있어 지하수 오염 등에 충분한 주의를 요한다.

4.3.4 주입공법의 분류

주입공법은 매립지 또는 간척지 등의 연약지반상에 구조물을 축조할 때 연약지반의 지지력 보강, 지반융기 방지, 사면붕괴 방지, 기설구조물의 보호를 위한 지반강화를 목적으로 실시된다. 또한 흙막이벽의 지수, 저수지 등의 누수 방지, 지하 댐의 건설 시나 특히 기존 댐의 누수 방지를 위한 지수목적으로도 사용된다.

이러한 주입공법은 지반을 고결 개량하는 것에 의해 지반의 투수성을 감소시키고 지반을 보강하기 위하여 각종 토목공사에서 보조공법으로 광범위하게 사용되고 있다. 주입공법으로는 주입재에 적당한 압력을 가하여 지반 중에 주입하는 약액주입공법과 주입재를 지반 속에 고압으로 분사하여 주입재와 절삭토를 혼합함으로써 고결시키는 고압분사주입공법으로 대별된다.

(1) 약액주입공법

① 공법의 분류(7,30,34,37,43)

약액주입공법은 시멘트, 점토 또는 모래 및 약액을 이용해서 조합된 주입재를 지반에 주입해서 지반개량을 실시하는 공법이다. 약액의 혼합방식으로는 1액 1계통식(1 shot 방식), 2액 1계통식(1.5 shot 방식), 2액 2계통식(2 shot 방식)이 있다.

현재 사용되고 있는 각종 약액주입공법에서는 각각의 방식에 사용되는 주입재의 특성을 고려할 수 있도록 관로의 구성이나 주입모니터(주입관의 하단에 토출구가 있는 부분)가 고안되어 있다. 주입관으로서는 보링 롯드를 주입관으로 겸용하고 있는 단관 롯드, 다중관 롯드(2중관 또는 3중관 롯드) 형식과 미리 주입관을 삽입한 후에 주입재를 주입하는 형식의 단관 혹은 2중관 방식의 두 가지가 있다. 한편 주입재의 분출방식으로는 주입관의 외주에 있는 여러 개의 작은 구멍에서 횡방향으로 이루어지는 방식과 주입관의 하단에서 보링수와 함께 직접 하향으로 분출하는 방식이 있다. 즉, 단관 롯드 공법, 단관 스트레이나 공법, 2중관 더블팩커 공법, 2중관 롯드 공법, 2중관 롯드 복합공법 등이 있다. 각 공법의 특징 밑 개요는 표 4.4와 같으며, 표 4.5는 현재 국내외에서 실시되고 있는 주입공법을 주입관 형태에 따라 분류한 것이다. 대표적인 주입공법의 개략도를 도시하면 그림 4.7과 같다.

표 4.4 약액주입공법의 개요 및 특성

주입공법	공법	공법의 개요	특징
단관주입공법	롯드 공법	천공과 주입을 동시에 실시하고, 롯드를 통해 선단부터 주입재를 압입한다.	작업이 용이하고 경제성이 좋다.
	스트레이나 공법	스트레이나 관을 지중에 설치하고 전진식(Step Down)으로 압입한다.	다수공으로부터 분출되고, 수평으로 분출압입이 가능하다.
2중관 주입공법	2중관 더블팩커 공법	외관을 지중에 고정시킨 후 더블팩커를 부착한 내관을 외관의 소정의 단계에서 결합시켜 압입한다.	전진식 주입과 후진식 주입이 자유롭고, PQ 관리가 용이하다. 복합주입과 반복합주입이 가능하여 광범위한 지반에 적용이 가능하다.
	2중관 롯드 공법	천공 후 2액을 외관과 내관에 나누어서 압송하고, 선단부에서 합류시켜 압입한다. 용액과 현탄액을 병용한 공법이 있다.	주입재가 주입범위 밖으로 유출되는 것이 거의 없이 한정주입된다.
	2중관 롯드 복합공법	천공 후 순결성과 침투성 약액을 외관과 내관을 조합시킨 특수 2중관 방식으로 압입한다.	복합주입이 가능하여 광범위한 지반에 적용이 가능하다.

표 4.5 약액주입공법의 분류

공법명	공법	혼합방식	주입방식
LW 공법	롯드 공법	1.5 shot	단관 주입공법
	스트레이나 공법	1, 1.5 shot	
TAM 공법	2중관 더블팩커 공법	1 shot	다중관 주입공법
SGR 공법	2중관 롯드 공법	2 shot	
일본토목연구소 공법	다중관 복합공법	(1차 주입) 1.5 shot (2차 주입) 1, 1.5, 2 shot	

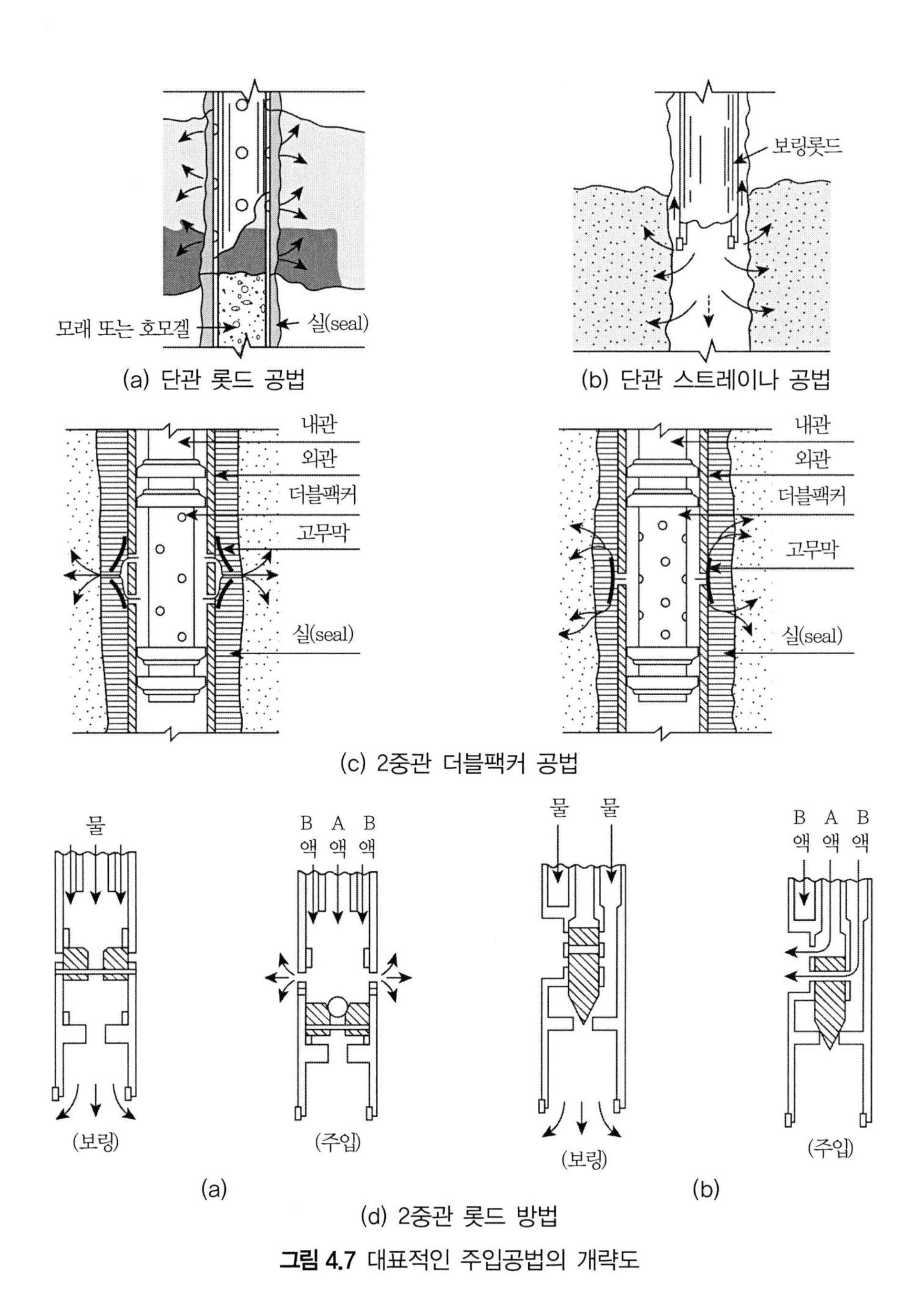

그림 4.7 대표적인 주입공법의 개략도

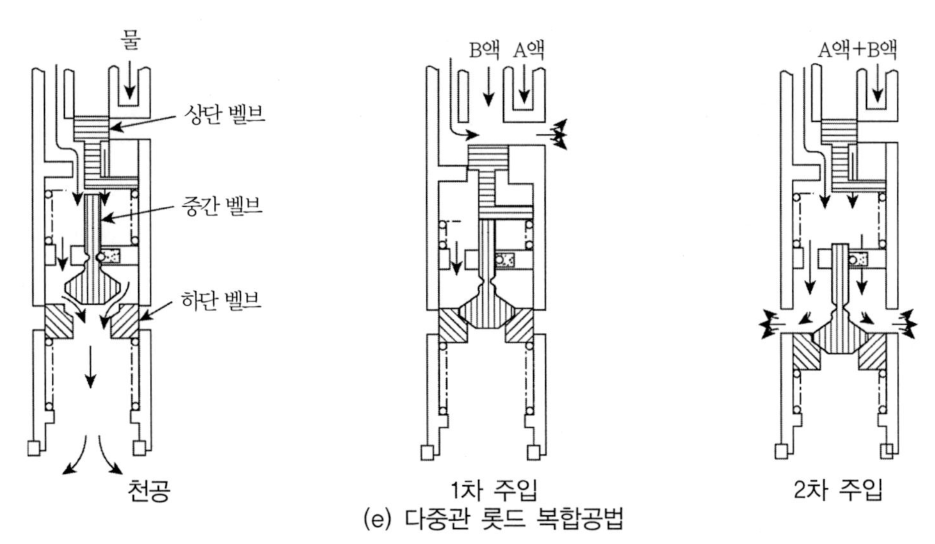

(e) 다중관 롯드 복합공법

그림 4.7 대표적인 주입공법의 개략도(계속)

② 주입효과

약액주입공법은 시멘트나 약액 등의 주입재를 지중에 주입해서 지반개량을 실시하는 공법으로, 다른 개량공법에 비해 간편하고 편리하다는 특징을 가지고 있다. 또한 적절히 시공된 개량지반은 굴착에 대한 적절한 강도와 충분한 지수성을 가지고 있다. 따라서 지하철공사나 도심지 지하굴착공사에서 지수나 지반보강을 목적으로 하는 보조공법으로서 중요한 지반개량공법의 하나가 되고 있다.

이 공법은 시공설비가 간편하지만 시공하는 지반조건이나 시공조건의 영향을 크게 받으므로 절대적으로 신뢰성이 있는 공법이라고 말할 수는 없다. 즉, 지반개량효과는 시공의 정도, 주입재의 선정, 시공기술자의 경험이나 기량에 크게 영향을 받는다.

주입공법에 사용되고 있는 주입재는 그림 4.6과 같다. 주입재 가운데 현탁액형 약액은 시멘트계나 점토계 또는 물유리계의 경화재를 사용하고 있어 개량지반의 강도는 크게 나타나며, 내구성이 우수하다. 그러나 점성이 높아 침투성은 양호하지 못하다. 따라서 투수성이 좋은 사질토지반의 경우 주입재는 토립자 간에 균등침투하여 주입구를 중심으로 한 구형에 가까운 고결체가 형성될 수 있지만 침투성이 나쁜 점성토지반 경우에서는 균등침투가 곤란하므로 할렬주입이 이루어진다.

따라서 점성토지반의 경우에는 주입재 자체가 어느 정도 강도를 지닌 시멘트계 이외의 주입재를 사용할 경우에는 강도 증가를 기대할 수 없다. 그러나 시멘트계 주입재가 주입공에서 가까운 각 방향으로 비교적 잘 분산주입되는 경우 지반개량효과는 어느 정도 기대할 수 있다.

보통 Shield 공법에 의한 터널공사에서는 절취면을 물리적으로 억제하는 것이 불가능하지만 주입에 의하여 지반을 고결, 강화시킴으로써 안정된 상태로 확보하는 것이 가능하게 된다. 또한 개착공사에서도 흙막이벽 배면에 주입재를 주입하면 토압을 감소시켜 수평지보공의 절감이 가능하다. 극단적인 예로는 흙막이벽을 설치하지 않고, 앵커공법을 병용하여 토압을 앵커가 부담하는 것으로 하는 주열식 흙막이벽 굴착공사도 가능하다.[26,27]

주입재의 주입 형태는 주입재가 침투하기 쉬운 방향으로 주입되기 때문에 원형의 고결체를 얻는 것은 곤란하며, 그림 4.8에 나타난 것과 같이 주입고결체가 부정형이 되기 쉽다. 따라서 지수를 목적으로 하는 경우 단열주입은 충분한 지수효과를 기대할 수 없고, 다소 미고결된 부분이 남아 있으므로 지수벽이 중첩되도록 그림 4.9와 같이 복렬주입을 기본으로 한다. 또한 이 경우 주입고결체가 연결되는 것이 필요하기 때문에 충분한 양의 주입재를 주입해야 한다.[47]

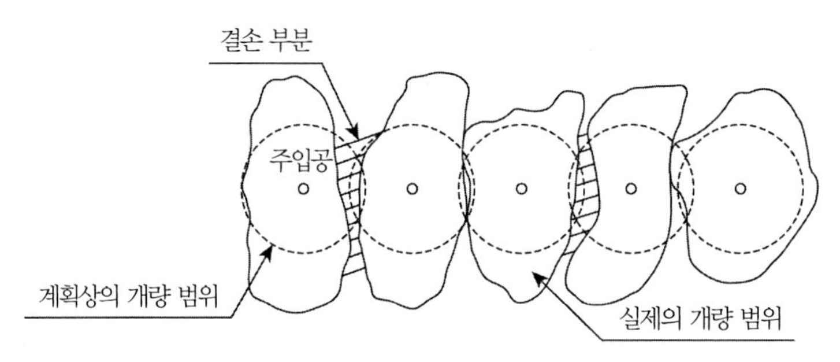

그림 4.8 약액주입재의 고결거동

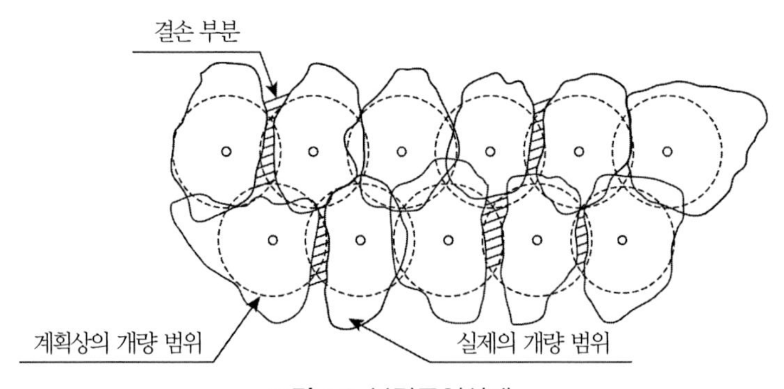

그림 4.9 복렬주입상태

(2) 고압분사주입공법

① 공법의 분류

약액주입공법은 주입압력이 수 kg/cm^2에서 수십 kg/cm^2 정도의 비교적 저압주입공법인데 반하여 최근에는 주입재를 고압으로 분사시켜 지반을 개량하는 분사주입공법이 많이 사용되고 있다. 분사주입공법은 개량체의 조성방법에 의해 교반혼합공법과 고압분사공법으로 크게 구분된다.

교반혼합공법은 종축으로 교반날개를 가진 안정처리기로 천공하고, 주입재를 지중에 주입하여 원지반을 기계적으로 교반혼합시켜 개량체를 조성하는 지반개량공법이다. 이 공법의 주입재로서는 시멘트, 벤트나이트, 생석회, 약액(물유리계) 등이 이용되고 있다.

고압분사주입공법은 보통 보링기계나 고압회전의 보링기계의 롯드선단에 특수한 노즐을 장착시켜 지중에 지반을 절삭하고 주입재를 고압으로 분사시켜 지중의 지반을 절삭시킨 후 절삭부분의 토립자와 혼합교반하거나 치환시켜 개량체를 조성하는 공법이다. 이 공법의 주입재로는 시멘트 밀크나 약액 등이 이용되고 있다.

분사교반공법은 대형 기계를 사용하고 설비도 대규모이므로 해저나 매립지의 연약지반상의 구조물을 축조하는 안벽, 호안, 하수처리장 등의 기초지반의 개량에 이용되고 있다. 한편 고압분사방식은 개량체의 강도도 크고 지수성이 뛰어나기 때문에 터널공사나 굴착공사의 보조공법으로 이용되고 있다. 고압분사주입공법은 분사 매커니즘, 사용기계, 분사압력, 시공방법에 따라 표 4.6과 같은 3가지 공법으로 크게 분류할 수 있다.[5,9,31,41,43,45]

ⓐ 주입재 분사방식

단관을 사용하며, 경화재를 고압으로 분사시켜 지반을 세굴하고 세굴토와 경화재를 기계적으로 교반혼합시켜 지반개량체를 조성하는 기계적 교반혼합공법으로 CCP 공법이 여기에 속한다.

ⓑ 주입재, 공기 병용 분사방식

이중관을 사용하며 외주로부터 압축공기를, 또 그 중심으로부터 경화재를 고압으로 분사시켜 지반을 세굴하여, 세굴된 흙과 경화재를 교반혼합시켜 지반개량체를 조성하는 공법으로 JSP 공법 및 JGP 공법이 여기에 속한다.

표 4.6 고압분사주입공법의 분류

공법		단관 분사주입공법	2중관 분사주입공법	3중관 분사주입공법
공법 특징		기계교반혼합공법	교반혼합공법	치환공법
적용 지반		점성토, 사질토	점성토, 사질토	점성토, 사질토, 사력층
시공사양	상용압력	P=200kg/cm^2	P=200kg/cm^2	P=500kg/cm^2
	피압 대상	초고압경화재	초고압결화재+공기	초고압수+공기
	사용 경화재	물유리계 현탁형 시멘트계	시멘트계	시멘트계
	초고압 노즐경	1.2~3.2mm	3.0~3.2mm	1.8~2.3mm
	롯드	단관	2중관	3중관
	천공방법	단관 롯드로 천공	2중관으로 직접	3중관으로 천공
개량경		ϕ300mm~ϕ500mm	ϕ800mm~ϕ1,200mm	ϕ1,200mm~ϕ2,000mm
개량 강도	점성토	q_u=25~30kg/cm^2	q_u=20~40kg/cm^2	q_u=100~200kg/cm^2
	사질토	q_u=30~40kg/cm^2	q_u=40~90kg/cm^2	q_u=200~300kg/cm^2
개요도		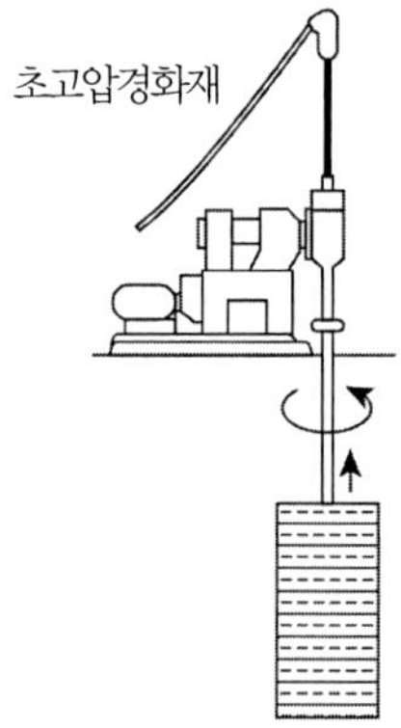 초고압경화재	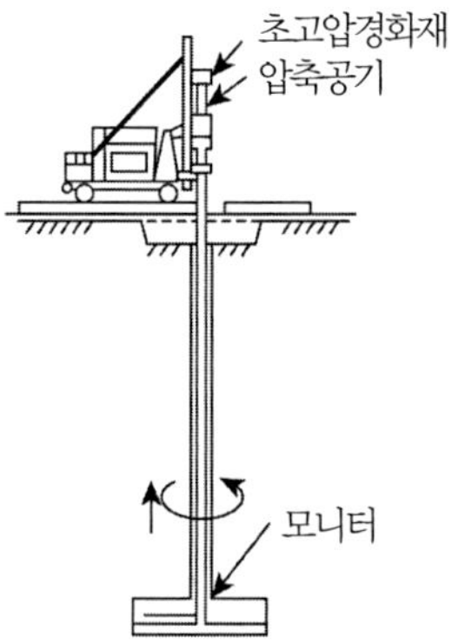 초고압경화재, 압축공기, 모니터	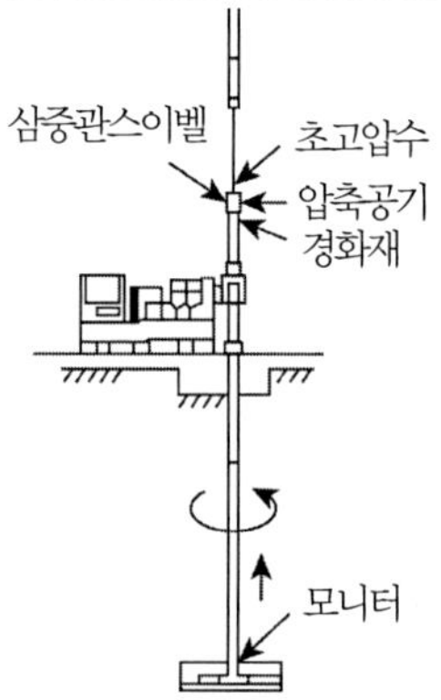 삼중관스이벨, 초고압수, 압축공기, 경화재, 모니터
공법 개요		초고압경화재를 지중에 회전분사시켜 지반을 절삭과 동시에 원주상의 개량체를 조성한다.	공기와 함께 초고압경화재를 지중에 회전분사시켜 지반을 절삭하고 원지반 흙과 경화재를 교반혼합하여 원주상의 개량체를 조성한다.	공기와 함께 초고압수를 지중에 회전분사시켜 지반을 절삭하고, 그 슬라임을 지표면에 배출시키고 동시에 경화재로 그 공간을 충진시켜 원주상의 개량체를 조성한다.

ⓒ 주입재, 물, 공기 병용 분사방식

2중관을 사용하여 공기와 물을 고압으로 분사회전시켜 지반을 세굴파괴하고, 이것을 지표면에 배출시켜 지중에 인위적인 공간을 만들며, 하단부터 경화재를 충진시켜 지반개량체를 조성하는 치환공법으로 SIG 공법 및 CJP 공법이 여기에 속한다.

② 주입 효과

약액주입공법은 지반 내에 주입재를 침투주입해서 지반을 고결시켜 강도 증가를 꾀하는 공법이다. 반면 고압분사주입공법은 고속분류체를 이용해서 지반을 파괴시키고 노즐을 회전시킴으로써 지반을 원형으로 절삭하고 경화재로 지반을 치환하거나 또는 혼합교반하는 것에 의해 지반 내에 원주형의 고결체를 조성하는 공법이다. 주입공법에서 지반으로의 침투주입이 곤란한 시멘트 등의 주입재도 고압분사주입공법의 경화재로서 이용되는 것이 가능하고 강도와 장기 내구성이 우수한 개량체를 얻는 것도 가능하다.

또한 고압분사주입공법은 적용 대상 지반이 광범위하여 투수성이 나쁜 점성토에 대해서도 개량 가능하며, 지중의 구조물에 밀착시켜 개량을 행하는 것이 가능하다. 즉, 분사주입공법은 일축압축강도가 1kg/cm^2 이하인 연약한 점토지반에서도 시멘트 주입재에 의하여 수십 kg/cm^2~수백 kg/cm^{2}의 강도로 개량이 가능하다. 또한 이 공법을 그림 4.10에 나타난 것과 같이 굴착공사에서 수평지보공과 굴착저면 융기 방지 겸용으로 미리 2단으로 시공하면 개착굴착에 따른 흙막이벽의 과다한 수평변위를 억제할 수 있다. 또한 이 경우에 상하의 분사주입이 행해진 중간 점토층이 시공 후에는 시공 전에 비해서 함수량이 감소하며, N치도 크게 증가하는 것이 실측되었다.[24,26-28]

한편 고압분사주입공법에 의한 개량체의 표면은 노즐의 회전이나 지반강도의 파라메타로부터 그림 4.11과 같은 파형이 되며, 지수목적으로 개량하는 경우에는 이러한 영향을 고려해서 그림 4.12와 같이 최소 20cm 이상 중첩시킬 필요가 있다.[33,41]

이 공법은 이상과 같이 우수한 특징을 갖고 있지만, 고압으로 분사하기 때문에 시공 시에 사람이 근접하지 않도록 안전관리에 주의를 요하며 절삭압이 지표면으로 배출되지 않는 경우 지반의 융기, 지하매설물이나 주변구조물에 변형을 일으킬 수 있으므로 철저한 시공관리를 행할 필요가 있다.

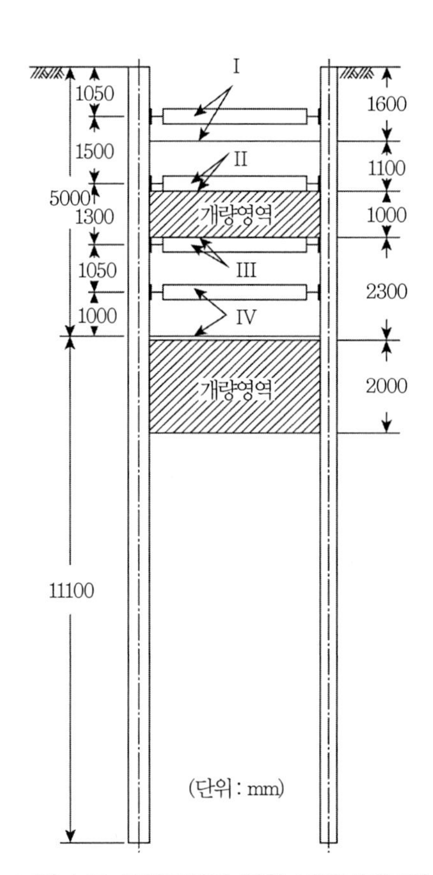

그림 4.10 분사주입에 의한 지반보강공법

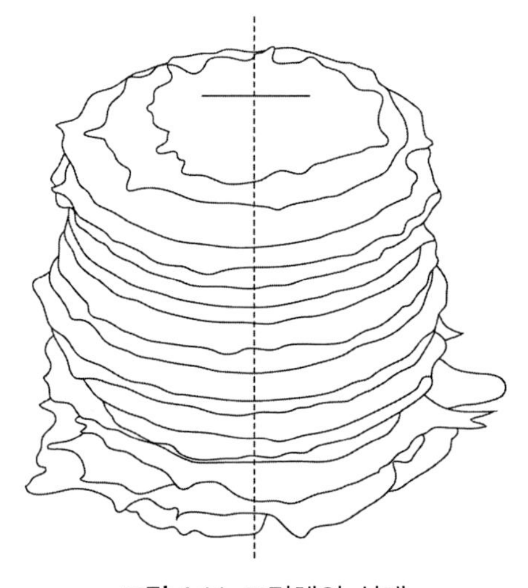

그림 4.11 고결체의 상태

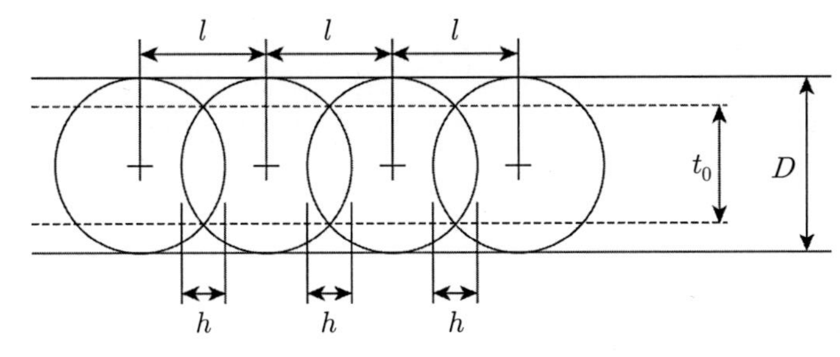

$$t_0 = 2\sqrt{\left(\frac{D}{2}\right)^2 - \left(\frac{l}{2}\right)^2}$$

$$h = D - \sqrt{D^2 - t_0^2}$$

단, $h \geq 0.2\text{m}$

그림 4.12 벽체개량의 기본 배치

참고문헌

1. 건설산업연구소(1993), "SIG공 공사비 산정에 관한 연구보고서", 중앙대학교건설산업연구소
2. 금호감리단(1993), "일산전철 제6공구 연약지반 JSP시공 확인 조사보고서".
3. (주)동원기초(1994), "일산선 제6공구 공사현장 환기구 및 정차장 매표소 구조물 SIG지반보강공 시험 보고서".
4. ㈜동원기초, SIG공법.
5. 심재구(1981), "고압분사주입공법(JSP)", 한국농공학회지, 제2권, 제3호.
6. 심재구 · 김관호 · 박정옥(1988), "고씨~사평 간 수해복구공사 공사보고서", 대한토질공학회, 제4권, 제1호.
7. 천병식(1989), "토목근접시공에 있어서 지반안정처리에 관한 고찰", 대림기술정보, pp.12~29.
8. 천병식 · 오민열(1993), "지하철과 근접시공에서 지반주입의 역할", 한국지반공학회, 지반굴착위원회학술발표회, 제2집, pp.96~141.
9. 한국SGR공법협회(1987), "SGR공법기술자료".
10. 홍원표(1982), "점토지반 속의 말뚝에 작용하는 측방토압", 대한토목학회논문집, 제5권, 제2호, pp.11~18.
11. 홍원표(1984), "수동말뚝에 작용하는 측방토압", 대한토목학회논문집, 제4권, 제2호, pp.77~88.
12. 홍원표 · 임수빈 · 김홍택(1992), "일산전철 장항정차장구간의 굴토공사에 따른 안정성 검토 연구보고서", 대한토목학회.
13. 홍원표(1995), 주입공법, 중앙대학교 출판부.
14. Ichise, Y. and Yamakato, A.(1974), "High pressure jet grouting method", U.S. Patent 3, 802, 203.
15. Kauschinger, J.L., Perry, E.B. and Hankour, R., "Jet grout, State-of-the Practice", Grouting, Improvement Soil and Geosynthetics edited by Roy H. Borden, Robert D. Holtz and Han Juran, ASCE, Volume 1, pp.169~180.
16. Nakanishi, W.(1974), "Method for forming an underground wall comprising a plurality of column in the earth and soil formation", U.S. Patent 3, 800, 544.
17. Reuben, H.K., "Chemical Grout".
18. Rodio & C.S.P.A.(1983), "Jet grouting test results at Varallo Pomin Rodin Jet Trial Field", Rodio Internal Report, No.L6052 and No.1982.
19. Shibazaki, M., Otha, S. and Kubo, H.(1983), "Jet grouting method", Kajima Publisher, pp.63~65.
20. Yoshiomi I. et al(1985), "Jet grouting in airport construction", Grouting, Improvement Soil and Geosynthetics Edited by Roy H. Borden, Robert D. Holtz and Han Juran, ASCE, Volume 1, pp.182~193.

21. 沼田政矩, 丸安隆和, 黑崎達二(1952), "薬液注入による地盤の固結方法に關する研究", 土木學會論文集, Vol.12.

22. 通口芳郎, 吉田雄共(1960), "セメント薬液注入工法", ヘンスイェ-著, 技報堂全書, pp.156~159.

23. 柳井田勝哉(1967), "高壓におけるノズ水噴流特性について", 日本鑛業學會誌, Vol.83, No.950.

24. 山門明雄(1968), "高壓細噴流による土の切削し工法に關す考察", 土と基礎, Vol.16.

25. 柳井田勝哉, 工藤光威(1972), "ジェツトグラウト工法の流體力學的問題點と施工の實際",コンストラクシヨン, Vol.10, No.3.

26. 三木五三郎(1976), "海外における地盤注入", 土と基礎, Vol.24, No.5, pp.1~6.

27. 三木五三郎, 佐藤剛司, 中川晃次(1976), "粘性土へのセメント係急硬材の壓力注入效果について", 第11回土質工學研究發表會, pp.1077~1080.

28. 三木五三郎(1978), "建設工事による薬液注入工法の役割", 土と基礎, Vol.26, No.28, pp.3~6.

29. 日本ジェツトグラウト協會(1978), "JGR工法技術資料.

30. 羅文鶴(1978), "地盤注入による注入劑の選定と注入の技術", 土と基礎, Vol.26, No.28, pp.13~18.

31. CCP協會(1980), "CCP工法の設計と施工指針".

32. JSG協會(1981), "JSG工法技術資料".

33. 所武彦, 鹿島昭一, 村田峰雄(1982), "Grouting method by using the flash-setting grout", Proc. of Conf. on Grouting in Geotechnical Engineering, New Orions, pp.738~759.

34. 小宋英弘, 熊谷浩二(1983), "一般ロツド注入による注入效果についての考察", 土と基礎, Vol.31, No.4, pp.5~11.

35. 坂田正彦, 今泉長和(1984), "CCP工法の概要と施工例", 基礎工 Vol.12, No.11, pp.85~89.

36. 日本土質工學會(1979), "地盤改良の調查·設計から施工まで", 現場技術者のための土と基礎シリ-ズ, 3.

37. 日本土質工學會(1985), "薬液注入工法の調查·設計から施工まで", 現場技術者のための土と基礎シリ-ズ, 9.

38. 日本土質工學會(1988), "軟弱地盤對策工法-調查·設計から施工まで", 現場技術者のための土と基礎シリ-ズ, 16.

39. 柴崎光弘, 下田一雄(1985), "最新薬液注入工法の設計と施工", 山海堂, pp.105~107.

40. 柴崎光弘(1985), "高壓噴射注入工法", 土と基礎, Vol.29, No.5.

41. 日本ジェツトグラウト協會(1988), "JET GROUT 技術資料".

42. 久保弘明(1990), "ジェツトグラウト工法による止水工法設計·施工とその效果", 基礎工, Vol.18, No.8, pp.82~89.

43. 日本材料學會, 土質安定材料委員會編(1991), "地盤改良工法便覽-薬液注入工法", 日本共業新聞社, pp.411~446.

44. 日本材料學會, 土質安定材料委員會編(1991), "地盤改良工法便覽-高壓噴射注入工法", 日本共業新聞社, pp.447~463.

45. 關根建(1991), “CCP工法の最近の施工例, 基礎工, Vol.19, No.6, pp.74~79.
46. 森麟(1991), “薬液注入による地盤改良効果と問題點”, 基礎工, Vol.19, No.3, pp.2~6.
47. 盛政晴(1991), “薬液注入の設計·施工にぉける考え方”, 基礎工, Vol.19, No.3, pp.33~39.
48. 佐藤宏郎, 佐藤憲司, 岡田和諺(1991), “薬液注入工の施工例”, 基礎工, Vol.19, No.3, pp.61~71.
49. 半野久光(1991), “最近の首都高速鐵道における薬液注入工事”, 基礎工, Vol.19, No.3, pp.72~79.
50. 大野宏紀, 吉田秀男(1991),“大口徑シールド發進防護工として薬液注入施工例”, 基礎工, Vol.19, No.3, pp.86~91.
51. 佐藤武, 南山敏行(1991), “基礎工における薬液注入の適用例”, 基礎工, Vol.19, No.3, pp.46~52.
52. 中谷昌一(1991), “今後の薬液注入工事における施工管理”, Vol.19, No.3, pp.7~10.
53. 日本建設機械化協會(1991), “最近の軟弱地盤工法と施工例-CCP工法の施工例”, pp.521~547.
54. 日本建設機械化協會(1991), “最近の軟弱地盤工法と施工例-ジェットグラウト”, pp.548~566.
55. 日本建設機械化協會(1991), “最近の軟弱地盤工法と施工例-RJP공법と施工例”, pp.576~602.
56. 홍원표(1996), 초연약지반표층고화처리공법의 실용화연구(II), 중앙대학교.

C·H·A·P·T·E·R

05

초연약지반 표층개량 현장실험

C·H·A·P·T·E·R

05 초연약지반 표층개량 현장실험

5.1 표층개량 대상 현장

5.1.1 현장 개요

그림 5.1에 도시한 우리나라의 한 해안지역에서 해성퇴적층을 준설하여 약 120만 평의 매립지를 조성하고 항만과 부대시설 및 배후도시를 건설하는 현장을 실험 대상 현장으로 정하였다.[1,2] 본 현장의 전체 부지에는 두 개의 중앙가토제를 설치하여 전체 부지를 A, B, C, D 4개의 폰드로 구분하였다. 실내요소시험 및 실내모형실험에 사용된 시료는 A, B 폰드에서 채취하였고 현장실험은 C 폰드에서 실시하였다.

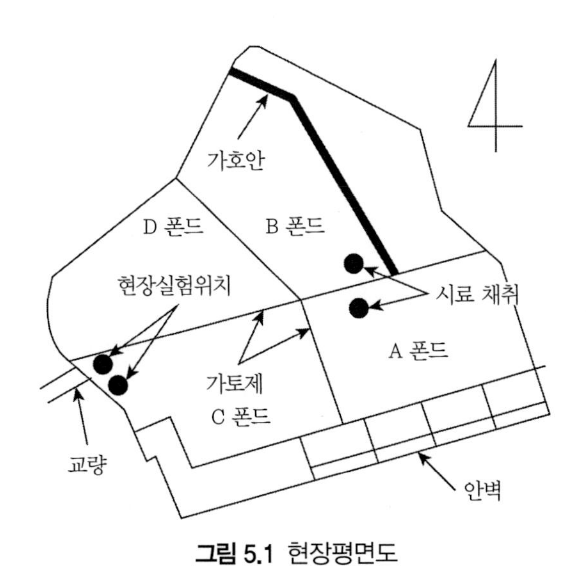

그림 5.1 현장평면도

한편 지반조사 결과 본 지역의 지층구성은 매우 연약한 해성퇴적층이 지표면에서 G.L. −10.0~−25.9m 정도 깊이까지 분포하고 있다. A, B, C 폰드의 대표적 지층구조는 그림 5.2에 도시된 바와 같이 약 5~7m 두께의 준설매립층과 13~15m 두께의 해성퇴적층이 분포되어 있다.

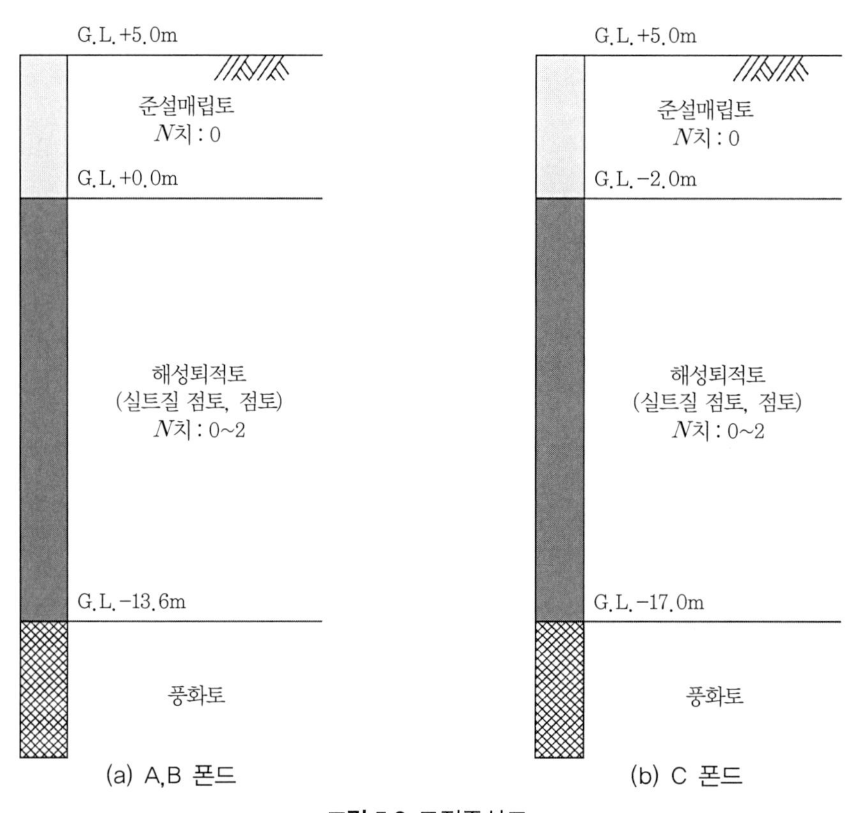

그림 5.2 토질주상도

5.1.2 원지반의 지반특성

준설 매립된 해성점토층의 N치는 0~2인 초연약점성토층이다. 사용시료의 토질 특성은 액성한계가 45% 내외, 소성지수가 22% 내외로 액성상태를 유지하고 있으며 통일분류법의 분류기준에 의하면 CL로 분류된다. 시료에 대한 토질시험 결과는 표 5.1과 같다. A, B, C 폰드에서 채취된 시료에 대한 시험 결과를 보면 대부분의 물리적 특성은 비슷하게 나타나고 있으나 자연함수비가 큰 차이를 보이고 있는데, 이는 준설시기의 차이에 의한 것이다. 본 토질시험 결과는 동일한 위치에서 채취된 두 개의 샘플에 대한 평균치이다. 그림 5.3은 사용된 시료의

표 5.1 사용시료의 토질시험 결과

구분	A 폰드	B 폰드	C 폰드	
			C-1	C-2
비중(Gs)	2.69	2.57	2.67	2.68
자연함수비(Wn)(%)	69	125	86	130
액성한계(WL)(%)	44.5	43.5	47.8	49.8
소성한계(PL)(%)	24.7	21.4	25.4	26.5
소성지수(IP)(%)	19.8	22.1	22.4	23.3
200체 통과량(%)	82.6	94.4	85.6	93.4

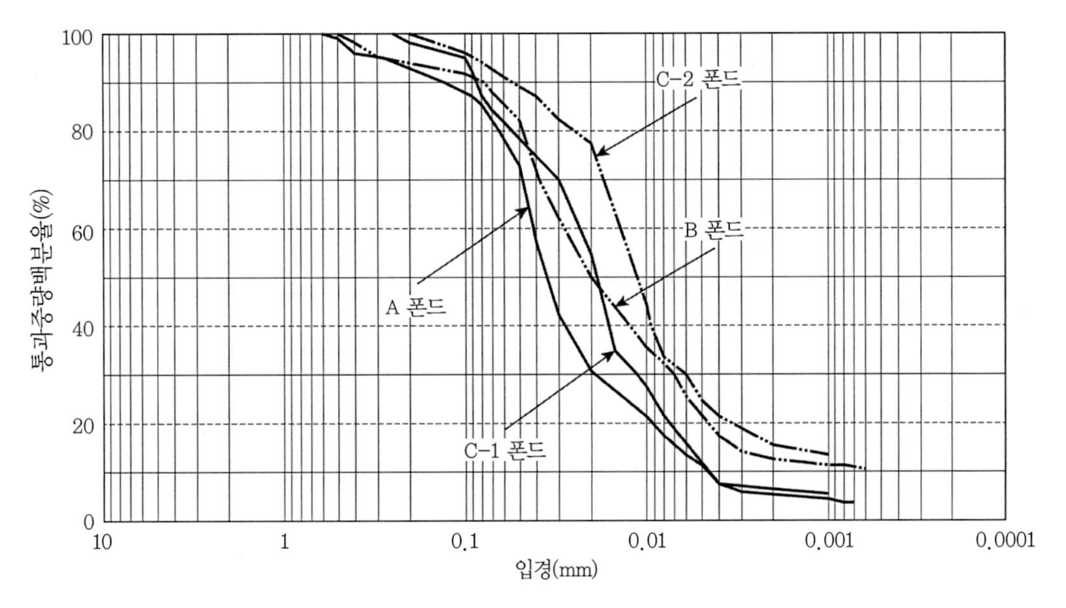

그림 5.3 입도 분포 곡선

입도 분포 곡선을 나타낸 것이다.

그림 5.4는 C 폰드에서 채취한 연약점토에 대하여 실시한 비배수전단강도시험 결과를 나타낸 것이다. 시험에 적용한 함수비는 자연함수비가 액성한계의 2배 및 3배인 시료에 대한 비배수전단강도이다. 비배수전단강도는 휴대용 베인시험기를 사용하여 0.5m 심도별로 측정하였으며 Dummy test를 병행하여 마찰력에 대하여 보정하였다. 즉, $\overline{c_u} = c_u - f_s$에 대입하여 베인시험 시 마찰력 항을 소거하였다. 또한 점토시료의 소성지수(I_p)에 따른 비배수전단강도에 대한 영향을 보정하기 위하여 Bjerrum(1972)의 보정계수 μ[5]를 사용하여 보정된 비배수전단

강도를 구하였다.

그림 5.4에 나타난 바와 같이 C 폰드지역의 비배수강도는 지표면 부근에서 가장 작고 하부로 내려갈수록 증가하다가 G.L.-3.0~-4.0m 이하에서 급격히 증가하였다. 이는 인접복토지역으로부터 발생된 지반의 측방유동으로 인한 복토재의 유입 등으로 인한 결과이다.

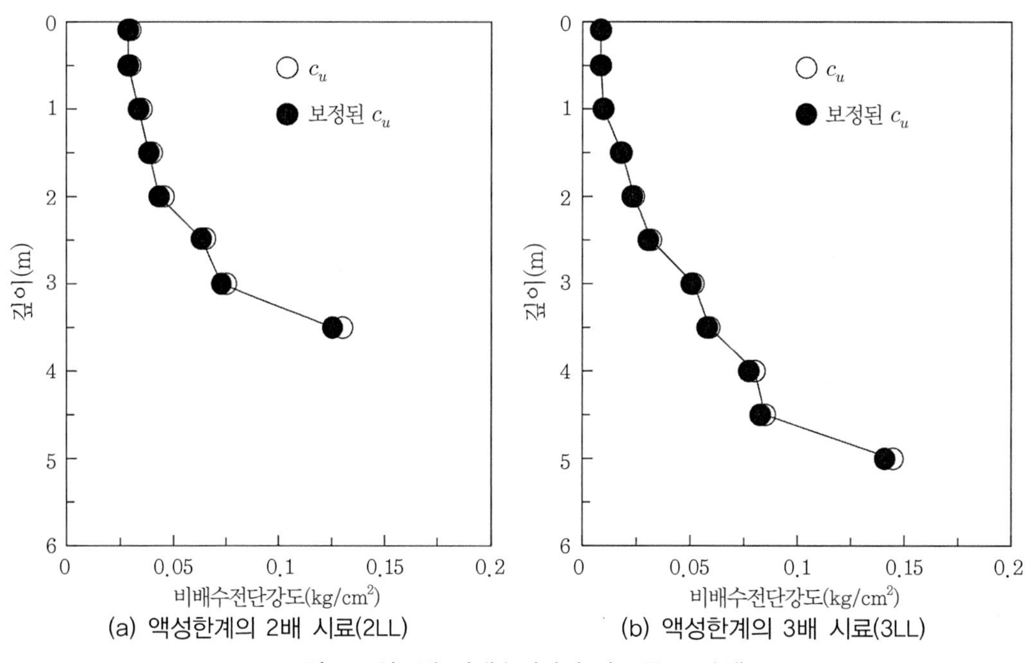

(a) 액성한계의 2배 시료(2LL) (b) 액성한계의 3배 시료(3LL)

그림 5.4 심도별 비배수전단강도(C 폰드 지역)

5.1.3 고화제 특성

사용된 고화제는 동아건설(주)에서 개발한 고화제를 사용하였다. 본 고화제는 보통시멘트(120kg)에 포졸란(30kg), 계면활성제(0.375kg) 그리고 몇 가지 혼화제 등을 적절히 혼합하여 생성되었다.[13,14,17,19] 원지반 시료와 고화제 교반혼합 시 사용되는 혼합용수는 담수를 사용하는 것을 원칙으로 하나 혼탁하지 않다면 해수를 사용하여도 품질관리에 문제가 없는 것으로 나타났다.[3,4] 본 고화제의 화학적성분은 표 5.2와 같다. 본 고화제는 표에 나타난 바와 같이 납, 크롬 등의 중금속이나 유해물질이 함유되어 있지 않아 토양이나 해양을 오염시킬 우려가 없는 것으로 나타났다.[7-9]

표 5.2 고화제의 화학성분(%)

감열감량	SiO_2	Al_2O_3	Fe_2O_3	CaO	MgO	SO_3	기타	계
0.9	27.3	8.7	3.1	56.1	1.2	1.8	0.9	100.0

5.2 고화처리토의 역학적 특성

5.2.1 공시체 제작

실내요소시험에 사용된 연약지반 시료의 함수비는 액성한계의 1~4배가 되도록 선정하였다. 시료와 고화제를 혼합 시 재료의 분리를 방지하기 위하여 토질시험용 믹서를 사용하였으며 혼합시간은 약 3~5분 정도로 하였다. 믹서에서 충분히 혼합된 재료를 몰드에 5층으로 나누어 다져 제작하였다. 공시체는 직경 5cm, 높이 10cm인 원통형 공시체를 제작하였다. 표준공시체 제작 시 고화제량은 원지반 토량의 $1m^3$당 150kg을 사용하였고 물-시멘트비는 0.5:1로 하였으며 양생온도는 20°C를 기준으로 하였다. 또한 표준공시체 제작 시 혼합용수는 해수를 사용하였다.

한편 개량지반의 강도특성에 미치는 여러 요소의 영향을 알아보기 위하여 고화제 첨가량, 물-시멘트비, 혼합용수, 함수비, 양생온도 등의 조건을 변화시키면서 각 조건에 따라 공시체를 3개씩 제작하였다.[10,11] 우선 고화제 첨가량은 $1m^3$당 150kg을 표준으로 하고 75kg, 100kg, 125kg 및 200kg으로 변경시킨 경우의 공시체도 제작하였다. 기타 다른 공시체 제작 조건은 표 5.3과 같다.

표 5.3 공시체 제작조건

구분	기준 조건	변화 조건
고화제 첨가량($1m^3$당)	150kg	75kg, 100kg, 125kg, 200kg
물-시멘트비	0.5:1	0.25:1, 0.75:1, 1:1
혼합용수	해수	담수
함수비	2LL, 3LL	1LL, 4LL
양생온도	20°C	10°C, 30°C

제작된 공시체는 수중양생을 실시하였으며 양생기간은 3일, 7일, 14일, 28일로 하였다. 또한 동일 조건에서 제작된 3개의 공시체에 대하여 일축압축시험, 삼축압축시험, 인장시험, 휨시험, 직접전단시험을 실시하였다.

5.2.2 강도특성

그림 5.5는 공시체의 함수비가 액성한계의 2배 및 3배의 함수비를 가지는 점토시료로 조성된 고화처리토에 대한 일축압축강도의 시험 결과를 도시한 그림이다. 횡축을 고화처리토의 양생기간으로 하고 종축을 일축압축강도로 하여 양생시간에 따른 일축압축강도의 변화를 나타내고 있다. 우선 그림 5.5는 고화처리토의 일축압축강도가 양생일수의 경과에 따라 증가하고 있음을 보여주고 있다. 그러나 일축압축강도의 증가속도는 양생기간 14일까지는 급격히 증가하나 그 후 일축압축강도의 증가속도가 다소 둔화되는 거동을 보이고 있다.

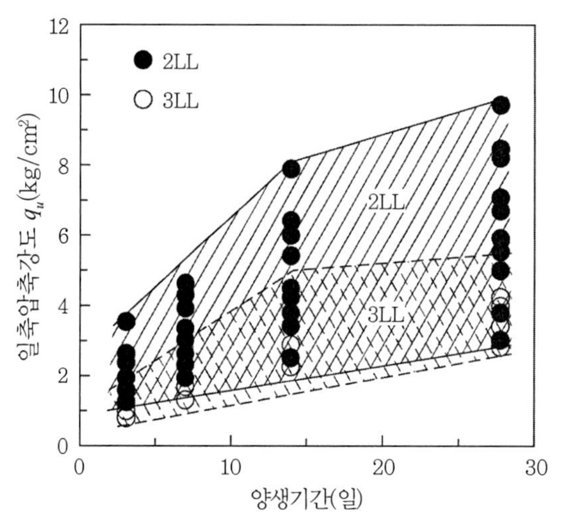

그림 5.5 고화처리토의 일축압축강도

우선 액성한계의 2배인 함수비를 가지는 점토시료로 조성된 고화처리토의 일축압축강도는 양생기간이 3일인 경우 1.16~3.54kg/cm^{2}이며 양생기간이 7일인 경우 2.02~4.57kg/cm^2, 양생기간이 14일인 경우 2.38~6.29kg/cm^2, 양생기간이 28일인 경우 2.98~9.59kg/cm^{2}의 범위에 분포하고 있다.

한편 액성한계의 3배인 함수비를 가지는 점토시료로 조성된 고화처리토의 일축압축강도는 양생기간이 3일인 경우 0.75~1.51kg/cm^{2}이며 양생기간이 7일인 경우 1.21~3.27kg/cm^2, 양생기간이 14일인 경우 1.94~3.98kg/cm^2, 양생기간이 28일인 경우 2.72~5.22kg/cm^{2}의 범위에 분포하고 있다. 이 분포는 그림 5.5에 점선으로 표시되어 있다. 결국 초연약지반의 표층부분은 고화제를 혼합고결 시킴으로써 원지반함수비가 액성한계의 2배인 경우 최대 10kg/cm^{2}까지의 일축압축강도가 발휘될 수 있고 원지반 함수비가 액성한계의 3배인 경우 최대 5kg/cm^{2}까지의 일축압축강도가 발휘될 수 있음을 알 수 있다.

또한 그림 5.5는 원지반의 함수비가 적을수록 고화처리 후의 강도가 커짐을 알 수 있다. 즉, 액성한계의 2배 함수비의 공시체는 3배 함수비의 공시체보다 일축압축강도가 평균적으로 높은 것을 알 수 있다.

그림 5.6(a)는 고화처리토 공시체에 대하여 실시한 Brazilian 시험으로 파악된 간접인장강도이고 그림 5.6(b)는 만곡시험에 의한 휨인장강도를 도시한 그림이다. 이들 그림으로부터 초연약지반은 고화제를 첨가하여 배합함으로써 상당한 정도의 인장강도를 얻을 수 있음을 알 수 있다. 그러나 이들 그림을 비교하면 만곡시험에 의한 휨인장강도는 Brazilian 시험에 의한 간접인장강도보다 크게 나타나고 있다.[6,12]

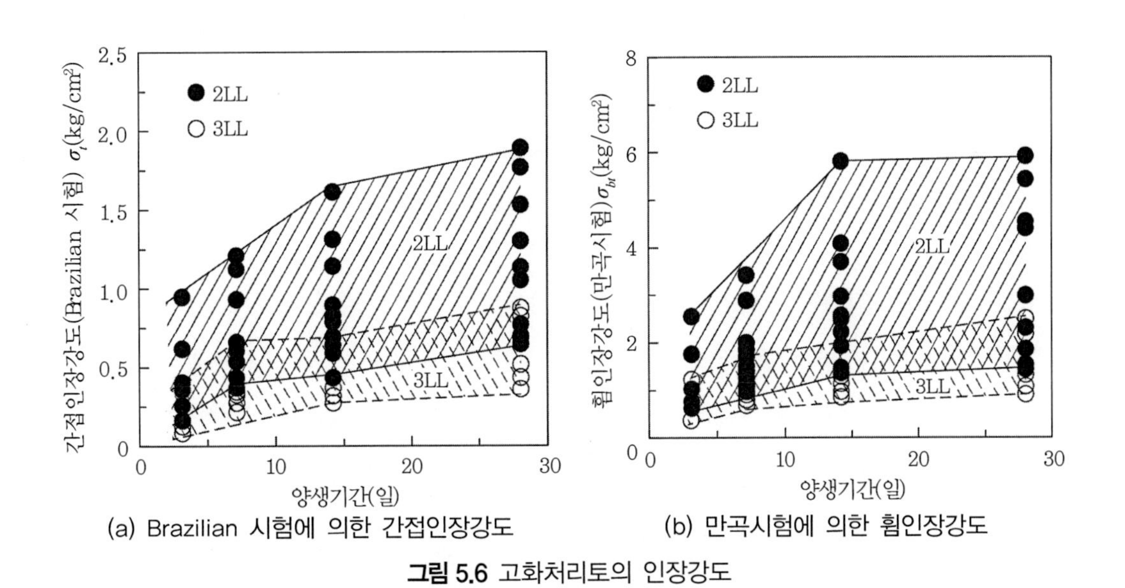

(a) Brazilian 시험에 의한 간접인장강도 (b) 만곡시험에 의한 휨인장강도

그림 5.6 고화처리토의 인장강도

우선 그림 5.6(a)에 도시된 Brazilian 시험에 의한 간접인장강도를 살펴보면 원지반의 함수비가 액성한계의 2배인 함수비를 가지는 점토시료로 조성된 고화처리토의 인장강도는 양생기

간이 3일인 경우 0.17~0.94kg/cm^{2}이며 양생기간이 7일인 경우 0.38~1.20kg/cm^2, 양생기간이 14일인 경우 0.43~1.60kg/cm^2, 양생기간이 28일인 경우 0.67~1.88kg/cm^{2}의 범위에 분포하고 있다. 액성한계의 3배인 함수비를 가지는 점토시료로 조성된 고화처리토의 일축압축강도는 양생기간이 3일인 경우 0.08~041kg/cm^{2}이며 양생기간이 7일인 경우 0.16~0.64kg/cm^2, 양생기간이 14일인 경우 0.27~0.67kg/cm^2, 양생기간이 28일인 경우 0.34~0.81kg/cm^{2}의 범위에 분포하고 있다.

그림 5.6(a)에서 보는 바와 같이 고화처리된 지반의 인장강도는 원지반의 함수비가 낮을수록 크게 나타나고 있으며 양생기간의 경과에 따라 인장강도도 비배수전단강도와 같이 증가하고 있음을 알 수 있다. 그러나 인장강도의 증가속도는 양생기간 14일까지는 급격히 증가하나 그 후 인장강도의 증가속도가 다소 둔화되는 거동을 보이고 있다. 이러한 강도증가 거동은 그림 5.5의 비배수전단강도 증가거동과 동일함을 알 수 있다.

한편 그림 5.6(b)에 도시된 만곡시험에 의한 휨인장강도을 살펴보면 일반적인 경향은 지금까지 검토하고 있는 강도 증가 거동과 동일한 경향을 보이고 있다.

그림 5.6으로부터 초연약지반은 고화제를 첨가하여 배합함으로써 상당한 정도의 인장강도를 얻을 수 있음을 알 수 있다. 즉, 액성한계의 2배의 함수비 공시체의 경우 최대인장강도는 1.88kg/cm^{2}까지 얻을 수 있으며 최대휨인장강도는 5.93kg/cm^{2}까지 발휘되고 있다. 이 간접인장강도와 휨인장강도는 초연약지반의 표층을 고화처리하므로 건설장비의 진입을 가능하게 함을 알 수 있다.

그림 5.7(a)는 Brazilian 시험으로 구한 고화처리토의 인장강도와 일축압축강도와의 관계를 도시한 그림이다. 이 그림에서 보는 바와 같이 고화처리토의 인장강도는 일축압축강도의 1/10~1/3 사이의 범위에 분포하고 있으며 평균적으로는 1/6 정도가 된다.

한편 그림 5.7(b)는 만곡시험으로 구한 고화처리토의 휨인장강도와 일축압축강도와의 관계를 도시한 그림이다. 이 그림에서 알 수 있는 바와 같이 고화처리토의 휨인장강도는 일축압축강도의 1/3~2/3 사이의 범위에 분포하고 있으며 평균적으로 1/2 정도라고 할 수 있다.

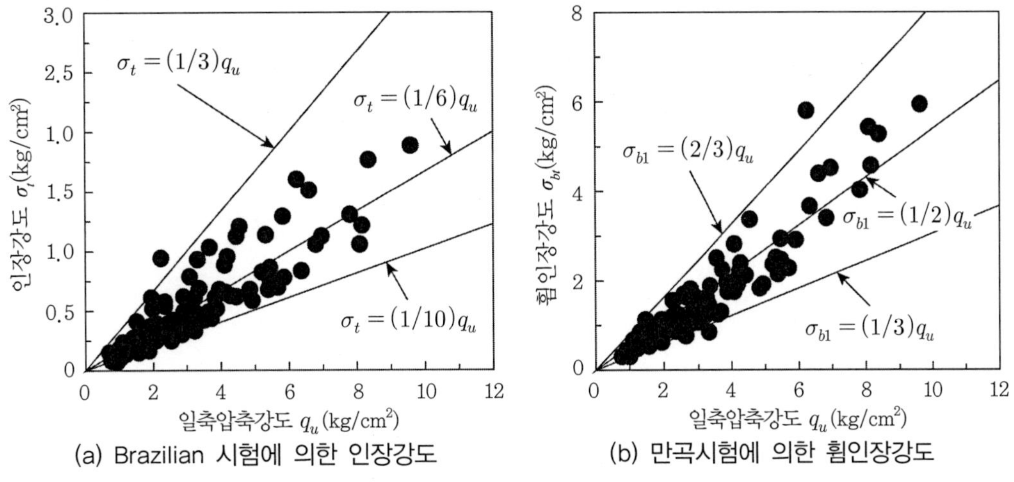

(a) Brazilian 시험에 의한 인장강도 (b) 만곡시험에 의한 휨인장강도

그림 5.7 인장강도와 일축압축강도의 관계

5.2.3 토질 특성

그림 5.8은 고화처리된 공시체에 대하여 실시된 비배수 삼축압축시험(UU 시험)으로 구한 비배수전단강도를 도시한 결과이다. 즉, 삼축압축시험으로 구한 공시체의 비배수전단강도를 양생기간별로 최대치와 최소치를 도시한 그림이다. 그림 중 실선으로 표시된 영역은 액성한계의 2배 함수비를 가지는 점토시료로 조성된 공시체의 비배수전단강도를 나타내고 점선으로 표시된 영역은 액성한계의 3배 함수비를 가지는 점토시료로 조성된 공시체의 비배수전단강도를 나타내고 있다. 전반적으로 고화처리토 공시체의 비배수전단강도는 원지반의 함수비가 낮

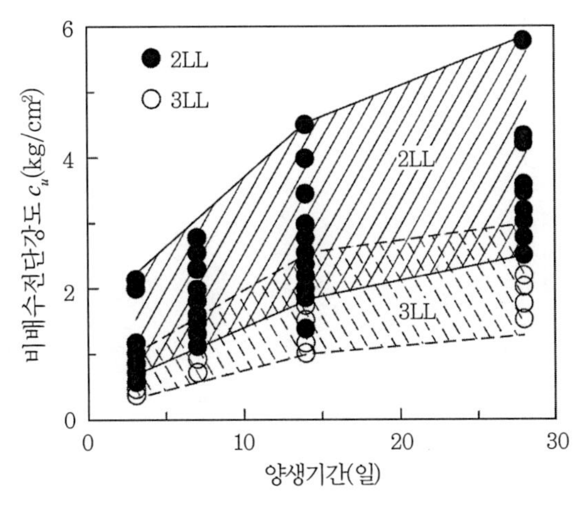

그림 5.8 고화처리토의 비배수전단강도

을수록 크게 발휘되고 양생일수가 늘어날수록 증대되고 있다.

그림 5.9는 고화처리토 공시체에 대한 직접전단시험으로 구한 내부마찰각과 점착력을 도시한 그림이다. 이들 그림으로부터 고화처리토는 양생기간이 늘어날수록 내부마찰각과 점착력이 함께 증대되고 있음을 알 수 있다.

그림 5.9(a)에서 보는 바와 같이 원지반의 함수비가 액성한계의 2배가 되는 공시체의 내부마찰각은 고화제의 혼합조건에 따라 28°에서 49°까지 증대될 수 있으며 점착력은 0.49kg/cm^{2}에서 4.7kg/cm^{2}까지 증대될 수 있음을 알 수 있다.

한편 원지반의 함수비가 액성한계의 3배가 되는 공시체의 내부마찰각은 20.1°에서 42.5°까지 점착력은 0.37kg/cm^{2}에서 1.04kg/cm^{2}까지 증대될 수 있음을 알 수 있다.

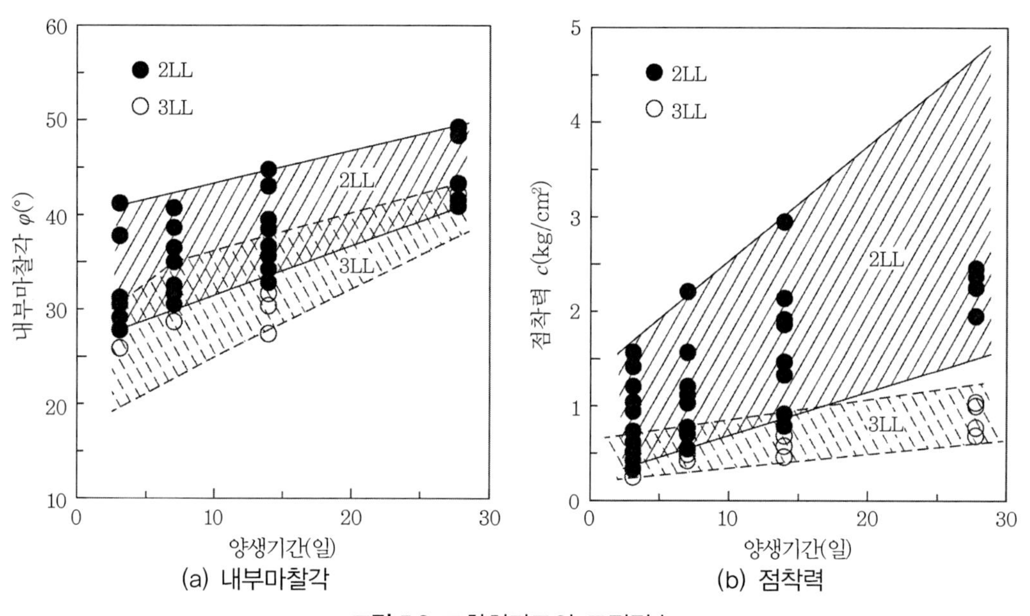

그림 5.9 고화처리토의 토질정수

그림 5.10은 고화처리토의 응력－변형률 곡선으로부터 구한 변형계수(E_{50})와 일축압축강도(q_u)와의 관계를 나타낸 그림이다. 이 그림에서 보는 바와 같이 고화처리토의 일축압축강도가 증가하면 변형계수도 증가하고 있으며 일축압축강도와 변형계수와의 관계는 $E_{50} = (50-150)q_u$로 나타났다. 고화처리토의 변형계수는 평균적으로 일축압축강도의 100배로 나타났다.

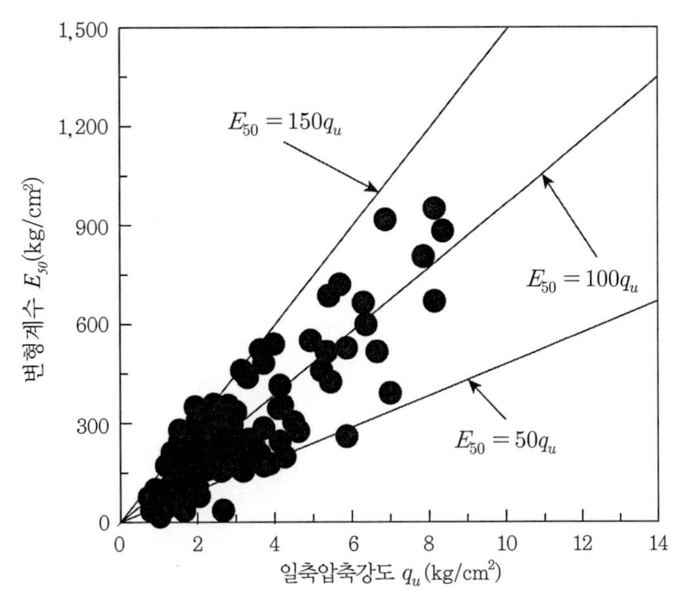

그림 5.10 고화처리토의 변형계수와 일축압축강도의 관계

5.3 고화처리토의 강도에 영향을 미치는 요인

시멘트계 고화제에 의해 개량된 지반의 개량효과평가는 주로 개량토의 일축압축강도로 실시되는 경우가 많다. 따라서 개량토의 일축압축강도를 대표적으로 검토하여 개량강도에 미치는 각종 요소의 영향을 분석하고자 한다.

개량토의 강도발현에 미치는 요인으로는 여러 가지를 열거할 수 있으나 여기서는 양생기간, 고화제 첨가량, 물-시멘트비, 함수비, 양생온도, 혼합용수에 관하여 집중적으로 검토해 보고자 한다.

5.3.1 양생기간

그림 5.5에서 설명한 바와 같이 고화처리토의 일축압축강도는 일반적으로 양생기간 14일까지 급격히 증가하다가 양생기간 28일로 경과할수록 점차 완만하게 증가하는 경향을 보이고 있다. 따라서 상당부분의 강도 증가가 양생기간 14일 이내에 발현된다.

그림 5.6~그림 5.8에서 검토한 바에 의하면 일축압축강도 이외에도 인장강도, 휨인장강

도, 비배수전단강도도 동일한 경향을 보이고 있다.

양생기간에 따른 강도 증가 상태를 자세히 조사하면 그림 5.11과 같다. 즉, 그림 5.11은 양생기간에 따른 개량토의 일축압축강도를 재령 28일 강도를 기준으로 서로 비교한 결과이다. 이 그림에 의하면 그림 5.11(a)와 (b)에서 보는 바와 같이 고화처리토의 28일 강도는 3일 강도의 3배 정도이며 7일 강도의 2배 정도로 나타났다. 그러나 재령 28일 강도는 그림 5.11(c)에서 보는 바와 같이 재령 14일 강도의 1.2배 정도밖에 나타나지 않았다. 따라서 재령 28일 강도는 재령 14일까지 대부분 발현되고 있음을 알 수 있다. 바꾸어 말하면 양생기간 3일 동안 생성되는 고화처리토의 강도는 28일 강도의 1/3(33.3%) 정도가 되며, 양생기간 7일 동안 생성되는

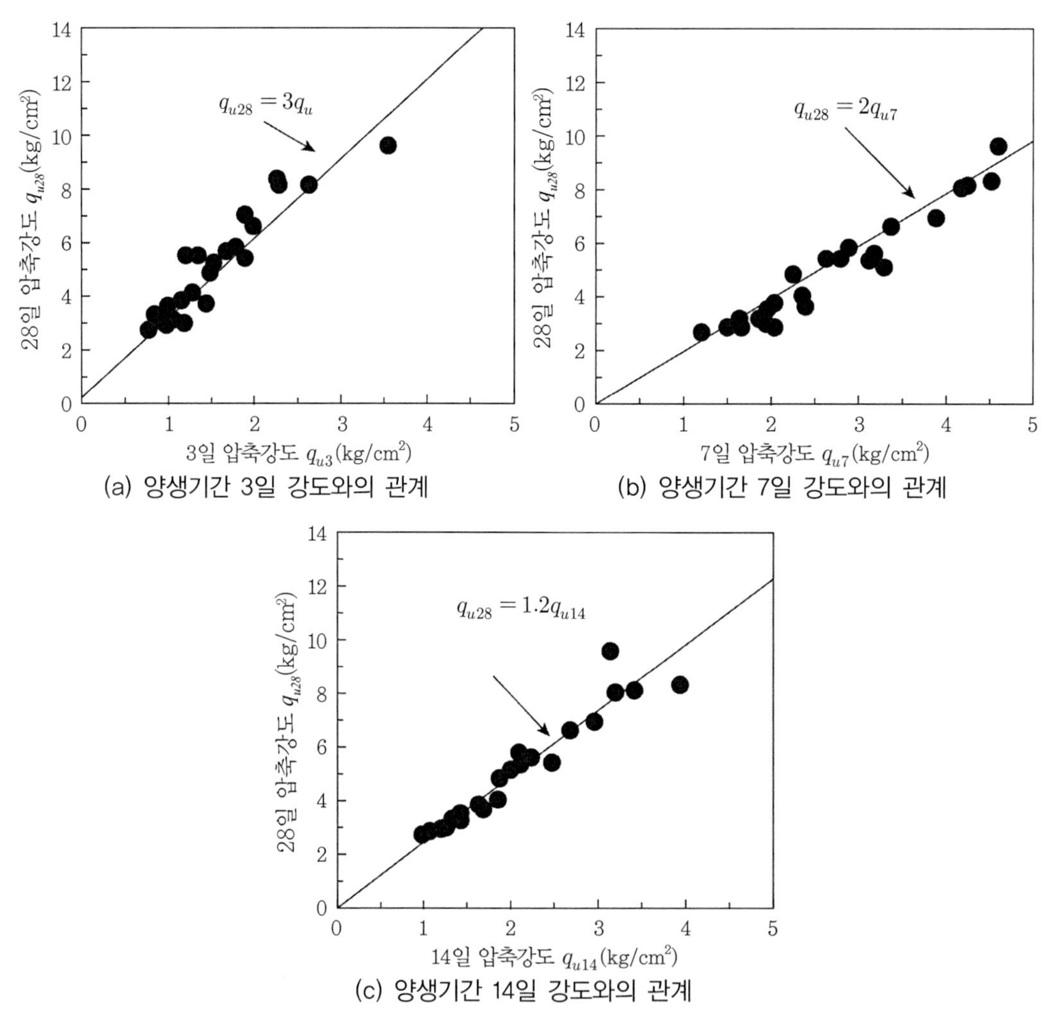

(a) 양생기간 3일 강도와의 관계

(b) 양생기간 7일 강도와의 관계

(c) 양생기간 14일 강도와의 관계

그림 5.11 양생기간 28일 강도(일축압축강도)를 기준으로 한 비교

강도는 28일 강도의 반(50%)이 됨을 알 수 있다. 계속하여 양생기간 14일 동안 생성되는 강도는 그림 5.11(c)에서 보는 바와 같이 28일 강도의 1/1.2(83%)에 도달하고 있음을 알 수 있다.

이는 양생기간 3일까지는 평균적으로 하루에 11.1%(=33.3%/3일)씩 강도가 증가하고 7일까지는 평균적으로 하루에 7.14%(=50%/7일)씩 강도가 증가하나 14일까지는 평균적으로 하루에 5.93%(=83%/14일)씩만 강도가 증가하였다. 따라서 양생기간이 늘어날수록 강도증가율이 점차 감소하고 있음을 보여주고 있다.

5.3.2 고화제 첨가량

그림 5.12는 고화제 첨가량의 영향을 도시한 결과이다. 즉, 그림 5.12(a)와 (b)는 액성한계의 2배와 3배의 함수비로 조성한 점토공시체의 일축압축강도를 도시한 그림이다. 즉, 원지반 시료 1m^{3}당 고화제 첨가량은 각각 75kg, 100kg, 125kg, 150kg, 200kg로 변화시켜 얻은 일축압축강도의 변화를 도시한 그림이다. 단, 이때 양생온도는 20°C로 하였다.

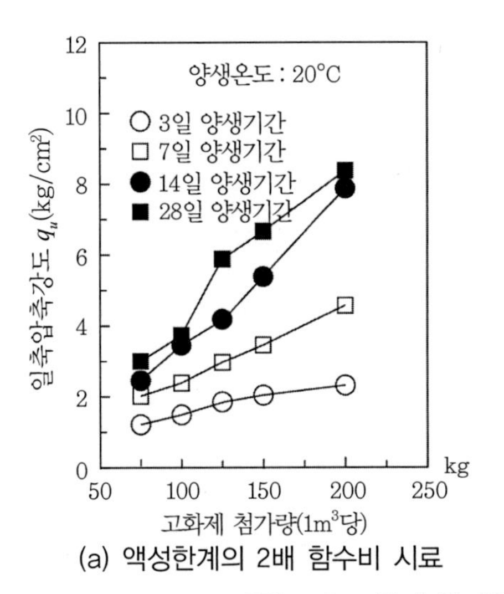

(a) 액성한계의 2배 함수비 시료

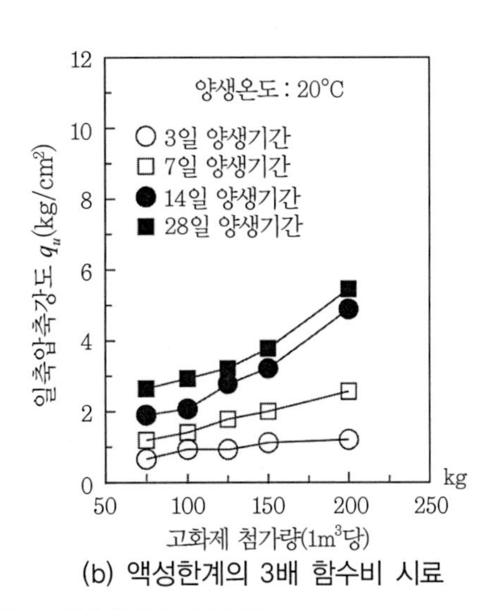

(b) 액성한계의 3배 함수비 시료

그림 5.12 고화제 첨가량(1m^{3}당)과 일축압축강도의 관계

이 그림에서 각 공시체의 강도는 고화제 첨가량이 증가할수록 일축압축강도는 크게 증가하는 것으로 나타났다. 고화제 첨가량에 따른 강도의 증가율은 재령 3일 강도와 재령 7일 강도에서는 완만하게 증가하는 반면 재령 14일 강도와 28일 강도는 상당히 크게 증가하는 것으로 나타나고 있다. 그러나 액성한계의 3배의 함수비로 조성된 개량토의 3일, 7일 강도는 고화제

첨가량에 그다지 큰 영향을 받지 않는 것으로 나타났다. 즉, 고화제 첨가량의 강도 증대 효과는 양생일수가 긴 경우(즉, 28일인 경우)일수록 큼을 알 수 있다.

5.3.3 물-시멘트비

그림 5.13은 고화처리토 공시체에 대하여 물-시멘트비를 0.25:1, 0.5:1, 0.75:1, 1:1로 증가시키면서 개량토의 일축압축강도를 조사한 결과이다. 이 그림에 의하면 물-시멘트비를 증가시킬수록 강도가 감소하고 있음을 알 수 있다.

이 그림에 나타난 바와 같이 액성한계의 2배 함수비로 조성한 개량토는 물-시멘트비가 증가할수록 전체적으로 강도의 감소현상이 뚜렷하게 나타나고 있는 반면 액성한계의 3배 함수비로 조성한 개량토는 물-시멘트비가 0.25:1에서 0.5:1로 증가할 때 강도감소율이 가장 크게 나타나고 있으며 0.75:1, 1:1로 증가할수록 강도감소율이 둔화되는 것으로 나타났다. 따라서 원지반의 함수비가 낮을수록 물-시멘트비의 영향이 큼을 알 수 있다.

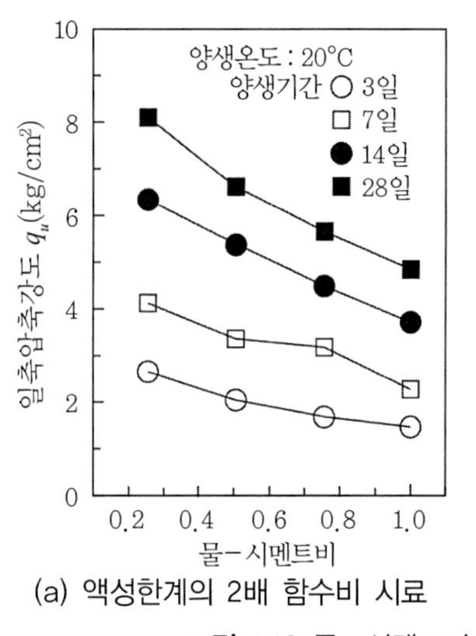

(a) 액성한계의 2배 함수비 시료

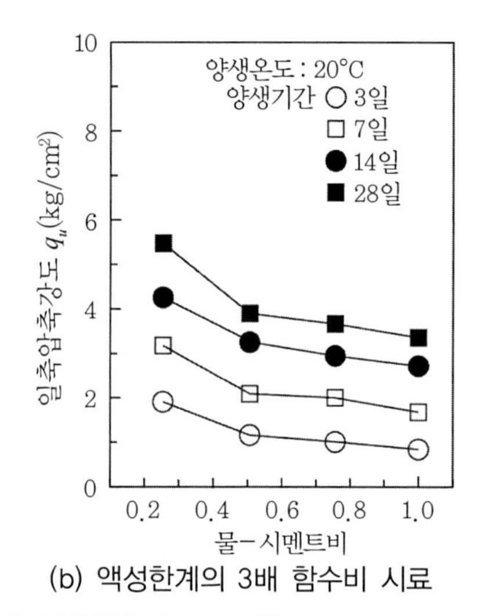

(b) 액성한계의 3배 함수비 시료

그림 5.13 물-시멘트비 변화에 따른 일축압축강도의 변화

5.3.4 양생온도

그림 5.14는 개량토의 양생온도에 따른 강도변화를 알아보기 위하여 양생온도를 각각 10°C, 20°C, 30°C로 변화시켜 측정한 개량토의 강도 변화를 나타낸 그림이다. 이 그림에서

보는 바와 같이 개량강도는 양생온도가 높을수록 증가하는 것으로 나타나고 있다. 이는 양생온도가 높을수록 수화열이 상승하여 물과 시멘트의 수화반응을 촉진시키는 포졸란 활성이 증가하기 때문이라 판단된다.

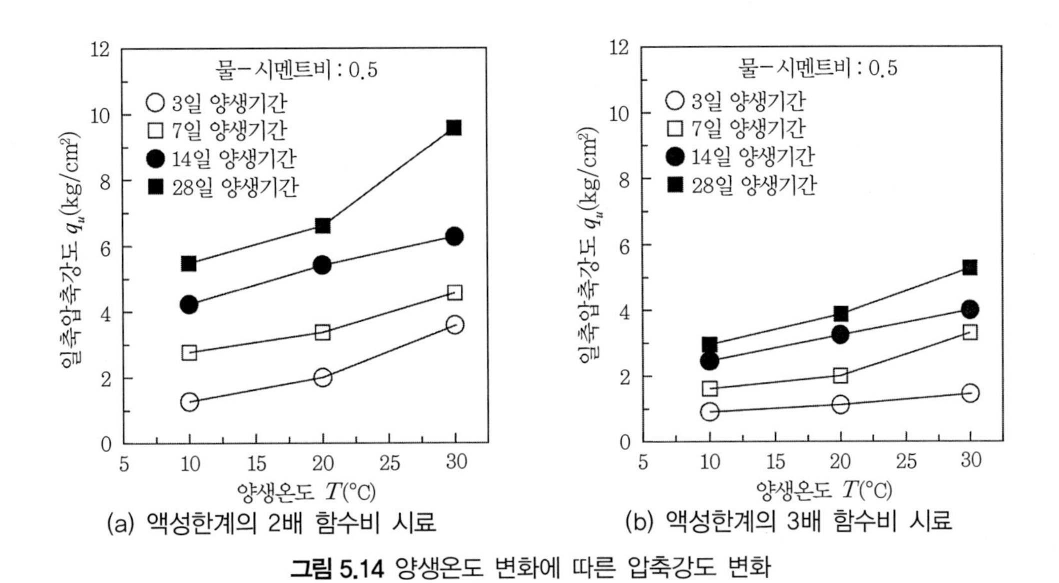

그림 5.14 양생온도 변화에 따른 압축강도 변화

그림 5.15는 항온 양생온도 20°C를 기준으로 10°C와 30°C의 개량일축압축강도를 비교하면 그림 5.15와 같다. 이 그림에 나타난 바와 같이 20°C에서 양생된 공시체의 일축압축강도는

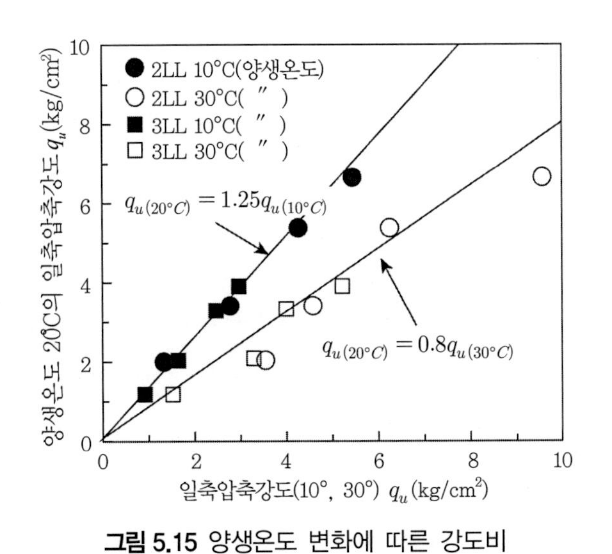

그림 5.15 양생온도 변화에 따른 강도비

10°C에서 양생된 공시체의 일축압축강도보다 25% 정도 크게 나타나고 있으나 30°C에서 양생된 공시체의 일축압축강도보다는 20% 정도 적게 나타났다. 따라서 고화처리지반의 강도는 양생온도에 큰 영향을 받고 있음을 알 수 있다.

5.3.5 혼합용수

원지반 시료와 고화제를 혼합하는 데 사용되는 혼합용수에 따른 강도변화영향을 알아보기 위하여 시료토와 고화제 혼합 시 해수(S.W. : 염분 4%)와 담수(F.W.)를 각각 사용하여 그 강도를 비교해보았다. 그림 5.16은 개량토의 혼합용수에 따른 강도 변화의 영향을 나타낸 결과이다. 그림에서 담수를 사용한 경우가 해수를 사용한 것보다 10% 정도 일축압축강도가 크게 나타난다. 따라서 혼합용수가 개량토의 강도에 미치는 영향은 그다지 크지 않음을 알 수 있다.

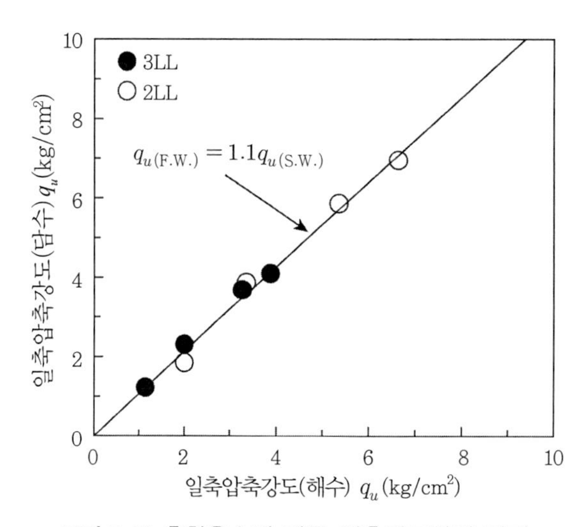

그림 5.16 혼합용수에 따른 압축강도와의 관계

5.3.6 함수비

그림 5.17은 함수비의 변화와 일축압축강도와의 관계를 도시한 그림이다. 이 그림에서 함수비가 액성한계의 1배에서 3배까지 증가할 때는 강도의 저하는 급격하게 나타나고 있으나 함수비가 액성한계의 3배 이상이 되면 강도의 저하는 상당히 둔화되는 것으로 나타났다. 특히 재령 3일 강도와 7일 강도는 시료의 함수비가 액성한계의 3배에서 4배로 증가해도 강도의 감소는 거의 없는 것으로 나타나고 있다.

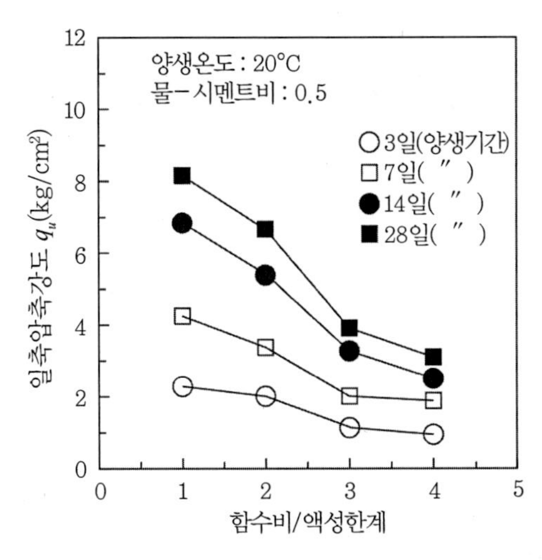

그림 5.17 함수비의 변화에 따른 일축압축강도의 변화

원지반 준설매립층은 대부분 액성한계의 3배 정도에 속하는 초연약점성토이므로 3LL을 기준으로 액성한계의 1배, 2배, 4배에 대한 강도비를 나타내면 그림 5.18과 같다. 3LL 함수비 시료의 강도는 4LL 함수비의 시료의 강도보다 1.25배 정도밖에 크게 나타나지 않았다. 반면 2LL의 강도는 3LL 함수비 시료강도의 1.7배 크게 나타났다. 또한 1LL 함수비시료의 강도는 3LL 함수비의 2배 정도로 크게 나타났다.

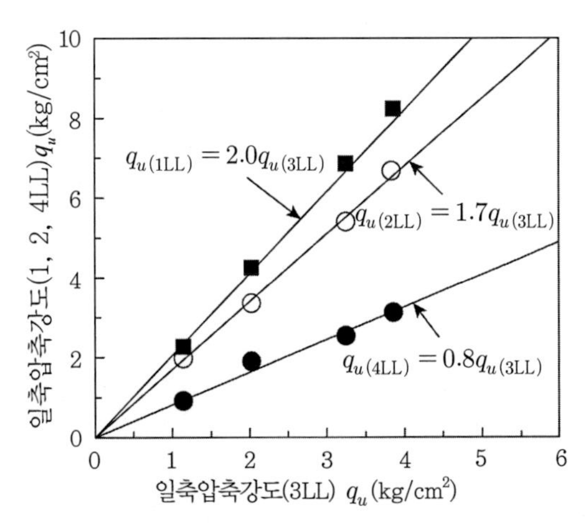

그림 5.18 함수비 변화에 따른 강도비

5.4 현장실험의 결과 분석

표층개량효과를 확인하기 위하여 현장공시체에 대한 일축압축강도시험, 간접인장강도시험, 스웨덴식 사운딩시험, 평판재하시험을 실시하였다. 여기서는 이들 시험 결과를 분석하여 고화처리토의 표층개량효과를 조사해보고자 한다.

5.4.1 현장강도와 실내강도의 비교

그림 5.19는 현장일축압축강도시험과 실내일축압축강도시험에 의해 구한 (현장/실내)일축압축강도비(q_{uf}/q_{ul})의 결과를 도시한 그림이다. 이 그림에 의하면 2LL 지반에 조성된 지반개량체의 현장일축압축강도는 재령 14일의 경우 2.31~4.46kg/cm^2, 재령 28일의 경우 4.12~7.73kg/cm^{2}의 범위에 분포하고 있다. 한편 3LL 지반에 형성된 지반개량체의 현장일축압축강도는 재령 14일의 경우 1.61~3.53kg/cm^2, 재령 28일의 경우 2.79~3.82kg/cm^{2}의 범위에 분포하고 있다. 결국 현장시험시공에서 표층개량지반의 현장일축압축강도는 원지반 함수비가 액성한계의 2배인 경우 최대 8kg/cm^{2}까지 발휘될 수 있고 원지반 함수비가 액성한계의 3배인 경우 최대 4.0kg/cm^{2}까지 발휘될 수 있다.

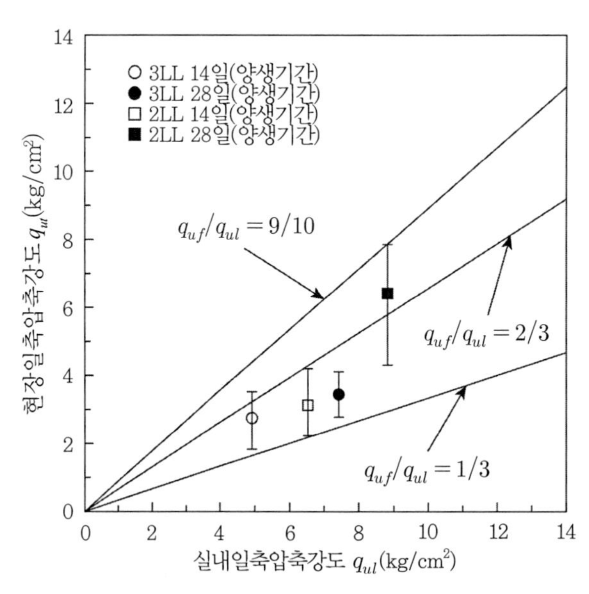

그림 5.19 현장일축압축강도 q_{uf}와 실내일축압축강도 q_{ul}와의 관계(q_{uf}/q_{ul})

또한 그림 5.19에서 보는 바와 같이 (현장/실내)일축압축강도비(q_{uf}/q_{ul})는 일반적으로 1/3~2/3의 범위에 분포하고 있다. 더욱이 원지반 함수비가 액성한계의 2배인 지반에 조성된 표층개량지반의 (현장/실내)일축압축강도비(q_{uf}/q_{ul})는 재령 28일의 경우 최대 $q_{uf}/q_{ul} \fallingdotseq 0.9$까지도 증가됨을 알 수 있다. 즉, 원지반 함수비가 작고 재령일이 경과될수록 현장일축압축강도는 실내일축압축강도에 근접함을 알 수 있다.

5.4.2 인장강도와 일축압축강도의 관계

그림 5.20(b)는 현장공시체에 대하여 실시한 간접인장강도시험으로 얻어진 인장강도를 도시한 그림이다. 그림 5.20(a)는 실내요소시험의 결과를 현장공시체 시험결과와 비교하기 위해 그림 5.6(a)를 다시 정리한 그림이다. 먼저 그림 5.20(b)에서 원지반의 함수비가 액성한계의 2배인 표층개량지반의 인장강도는 재령 14일의 경우 0.71~1.27kg/cm^2, 재령 28일의 경우 1.03~1.95kg/cm^{2}의 범위에 분포하고 있고, 원지반의 함수비가 액성한계의 3배인 표층개량지반의 인장강도는 재령 14일의 경우 0.38~0.8kg/cm^2, 재령 28일의 경우 0.69~1.24kg/cm^{2}에 분포하고 있다. 이 결과를 실내요소시험 결과를 정리한 그림 5.20(a)와 비교하면 동일한 양생기간에서 현장공시체의 인장강도는 실내요소시험의 인장강도보다 약간 크게 나타나고 있다. 즉, 현장에서 발휘되는 인장강도는 실내에서 보다 크게 발휘되고 있다.

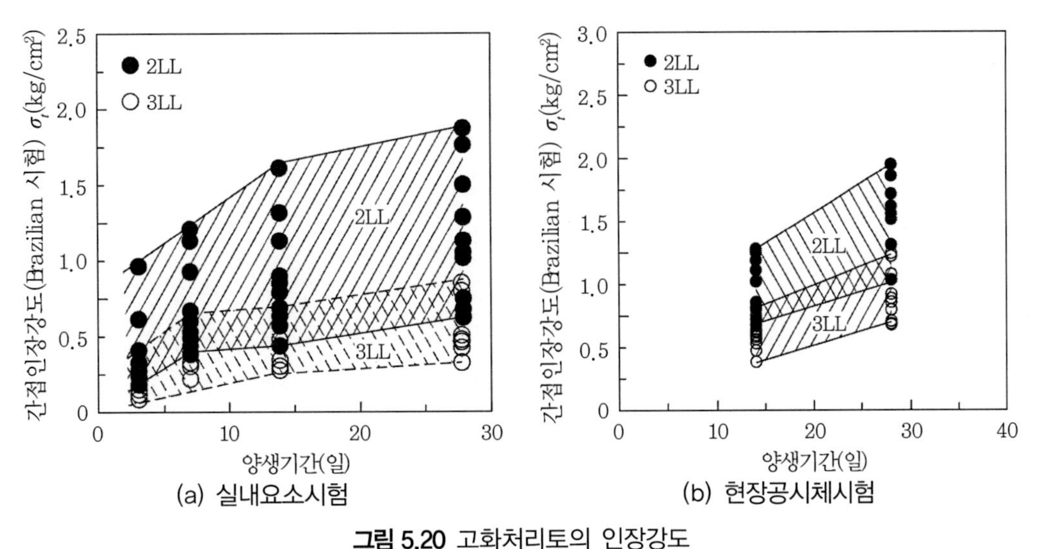

(a) 실내요소시험 (b) 현장공시체시험

그림 5.20 고화처리토의 인장강도

한편 그림 5.21(b)는 표층개량지반으로부터 채취한 현장공시체의 인장강도와 일축압축강도와의 관계를 도시한 그림이다. 그림 5.21(a)는 동일한 조건의 공시체를 실내에서 조성하여 실내요소시험을 실시하여 구한 결과를 정리한 그림 5.7(a)과 비교하기 위해 그림 5.7(a)을 여기에 다시 도시한 그림이다.

그림 5.21(b)에 나타난 바와 같이 현장공시체의 인장강도는 일축압축강도의 1/6~1/2.5 사이에 분포하고 있으며 평균적으로 1/3.5 정도이다. 그림 5.21(b)의 결과는 그림 5.21(a)에서 설명한 실내요소시험에서 구한 인장강도와 일축압축강도의 관계가 1/10~1/3이고 평균적으로 1/6이었던 결과와 비교해보면 현장에서 발휘되는 지반개량체의 인장강도와 일축압축강도의 관계는 실내요소시험에서의 관계와 약간 차이가 있음을 알 수 있다. 즉, 현장공시체의 인장강도와 일축압축강도와의 관계가 실내요소시험에서의 인장강도와 일축압축강도와의 관계보다 약간 크게 나타났다. 이는 동일한 일축압축강도에 대한 인강강도가 실내보다는 현장에서 더 크게 발휘됨을 의미한다.

이들 현장시험과 실내요소시험을 종합 비교해보면 현장에서의 인장강도는 실내요소시험에서의 인장강도보다 더 크게 발휘된다고 말할 수 있다.

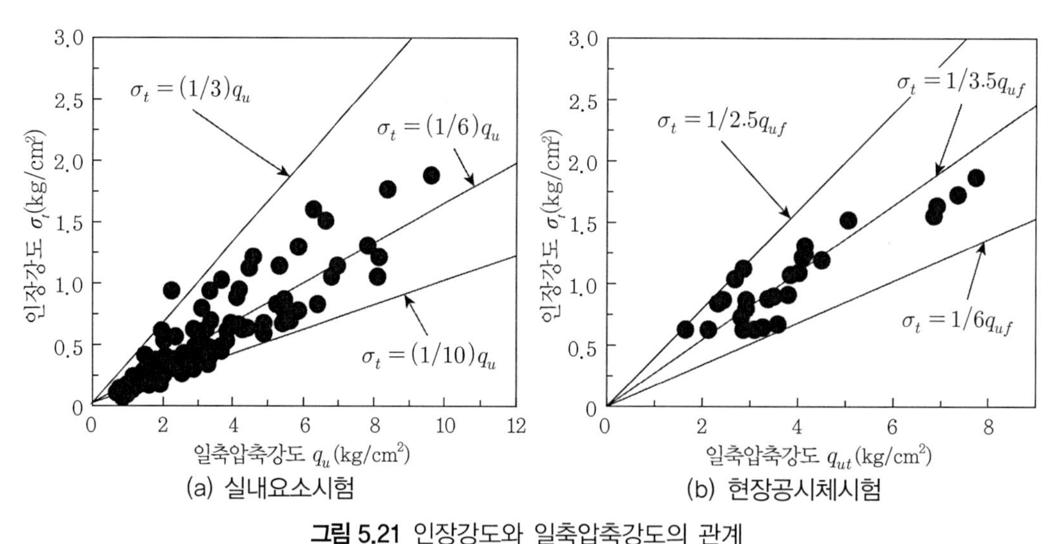

그림 5.21 인장강도와 일축압축강도의 관계

5.4.3 변형계수

그림 5.22(b)는 변형계수와 일축압축강도(q_u)와의 관계를 나타낸 그림이다. 그림 5.22(a)

는 실내요소시험 결과를 정리한 그림 5.10을 대비시켜 도시한 그림이다. 표층개량지반으로부터 채취한 현장공시체의 응력-변형률 곡선으로부터 구한 변형계수(E_{50})은 114~789kg/cm^2 범위에 분포하는 것으로 나타났다.

그림 5.22(b)에 나타난 바와 같이 현장공시체의 일축압축강도가 증가하면 변형계수도 함께 증가하고 있다.[10,11] 이는 그림 5.22(a)에 도시된 요소시험 결과와 동일한 경향을 보이고 있다.

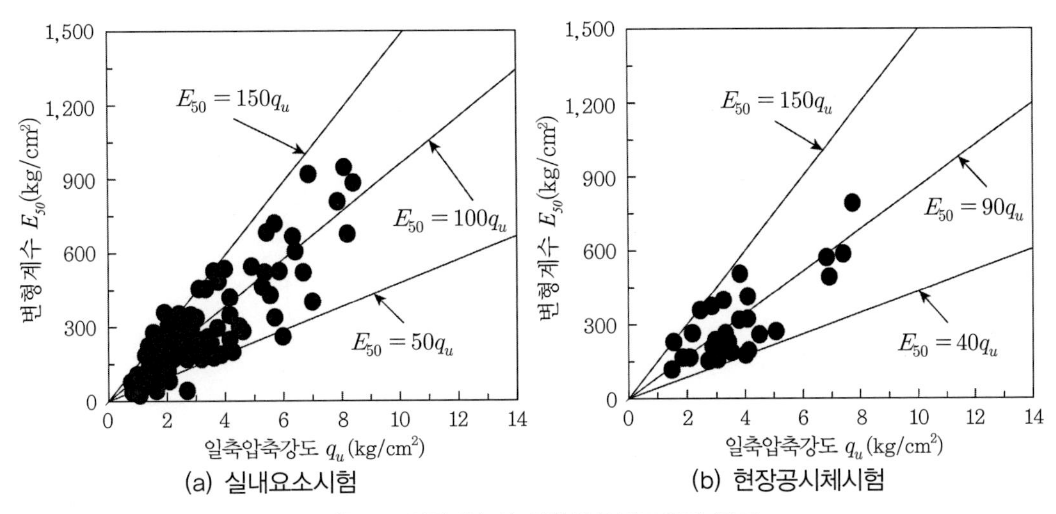

그림 5.22 변형계수와 일축압축강도와의 관계

한편 그림 5.22(b)에 나타난 바와 같이 현장공시체의 일축압축강도와 변형계수와의 관계는 $E_{50}=(40-150)q_u$ 범위에 분포하고 있다. 그리고 고화처리토의 변형계수는 평균적으로는 일축압축강도의 90배로 나타났다.

그러나 실내요소시험에서 구한 일축압축강도와 변형계수와의 관계는 $E_{50}=(50-150)q_u$이고 평균적으로 $E_{50}=100q_u$의 관계와 약간의 차이가 있지만 대략적으로는 동일한 결과라고 할 수 있다. 즉, 평균현장변형계수($E_{50}=90q_u$)는 실내요소시험으로 구한 평균변형계수($E_{50}=100q_u$)보다 약간 작게 구해진다.

5.4.4 표층개량 상태의 확인

현장에서 시험시공 후에 표층개량층의 개량상태를 확인하기 위해 시험시공현장에서 재령 3, 7, 14, 28일에서 스웨덴식 사운딩시험을 실시하였다.[15,16] 시험은 액성한계의 2배 및 3배인 현장에서 심도별로 각각 실시하였다.

스웨덴식 사운딩시험으로 지반강도와 지층구성상태를 알아볼 수 있는데, 본 현장실험에서의 표층개량층깊이에 따른 개량상태를 조사한 결과는 그림 5.23과 같다. 그림 5.23(a)와 (b) 현장인 액성한계의 2배 및 3배 지점에서 실시한 사운딩시험 결과는 재령일에 따른 지반강도의 증가현상을 확실히 알 수 있으나 그 밖의 지점에서는 지반강도의 증가는 알 수 있으나 재령일에 따른 지반강도의 증가는 뚜렷하게 구분하기가 용이하지 않았다. 그러나 전반적으로 개량토의 지반강도는 재령일에 따라 증가현상이 있음을 보이고 있었다.

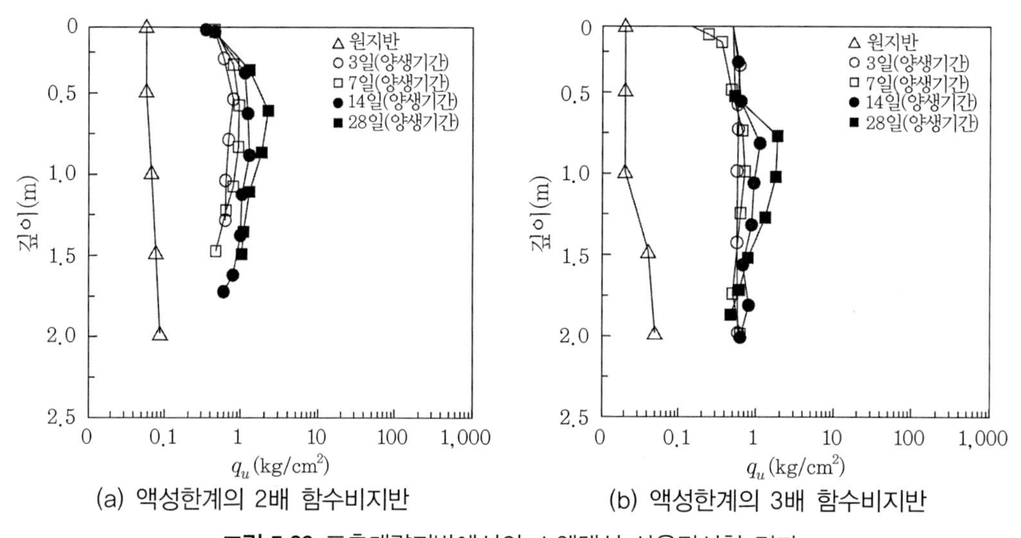

(a) 액성한계의 2배 함수비지반

(b) 액성한계의 3배 함수비지반

그림 5.23 표층개량지반에서의 스웨덴식 사운딩시험 결과

원지반의 압축압축강도는 평균 0.058kg/cm^{2}이었으나 액성한계의 2배인 함수비의 개량지반에서는 압축압축강도가 평균 1.78kg/cm^{2}로 증가되었다. 한편 액성한계의 3배인 함수비인 개량지반에서는 원지반의 일축압축강도 평균치가 0.02kg/cm^{2}이었으나 지반개량으로 일축압축강도의 평균치가 1.69kg/cm^{2}로 증가되었다.

5.4.5 표층개량층의 지지력

그림 5.24(a) 및 (b)는 각각 액성한계의 2배 및 3배인 함수비 현장지반에서 지반 개량 후 실시된 평판재하시험 결과이다.[18,20,21] 통상적으로 허용지지력은 항복하중강도의 1/2 혹은 극한하중강도의 1/3값으로 결정한다. 그러나 그림 5.24(a)와 (b)에서 보는 바와 같이 초연약지반

의 표층을 개량한 지반에서의 하중－침하량 곡선에서는 항복하중과 극한하중을 구하기가 용이하지 않다.

따라서 본 현장실험에서는 그림 5.24에서 보는 바와 같이 극한하중을 하중－침하량 곡선상에서 최종재하단계에서 구하였다. 결국 원지반이 액성한계의 2배인 지반에서는 9ton, 원지반이 액성한계의 3배인 지반에서는 7ton의 극한하중을 보이고 있다. 또 극한하중강도로 표현하는 재하평판이 $D=30$cm이므로 127t/m^2, 99t/m^{2}이고 허용지지력은 안전율을 3으로 하면 각각 42t/m^2, 33t/m^{2}이 된다. 또한 극한하중시의 침하량은 원지반이 액성한계의 2배인 지반에서는 29.55mm, 원지반이 액성한계의 3배인 지반에서는 64.88mm로 원지반이 액성한계의 3배인 지반에서의 침하량이 훨씬 크게 발생하였다. 따라서 개량지반의 함수비에 크게 영향을 받고 있음을 알 수 있다. 즉, 원지반의 함수비가 작을수록 개량지반의 극한하중이 크게 발현되고 침하량도 작게 발생됨을 알 수 있다.

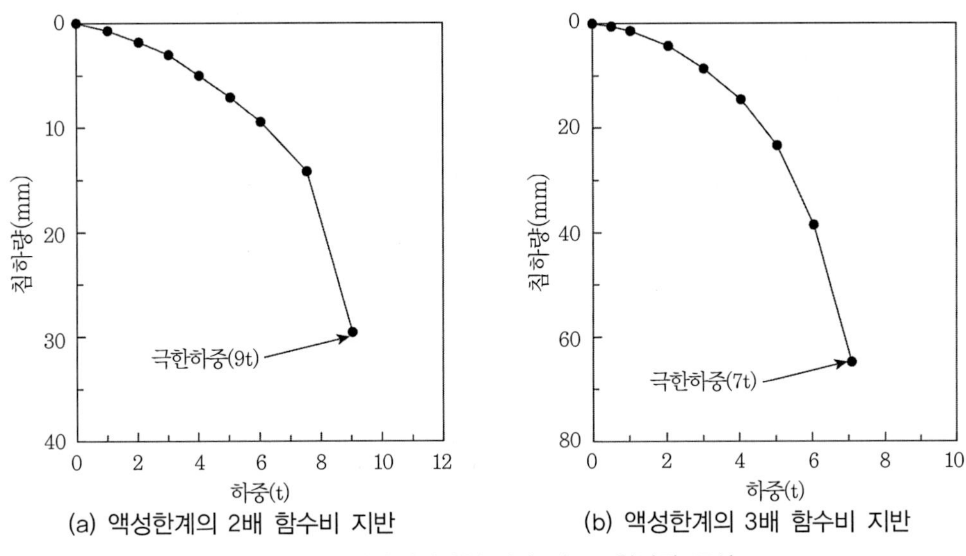

그림 5.24 평판재하시험 결과 하중－침하량 곡선

참고문헌

1. 동아건설산업(주)(1994), "초연약지반 표층고화처리공법연구(I) 및 현장시험시공 결과 보고서".
2. 중앙대학교(1996), "초연약지반표층고화처리공법의 실용화 연구(II) 최종보고서".
3. 한국지반공학회(1995), "연약지반", 지반공학시리즈 6.
4. 韓國土地開發公社(1987), "軟弱地盤處理工法研究", pp.53~62.
5. Bjerrum, L.(1972), "Embankment on soft ground", Proc., the Conf. Performance of Earth and Earth-Supported Structure, ASCE, Vol.2, pp.1~54.
6. Bowles, J.E.(1988), Foundation Analysis and Design, 4th Edition, pp.95-103, pp.410~426.
7. Littlejohn, C.G.S.(1982), "Design of cement based grouts", Proc., the ASECE Specialty Conference on Grouting in Geotechnical Engineering, New Orleans, pp.35~48.
8. Mitchell, R.J.(1972), "Foundation in the crust of sensitive clay deposite", Proc., Performance of Earth and Earth-Supported Structure", ASCE
9. Moseley, M.P.(1993), Ground Improvement, CRC Press.
10. Mitchell, J.K.(1972), "The properties of cemented-stabilized soils", Proc., Workshop on Materials and Methods for Low Cost Road, Rail and Reclamation Works, Leura, Australia, pp.365~404.
11. WIiliiams, R.I.T.(1986), Cement-Treated Pavements-Materials, Design and Construction, Elsevier Applied Science Publishers.
12. Wood, D.M.(1990), Embankments on Soft Clays, Ellis Horwood.
13. 嘉門雅史(1992), "表層安定處理地盤の調查·評價技術", 基礎工, Vol.22, No.7, pp.7~13.
14. 橋本文男 外 4人(1994), "化學的固化に對する新しい考え方", 土と基礎, Vol.42, No.2. pp.13~18.
15. 久野悟郎(1994), "地盤改良マニュアル", セメント協會, pp.27~78.
16. 松尾新一郎(1977), "淺層土質安定工法", 土と基礎, Vol.25, No.1. pp.3~7.
17. 吉田信夫(1974), "セメント安定處理路盤の改良, 土と基礎, Vol.22, No.5.
18. 吉田信夫(1976), "超軟弱地盤(ヘドロ)の土質改良工法と載荷試驗·解析", 土と基礎, Vol.24, No.6. pp.49~55.
19. 吉田信夫(1981), "セメント係による土質安定處理", 基礎工.
20. 吉田信夫·梅林堅造(1975), "超軟弱地盤の覆土工法と載荷試驗について", 第10回土質工學研究 發表會, pp.895~898.
21. 山口忍(1975), "超軟弱地盤の表層安定處理工法", 第10回土質工學研究發表會.

C·H·A·P·T·E·R

06

고압분사주입에 의한 지반개량 현장실험

C·H·A·P·T·E·R

06 고압분사주입에 의한 지반개량 현장실험

6.1 현장 상황

고압분사주입공법(3중관 분사방식)[1,6-8]으로 지반개량을 실시한 시험시공현장은 한강변 일산지역 인근 충적지반에 조성되는 지하철의 한 정차장 건설을 위한 지반굴착현장 부근이다.[7]

이 정차장 구간 지반굴착 규모는 그림 6.1에 도시된 바와 같이 굴착폭은 22.1m(일반구간)와 25.7m(확폭구간)로 중앙구간의 폭이 확대되어 있으며 굴착깊이는 16.44~16.64m(일반구간)와 15.46~15.66m(확폭구간)이다. 시험시공 위치는 그림에 표시되어 있는 바와 같다. 본 굴착현장 흙막이벽 배면에는 약 3m 정도 높이의 성토작업이 이루어진 상태이며 인접 주변에는 고층 아파트 건설현장이 위치해 있다.

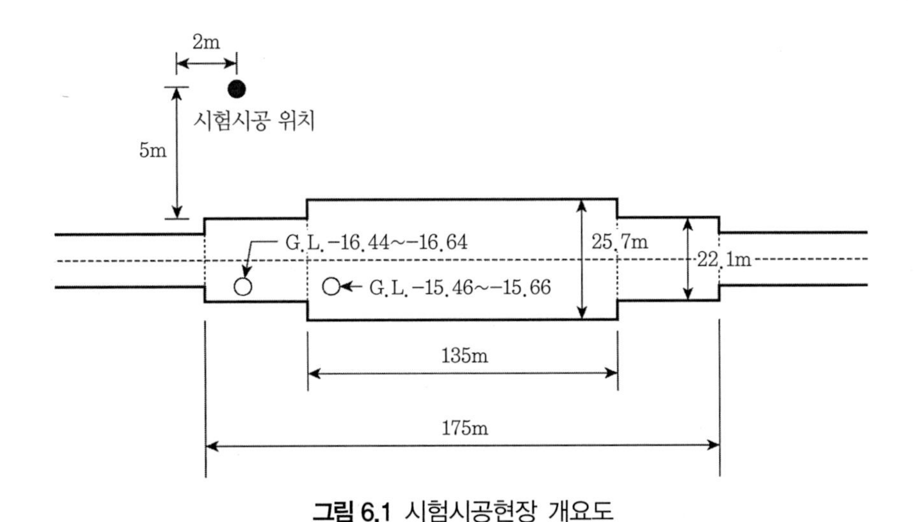

그림 6.1 시험시공현장 개요도

흙막이구조물은 엄지말뚝과 나무널판을 사용한 흙막이벽과 버팀보 및 앵커로 지지되는 엄지말뚝흙막이공법으로 시공되고 있다. 엄지말뚝은 풍화암이나 연암속에 2.0m까지 근입시켰으며, 본 시험시공구간의 지지구조로는 상부에 8단의 버팀보와 하부에 4단의 앵커를 설치하였다. 한편 앵커사용강선으로는 ϕ12.7mm PC강선을 7~8개 사용하며 1개당 11.22t의 유효긴장력을 유지하도록 하였다.

본 현장은 지하수위가 G.L.-1.0~-4.0m로 매우 높게 나타났다. 굴착시 보일링 문제가 발생될 것이 예측되어 굴착 도중 엄지말뚝 흙막이벽 배면에 SGR 차수용 그라우팅을 2열 실시하고 굴토작업을 실시하였으나 4.0m 굴착 시까지 차수효과를 얻을 수 없었다.

다시 흙막이벽 외측부에서 2.5~3.5m 떨어진 위치에 차수목적으로 직경 55cm의 SCW(Soil Cement Wall)의 차수벽을 중첩 시공하였다.[2] 그러나 지하굴토심도가 깊어짐에 따라 보일링이 심하게 발생하여 굴착을 계속할 수 없었다.

이런 상황에서 사력층, 풍화암층 및 연암층의 일부까지 포함한 전지층에 걸쳐 차수효과를 얻기 위해 흙막이벽 배면에 다시 고압분사주입공법을 채택하여 차수공을 재차 시공하였다.

6.2 지반 특성

본 현장지역에는 한강수계에 의해 퇴적된 충적층이 깊게 존재하고 있다. 지반조사 결과에 의하면 지표면은 매립층으로 피복되어 있으며 충적층은 주로 실트질 모래층으로 구성되어 있으나 부분적으로 자갈 및 호박돌층이 존재하기도 한다. 특히 실트층과 풍화암층 사이의 모래자갈은 한강수계와 대수층을 형성하고 있으며 투수성이 매우 크다.

이 충적층 하부의 기반암은 경기편마암의 복합체로 선캄브리아기의 편마암류로 구성되어 있다. 이 편마암류는 주로 호상흑운모편마암(bonded biotite gneiss)으로 구성되어 있으며, 편마암의 암상은 주로 흑운모 등의 유색광물로 구성된 우흑대와 석영, 장석 등으로 구성된 우백대로 이루어진 호상구조를 나타내는 것이 특징이고 구성입자는 대체로 조립이다.

본 시험시공현장의 지층구조는 지표면부터 G.L.-11.5m까지는 실트질 모래층, G.L.-21.0m까지는 모래자갈층, G.L.-22.7m까지는 풍화암층 그 이하는 연얌층으로 형성되어 있다. 이 지역의 대표적인 토질주상도는 그림 6.2와 같다.

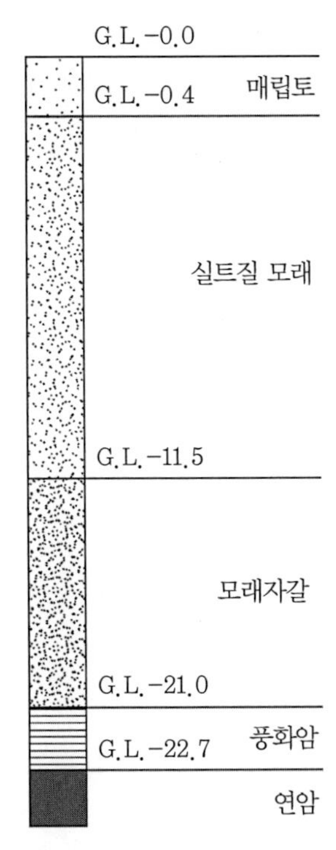

그림 6.2 대표적인 토질주상도

본 현장에서 3차에 걸쳐 실시된 표준관입시험을 통해 얻어진 각 지층별 N값을 정리하면 표 6.1과 같으며 이것을 토대로 각층별 전단저항각을 여러 추정식으로 추정하고 평균을 구하면 실트층의 내부마찰각은 28.1°, 실트질 모래층의 평균 내부마찰각은 30.4°, 사력층의 평균 내부마찰각은 42.6°가 된다.

표 6.1 각 지층별 N값 분포

지층	N값		평균 내부마찰각(ϕ)
	범위	평균	
실트층	6~12	8	28.1
실트질 모래층	9~16	12	30.4
사력층	50		42.6

본 현장은 한강수계에 의해 퇴적된 충적층으로 형성되어 있다. 표 6.2는 원지반의 투수계수이다. 특히 모래자갈층은 한강수계와 대수층을 형성하고 있어 지하수위는 지표면으로부터 G.L.-1.0~-4.0m로 매우 높게 형성되어 있다. 따라서 굴착도중 엄지말뚝 흙막이벽 배면에

SGR 차수용 그라우팅을 2열로 설치하고 굴토작업을 실시하였으나 차수효과를 얻을 수 없었다.

다시 흙막이벽 외측부에서 2.5~ 3.5m 떨어진 위치에 지하수위의 차수목적으로 직경 55cm의 SCW의 차수벽을 중첩시공 하였다.

표 6.2 원지반의 투수계수

지층	투수계수(cm/sec)	
	범위	평균
점토질 실트	2.32×10^{-6}~1.26×10^{-6}	6.56×10^{-6}
실트질 모래	1.13×10^{-4}~4.09×10^{-3}	5.76×10^{-4}
모래자갈, 자갈	3.23×10^{-3}~8.12×10^{-3}	6.16×10^{-3}
풍화토	9.58×10^{-5}~6.92×10^{-4}	2.55×10^{-4}
풍화암	5.80×10^{-5}~2.20×10^{-4}	1.19×10^{-4}

차수공법인 SGR 및 SCW 공법의 효과 및 지반변화를 확인하기 위하여 7개소의 추가 지반조사 및 현장투수시험을 실시하였다. 표 6.3은 추가로 실시한 투수시험 결과이다.

표 6.3 추가로 실시한 투수시험 결과

지층	투수계수(cm/sec)	
	범위	평균
실트질 모래	1.30×10^{-4}~2.35×10^{-4}	1.87×10^{-4}
모래 및 자갈	1.55×10^{-4}~3.17×10^{-4}	5.14×10^{-4}
자갈 및 전석	6.02×10^{-4}~1.12×10^{-3}	8.21×10^{-4}

6.3 현장시험시공

고압분사주입공법(3중관 분사방식)[3-5]에 의하여 형성된 지반개량체를 대상으로 고압분사주입공법의 지반개량효과를 알아보기 위하여 그림 6.1에 표시된 위치에서 시험시공을 실시하였다.

고압분사주입공법(3중관 분사방식)은 점성토층, 사질토층, 사력층 등 거의 모든 지반에 적용 가능한 공법으로 알려져 있으며 *N*값이 50 이하인 지반에서는 개량체의 직경을 2.0m 정도까지 확보할 수 있는 특징을 지니고 있다.

본 시험 대상 지층은 표준관입시험 결과 상부의 실트질 모래층에서는 *N*값이 6~10 사이에 분포하고 있으며 그 이하의 모래자갈층의 *N*값은 30~50 사이에 분포하고 있다. 본 시험공의 지반개량체 직경은 1.5m 정도로 형성되었다.

지반개량체 조성에 이용된 분사 시스템은 그림 6.3과 같이 3중관 롯드 분사주입방식이었으며 시험공의 개량심도는 G.L.-23.0m로 연암층 상단까지 도달하였다. 롯드를 23.3cm/min의 속도로 회전 상승시키면서 롯드의 상단양측면의 공기, 물 및 고화제의 분사노출을 폐쇄시키고 롯드 상단에 있는 노즐구멍만을 통해서 50~100kg/cm^{2}의 세굴압력수를 분사시켰다. 이때 공벽의 붕괴 및 굴진을 용이하게 하기 위해 소량의 시멘트를 주입하면서 천공을 실시하였다.

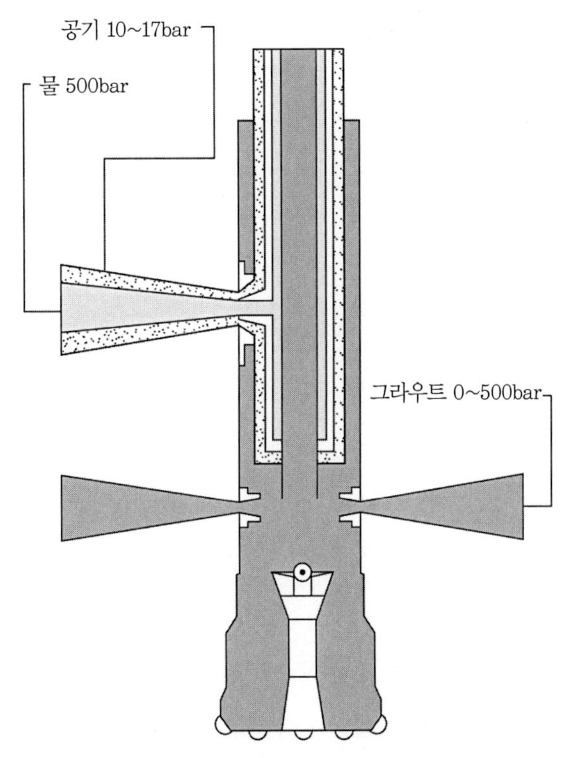

그림 6.3 3중관 분사주입공법의 분사 시스템

개량심도까지 천공을 실시한 후 그림 6.3에서 보는 바와 같이 롯드 선단에 있는 노즐을 폐쇄하고 롯드 상단 측면에 있는 노즐에서 13kg/cm^{2}의 압축공기압과 500kg/cm^{2}의 초고압수를 동시에 분사시킴으로써 지반을 세굴 파괴시켜 지중에 공간을 조성하였다.

이때 파쇄된 토사를 지표면에 배출시킨 후 롯드 하단 측면에 있는 노즐에서는 130kg/cm^{2}의 압력으로 고화제를 분사시켜 절삭하단부터 고화제로 지중 공간을 충진시켜 지반개량체를 조성하였다.

지반개량체 조성시간은 2시간 10분 정도 소요되었으며 지반개량체 조성 시 고화제 토출량 및 고화제 사용량은 각각 0.76m^3/min, 3.14m^3/min였다. 고화제 시공배합조건은 시멘트 430kg과 물 300kg으로 배합되었다. 시험공에 적용된 시공재원은 표 6.4와 같다.

표 6.4 시공재원

인발속도(sec/cm)		9
분사압력(kg/cm^2)	세굴압력수	50~100
	압축공기압	13
	초고압분류수	500
	경화재 분사압력	130
노즐 크기(mm)	고압분류수용	ϕ2.0
	경화재분류용	ϕ3.0
분사 시스템		3중관 롯드 방식
개량심도(m)		23
개량체 직경(m)		1.5
시멘트 물 배합 비(kg)		430 : 300

6.4 고압분사주입공법 개량체의 특성

6.4.1 강도 특성

흙막이벽체의 배면에 고압분사주입에 의해 시험시공된 지반개량체가 흙막이 기능을 충분히 발휘하기 위해서는 적절한 강성을 가지고 있어야 한다.

고압분사주입공법(3중관 분사방식)에 의해 지중에 조성된 지반개량체의 강도특성을 알아보기 위해 시험시공된 기반개량체의 시료를 채취하여 일축압축강도시험과 점하중재하시험을 실시하여 얻은 결과를 정리하면 다음과 같다. 또한 이 결과를 유사지반조건을 가지는 시험시공 인접 부근에서 실시된 SCW, 2중관 분사주입공법에 의해 조성된 개량체의 일축압축강도와 비교·분석해보았다.

(1) 일축압축강도

시험시공된 지반개량체의 일축압축강도는 실트질 모래층에서 93.6~422.2kg/cm^2(평균 205.1kg/cm^2)의 범위에 있으며 모래자갈층에서는 140.2~497.8kg/cm^2(평균 338.6kg/cm^2)으로 나타났다. 따라서 모래자갈층에서의 일축압축강도가 실트질 모래층에서의 강도보다 약 1.5배 정도 크게 나타났다.

한편 지반조건이 유사한 인접 지하철공사현장에서 채취된 SCW 개량체의 일축압축강도는 4.2~20.6kg/cm^2(평균 9.5kg/cm^2)이고, 2중관 분사주입공법 개량체의 일축압축강도는 49.0~195.0kg/cm^2(평균 86.6kg/cm^2)으로, 3중관 분사주입공법 개량체의 일축압축강도가 이들 개량체의 강도보다 현저히 크게 나타났다. 그림 6.4는 각 공법에 의해 조성된 개량체의 일축압축강도 분포를 개량 심도에 따라 나타낸 것이다.

이러한 일축압축강도를 콘크리트에서 설계기준강도와 비교해보면(무근 콘크리트 부재의 최저 설계기준 강도 σ_{ck}=160kg/cm^2, 철근콘크리트 부재의 최저설계기준강도 σ_{ck}=210kg/cm^2, SCW 개량체와 2중관 분사주입공법개량체는 무근 콘크리트 부재의 최저설계기준강도보다 현저히 작게 나타났다. 그러나 3중관 분사주입공법 개량체의 강도는 실트질 모래층에서 무근 콘크리트 부재의 설계기준강도보다는 크고 철근콘크리트 부재의 설계기준강도보다는 약간 적으나, 모래자갈층에서의 강도는 콘크리트 부재의 최저설계기준강도보다도 크게 나타났다.[1,11]

그림 6.4에 나타난 바와 같이 SCW, 2중관 및 3중관 분사주입공법 개량체의 강도 분포가 확실히 구분되어 분포하고 있음을 알 수 있다. 3중관 분사주입공법 개량체의 강도 분포는 최저치와 최대치 사이의 차이가 다소 크게 보일 수 있다. 이 원인으로는 지층이 균일하지 못한 점과 약간의 시공 불량을 들 수 있다. 즉, 지반 개량 시 세굴된 토립자의 일부가 고화제에 혼입되어 개량체를 조성하는데, 이때 지반조건에 따라 동일한 지층일지라도 개량체의 원지반의 밀도 및 간극에 의해 강도 차이가 발생한 것으로 판단된다. 특히 G.L.-8~-12m 지점에 형성된 개량체의 일축압축강도가 다른 지점의 일축압축강도보다 현저하게 작게 나타나고 있다. 이러한 원인은 이 지점에서 채취된 코아 상태로 미루어볼 때, 원지반 구성성분의 일부인 점토가 과압밀상태로 존재하고 있어 지반 개량 시 원지반의 토립자가 완전히 치환되지 않은 상태로 개량체에 혼입되어 강도가 저하된 것으로 판단된다. 따라서 이들 강도의 불균일성을 줄이도록 시공기술의 개발 및 시공품질관리에 더욱 노력을 해야 한다.

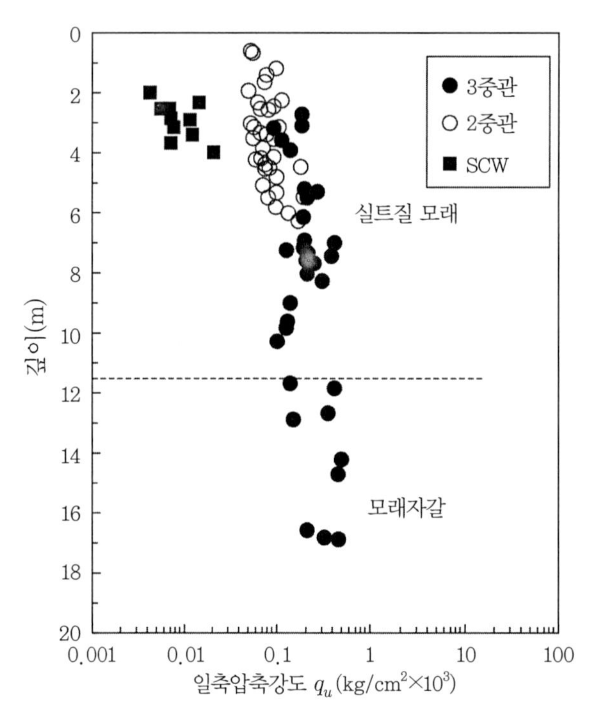

그림 6.4 개량심도에 따른 일축압축강도 분포

(2) 인장강도

그림 6.5는 시험 시공된 지반개량체의 간접인장강도시험에 의한 인장강도를 깊이에 따라 도시한 결과이다. 이 결과에 의하면 실트질 모래층에서는 7.8~21.3kg/cm^2(평균 17.0kg/cm^2)이고, 모래자갈층에서는 19.1~39.2kg/cm^2(평균 25.9kg/cm^2)으로 인장강도도 일축압축강도와 마찬가지로 모래자갈층이 실트질 모래층보다 1.5배 정도 크게 나타났다.

그림에 나타난 것과 같이 실트질 모래층의 인장강도는 G.L.-10.1m까지 거의 일정하게 분포하고 있으나 특히 모래자갈층에서의 인장강도는 깊이가 깊어질수록 약간 증가하는 경향을 보이고 있다.

그림 6.6은 3중관 분사주입공법 개량체의 인장강도와 일축압축강도와의 관계를 나타낸 것이다. 그림에서 실선으로 표시한 부분은 실트질 모래층에 대한 것이고 점선으로 표시한 부분은 모래자갈층에 대한 것이다. 그림에서 알 수 있는 것과 같이 실트질 모래층에서의 인장강도와 일축압축강도와의 관계는 $\sigma_t = (1/8 \sim 1/13)q_u$로 나타나고 있다. 한편 모래자갈층에서의 인장강도와 일축압축강도와의 관계는 $\sigma_t = (1/7 \sim 1/16)q_u$로 나타나고 있다. 모래자갈층의

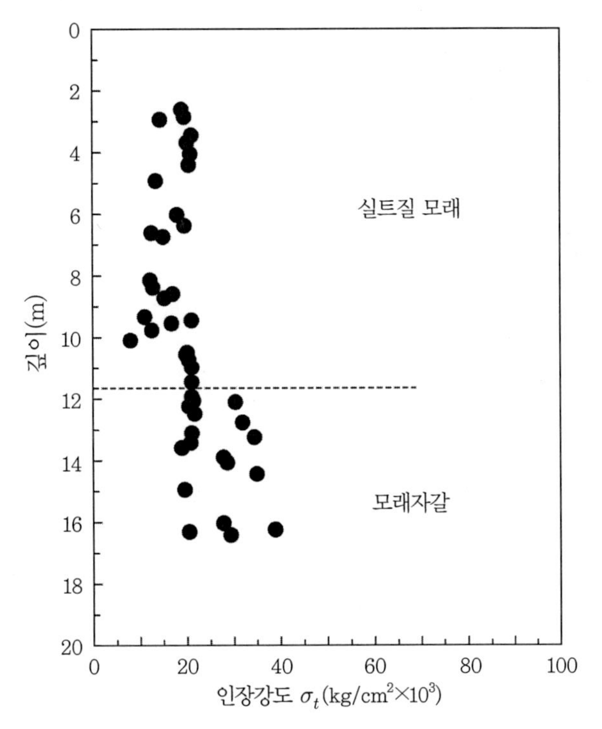

그림 6.5 개량심도에 따른 인장강도 분포

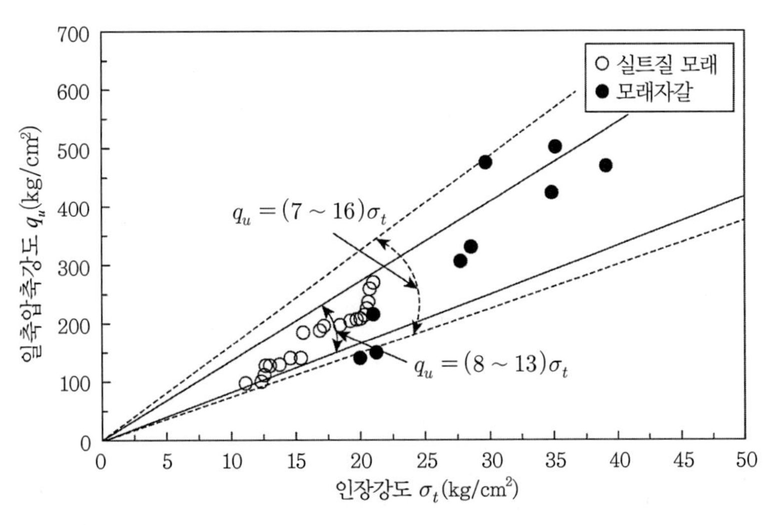

그림 6.6 일축압축강도와 인장강도의 관계

일축압축강도시험 결과가 적어 실트질 모래층에 비해 상관성이 약간 떨어지는 경향을 보이고 있다. 실트질 모래층의 인장강도와 일축압축강도의 관계는 콘크리트의[10] $\sigma_t = (1/9 \sim 1/13)q_c$

의 값과 거의 비슷하게 나타나고 있다.

따라서 고압분사주입공법(3중관 분사방식)에 의해 시험시공된 지반개량체의 일축압축강도(q_u)와 인장강도(σ_t)와의 관계는 다음과 같다.

① 3중관 분사주입공법 개량체

$q_u = (8.0 \sim 13.0)\sigma_t$ 실트질 모래층

$q_u = (7.0 \sim 15.0)\sigma_t$ 모래자갈층

② 콘크리트

$$\sigma_c = (9.0 \sim 13.0)\sigma_t$$

한편 그림 6.7은 일축압축강도와 취성도(brittleness)와의 관계를 나타낸 것이다. 일반적으로 취성도는 일축압축강도를 인장강도로 나눈 값으로 식 (6.1)과 같이 나타낼 수 있다. 3중관 분사주입공법으로 시험시공된 지반개량체의 취성도는 그림에 나타난 바와 같이 일축압축강도가 클수록 크게 나타나는 선형적인 관계를 보여주고 있다. 지반개량체의 취성도는 7~13 범

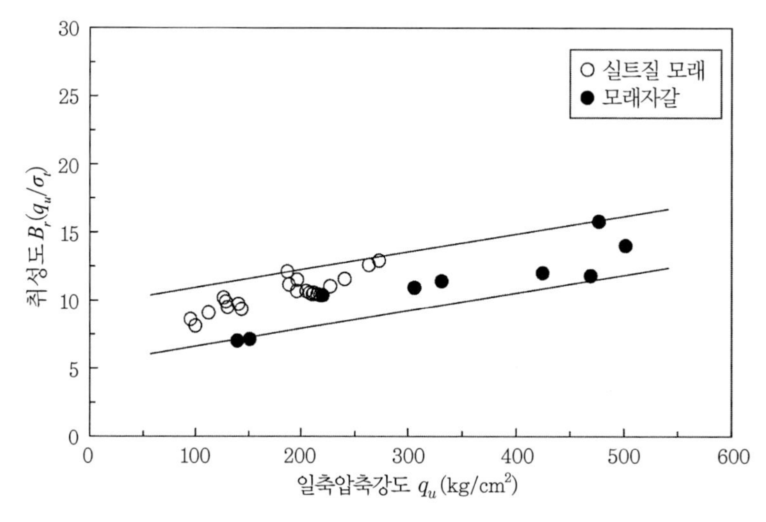

그림 6.7 일축압축강도와 취성도의 관계

위에 분포하고 있는데, 이는 콘크리트의 취성도(8~10)와 비슷하다.

$$B_r = \frac{q_u}{\sigma_t} \tag{6.1}$$

한편 암석의 취성도와 비교해보면 화강암(15~20), 유문암(14~18)보다는 작으며 이암(5.3~9.2), 혈암(10.1~14.3), 석회암(5.8~10.9)과는 비슷한 분포를 보이고 있다.[11]

(3) 탄성파속도에 의한 강도특성

그림 6.8은 개량심도에 따른 개량체의 탄성파속도를 도시한 것이다. 그림에 나타난 것처럼 G.L.-2.5~G.L.-4.0m 지점과 G.L.-8.0~G.L.-12.0m 지점의 탄성파속도는 G.L.-2.4~2.8km/sec 범위에 분포하고 있어 암반분류에 의해 풍화암에 속하는 것으로 나타났다. 특히 G.L.-8.0~-12.0m 지점의 탄성파속도가 작게 나타난 이유는 개량심도에 따른 일축압축강도 분포에서 언급된 것처럼 지반개량 시 고화제가 원지반의 토립자를 일부 혼입하여 고결되는 과정에서 조성개량체의 밀도와 간극이 균일하게 형성되지 않는 것으로 판단된다.

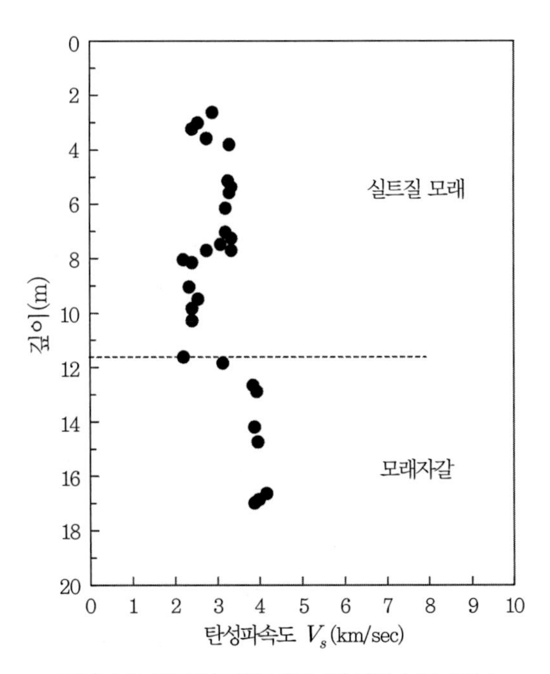

그림 6.8 개량심도에 따른 탄성파속도 분포

실트질 모래층에서의 단성파 속도(V_s)는 2.3~3.4km/sec에 분포하고, 모래자갈층에서는 3.9~4.2km/sec에 분포하고 있다. 그림 6.8에 의하면 개량체의 탄성파속도는 원지반이 모래자갈층인 경우가 더 크게 나타나고 있다. 이 지층의 일축압축강도도 실트질 모래층의 경우보다 컸으므로 일축압축강도가 크면 탄성파속도도 크게 됨을 알 수 있다.

한편 그림 6.9와 같이 탄성파속도와 일축압축강도와의 관계를 도시한 결과에 의하면 탄성파속도가 증가하면 일축압축강도도 증가하는 현상을 보이고 있다. 따라서 지반개량체의 강도특성은 원지반의 지반 구성 성분에 큰 영향을 받고 있음을 알 수 있다.

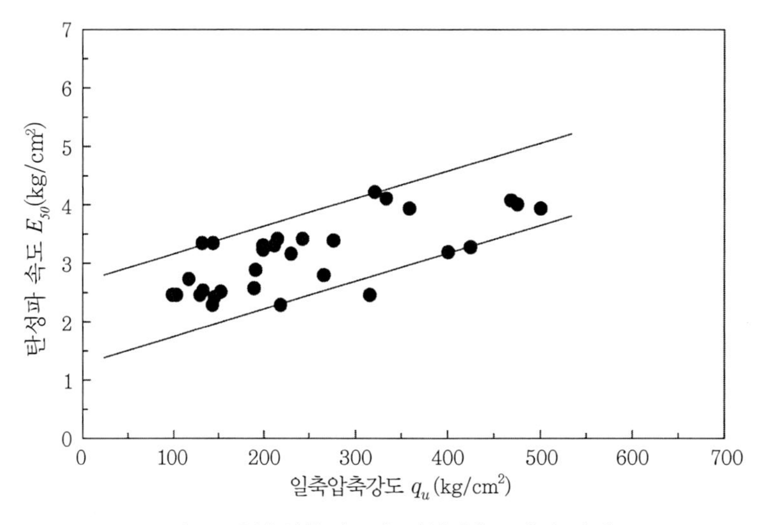

그림 6.9 일축압축강도와 탄성파속도와의 관계

6.4.2 변형특성

시험시공된 지반개량체에서 채취된 일축압축강도시험의 응력-변형률 곡선에서 얻은 변형계수(E_{50})와 지반조건이 유사한 인접 지하철공사현장에서 실시된 2중관 분사주입공법 개량체의 응력-변형률 곡선에서 얻은 변형계수(E_{50})를 개량심도에 따라 도시하면 그림 6.10과 같다.

이 그림에 의하면 실트질 모래층에서의 3중관 분사주입공법 개량체의 변형계수는 지표면에서 G.L.-8.0m 지점까지는 깊이에 따라 증가하는 분포를 보이다가 G.L.-8.0~11.5m 사이에서는 감소(이 부분은 앞에서 이미 설명한 것과 같이 시공 시 토립자가 주입재와 혼합되어 개량체의 시공 정도가 양호하지 못한 것으로 기인함)하는 분포를 보이는 반면, 모래자갈층에서의 변형계수는 깊이에 관계없이 거의 일정한 분포를 보이고 있다. 한편 2중관 분사주입공법 개량체의 변형계수는 깊이에 관계없이 대부분 일정한 분포를 보이고 있다.

그림 6.10에 도시된 개량심도에 따른 변형계수 분포와 그림 6.4에 도시된 개량심도에 따른 일축압축강도 분포를 비교해보면, 거의 비슷한 분포 형태를 보이고 있음을 알 수 있다. 따라서 일축압축강도와 변형계수는 비례관계가 있음을 알 수 있다.

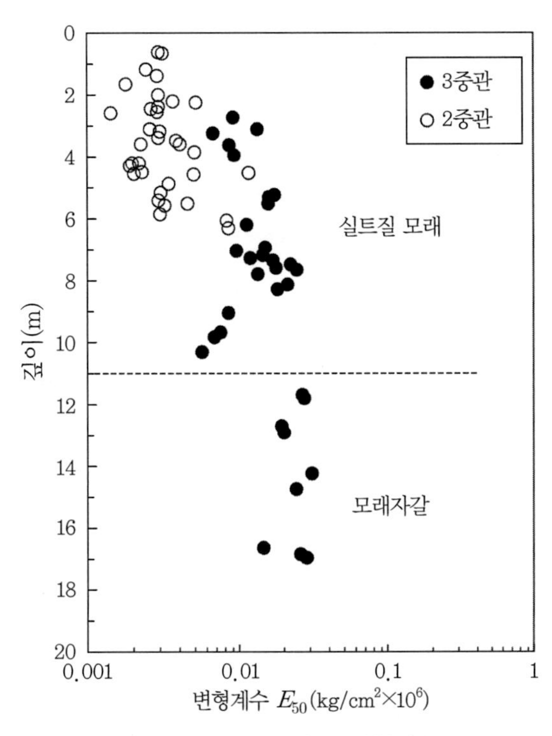

그림 6.10 개량심도에 따른 변형계수 분포

(1) 변형계수와 일축압축강도와의 관계

그림 6.11은 고압분사주입공법(3중관 분사방식)에 의해 시험시공된 지반개량체의 일축압축시험에서 구한 변형계수(E_{50})와 일축압축강도(q_u)와의 관계를 나타내고 있다. 그림에서 나타난 것과 같이 변형계수의 본포는 실트질 모래층에서 5,000~25,000kg/cm^2, 모래자갈층에서 15,000~33,000kg/cm^{2}에 분포하고 있다.

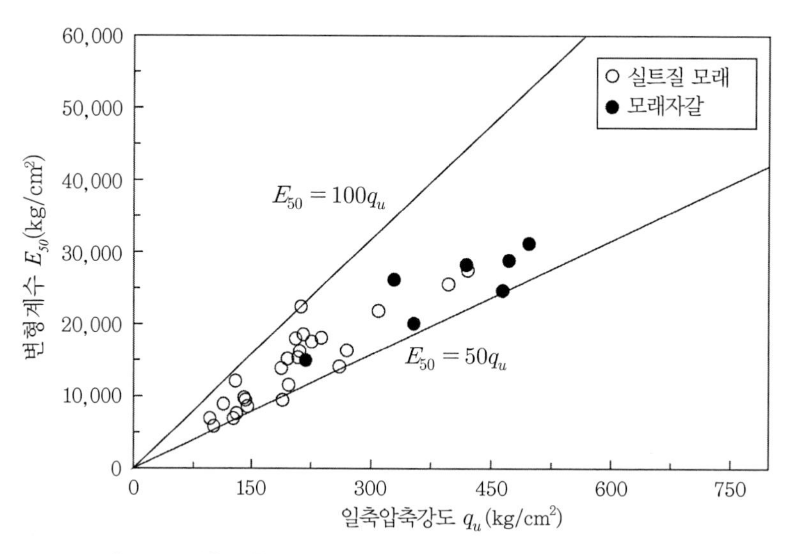

그림 6.11 일축압축강도와 변형계수와의 관계(3중관 분사방식)

그림 6.11에 도시된 것과 같이 지반개량체의 변형계수(E_{50})는 일축압축강도(q_u)의 50~100배 사이에 분포하고 있음을 알 수 있다. 따라서 지반개량체의 변형계수는 다음 식으로 표현할 수 있다.

$$E_{50} = (50 \sim 100)q_u \qquad \text{(3중관 분사주입공법)} \qquad (6.2)$$

한편 그림 6.12는 시험시공현장 부근에서 기초보강지지말뚝으로 시공된 2중관 분사주입공법 개량체의 일축압축강도시험 결과에서 구한 변형계수(E_{50})와 일축압축강도(q_u)의 관계를 나타낸 것이다. 이 그림에 나타난 것과 같이 변형계수(E_{50})는 대략 1,500~5,000kg/cm²에 분포하고 있으며, 일축압축강도(q_u)의 20~70배 사이에 분포하고 있음을 알 수 있다.

$$E_{50} = (20 \sim 70)q_u \qquad \text{(2중관 분사주입공법)} \qquad (6.3)$$

그림 6.13은 3중관 및 2중관 분사주입공법 개량체의 일축압축강도와 변형계수의 관계를 함께 도시한 결과이다. 이 그림에서 알 수 있는 것과 같이 일축압축강도가 크면 클수록 변형계수도 크게 나타나고 있어 개량체의 강도특성과 변형특성은 매우 밀접한 관계가 있음을 알 수 있다.

또한 일축압축강도와 변형계수의 관계로부터 압축강도가 큰 3중관 분사주입공법 개량체가

2중관 분사주입공법 개량체보다 변형계수가 상당히 큼을 알 수 있어 3중관 분사주입공법의 지반개량 효과가 2중관 분사주입공법보다 양호함을 알 수 있다.

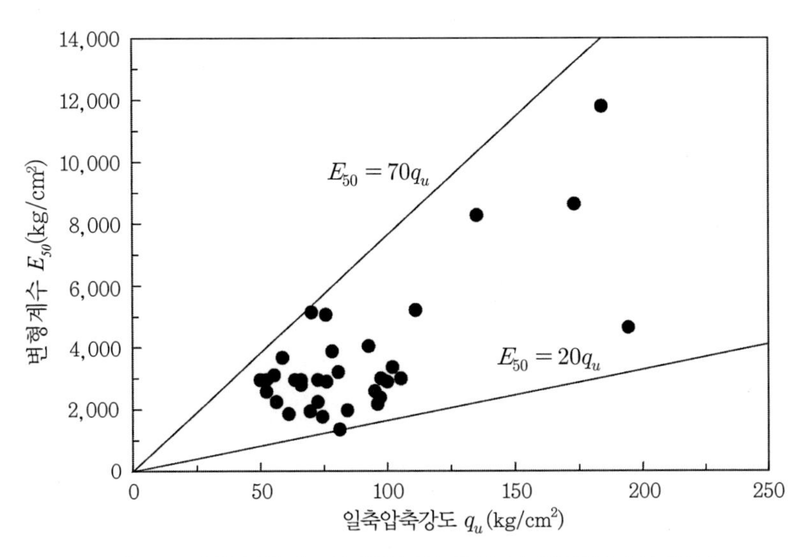

그림 6.12 일축압축강도와 변형계수와의 관계(2중관 분사방식)

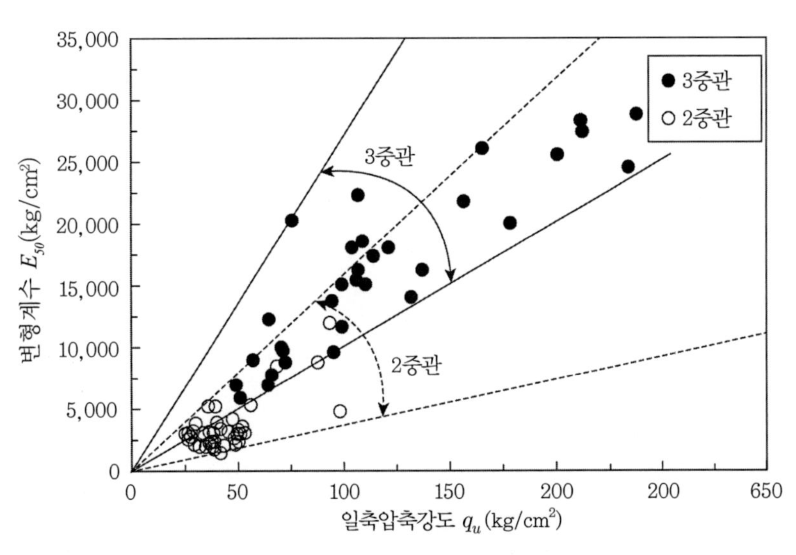

그림 6.13 일축압축강도와 변형계수와의 관계

(2) 개량체의 응력과 변형률의 관계

3중관 분사주입공법으로 시험시공된 지반개량체의 일축압축시험과 병행하여 일부 시료(6

개)에 대해 포아송비를 측정한 결과, 지반개량체의 포아송비는 0.16~0.28의 범위에 분포하고 있다. 이는 콘크리트의 포아송비[11] 0.15~0.20(평균 0.17)보다는 약간 크게 나타났으며, 암석의 포아송비[11] 0.1~0.3 범위 내에 분포하고 있다.

응력-변형률의 관계에서 최대응력이 작용할 때의 변형률은 3중관 분사주입공법 개량체가 0.8~1.5%(평균 1.0%)이고, 2중관 분사주입공법 개량체는 1.2~4.0%(평균 2.5%)로, 2중관 분사주입공법 개량체의 변형률이 3중관 분사주입공법 개량체보다 약 2.5배 크게 나타났다. 따라서 3중관 분사주입공법 개량체는 2중관 분사주입공법 개량체보다 동일 변형에 동반되는 강도 발취가 큼을 알 수 있다.

(3) 기타

그림 6.14는 3중관 분사주입공법으로 지중에 조성된 지반개량체의 포와송비와 일축압축강도의 관계를 나타낸 것이며, 그림 6.15는 포아송비와 변형계수의 관계를 나타낸 것이다. 그림에서 알 수 있는 것과 같이 개량체의 포아송비는 일축압축강도와 변형계수가 증가할수록 감소하는 경향을 보이고 있다. 따라서 포아송비는 개량체의 강도에 반비례함을 알 수 있다.

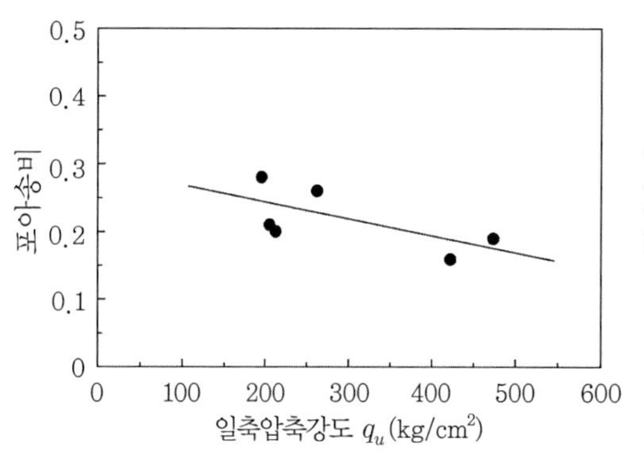

그림 6.14 포아송비와 일축압축강도와의 관계

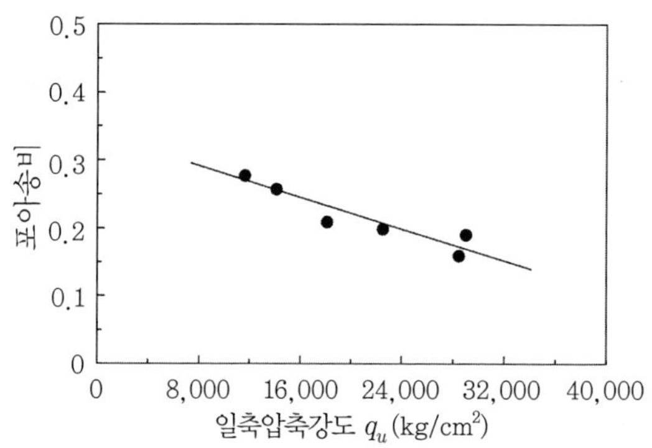

그림 6.15 포아송비와 변형계수와의 관계

그림 6.16은 원지반의 N치와 포아송비의 관계를 나타낸 것이다. 그림에서 알 수 있는 것과 같이 개량체의 포아송비는 개량심도가 깊어질수록 N치가 증가할수록 감소하는 현상을 보이고 있다.

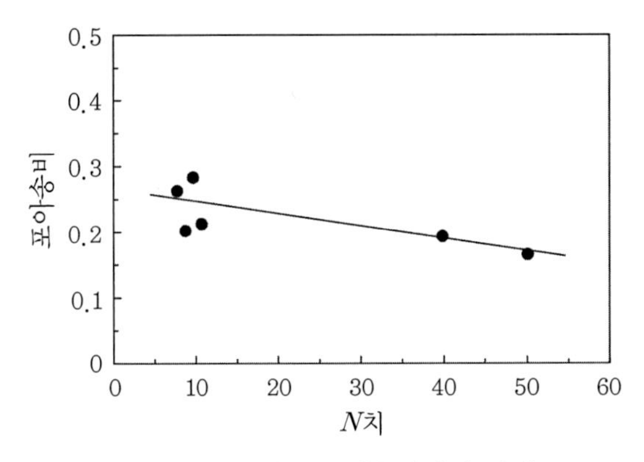

그림 6.16 N치와 포아송비와의 관계

6.4.3 투수특성

본 지하굴착공사 현장의 원지반 상태의 현장투수시험 결과는 표 6.5에 나타난 것과 같다. 표 6.5에 의하면 개량공법이 적용되기 전 원지반 실트질 모래층에서의 투수계수는 1.13×10^{-4}~4.09×10^{-3}cm/sec(평균 5.76×10^{-4}cm/sec) 정도이고, 모래자갈층에서의 투수계수는 3.23×10^{-3}~8.12×10^{-3}cm/sec(평균 6.16×10^{-3}cm/sec) 정도로 나타났다.

표 6.5 SCW 구체의 투수계수

지층	공번	깊이(m)	투수계수(cm/sec)	비고
실트질 모래층	SC-1	2.0~5.0	2.262×10^{-5}	
	SC-2	2.0~5.0	1.653×10^{-5}	
		5.0~8.0	3.952×10^{-5}	
	SC-3	2.0~5.0	6.408×10^{-5}	
		5.0~8.0	1.755×10^{-4}	
		8.0~11.0	5.640×10^{-4}	
	SC-4	2.0~5.0	2.431×10^{-4}	
		5.0~8.0	1.053×10^{-4}	
		8.0~11.0	1.137×10^{-3}	9m 이하 모래층

본 시험공 현장의 흙막이벽체의 차수성을 높이기 위해서 흙막이벽 배면에 보조차수공법으로 SCW 벽체를 시공한 후 SCW 벽체의 투수성을 확인하기 위해서 수압시험을 시도하였으나 구체의 강도가 약하여 Packer의 압력이 걸리지 않아 주수시험을 실시하여 표 6.5와 같은 투

수계수를 얻었다.[4] 주수시험을 통해 얻은 SCW 개량체의 투수계수는 실트질 모래층에서 5.64×10^{-4}~1.65×10^{-5}cm/sec로 나타났다. 표 6.5의 개량 전 실트질 모래층의 평균투수계수와 비교해보면 거의 비슷한 투수계수값을 보이고 있어 SCW 공법에 의한 차수성의 효과가 미흡하였음을 알 수 있다.

한편 3중관 분사방식으로 시험시공된 지반개량체의 보링공 내에서 수압시험을 실시한 결과는 표 6.6과 같다. 표 6.6에 나타난 것과 같이 실트질 모래층의 G.L.-4.0~-4.8m 지점과 G.L.-7.0~-8.0m 지점의 2개소의 투수계수는 10^{-3}~10^{-4}cm/sec로 다소 크게 나타났다. 이는 현장시험 시 공내재하시험을 먼저 실시하고 수압시험을 나중에 실시한 관계로, 시험시공 개량체의 보링공 내 벽체의 이완 또는 미세한 균열이 생겨 유입량의 누수현상이 발생하여 차수효과가 없는 것으로 나타났다. 그러나 공내재하시험을 실시하지 않은 G.L.-10.5~-11.5m 지점에 실시한 수압시험의 결과 투수계수는 6.89×10^{-5}cm/sec로 다소 작게 나타나고 있다.

표 6.6 실트질 모래층의 투수계수

지층	구분	심도(m)	투수계수(cm/sec)
실트질 모래층	원지반		1.13×10^{-4}~4.09×10^{-3}
	SCW 개량체	8.0~11.0	5.64×10^{-4}~1.14×10^{-3}
	지반개량체 (3중관 분사방식)	1.0~11.5	6.89×10^{-5}

따라서 G.L.-8.0~-11.5m의 실트질 모래층에서 특정한 투수계수만을 비교하면 표 6.6과 같다. 표 6.6에 나타난 것과 같이 실트질 모래층에서의 3중관 분사주입공법 개량체의 투수계수는 원지반의 투수계수보다 10^{-1}~10^{-2} 정도의 차수효과를 얻을 수 있는 것으로 나타났다.

그러나 본 시험공에서 얻은 투수계수는 설계기준치의 투수계수보다는 크게 나타나고 있다. 이는 앞에서 설명한 것과 같이 이 위치에 조성된 개량체는 원지반의 점토분이 혼입되어 있어 수압시험 시 주수압력에 의해 미개량 부분이 발생한 것으로 판단된다. 따라서 설계기준치를 만족시키는 투수계수를 얻기 위해서는 보다 정밀한 시공을 통해 지반개량 시 균질개량체를 얻을 수 있는 시공기술의 개발이 요구되고 있다. 특히 모래자갈층의 투수효과는 실내시험에 의해 확인된 강도특성과 변형특성에 미루어볼 때 다른 공법의 투수효과보다 양호할 것으로 판단된다.

6.4.4 지반개량체와 암석과의 비교

(1) 일축압축강도와 탄상계수의 관계

일반적으로 암석의 강도가 크면 탄성도 크게 되어 양자 간에 비례적인 관계가 있음을 알 수 있다. 그러나 암석의 역학적 성질과 암석의 종류에 따라 다른 것도 있다.

그림 6.17은 암석의 일축압축강도와 정탄성계수 E_{50}과의 관계를 나타낸 것이다.[9] 암석의 경우 암석이 견고할수록 탄성도 크게 되는 것을 알 수 있지만 굳게 되는 과정이 잠재적으로 균열이 증가하여 일축압축강도의 차이가 크게 된다. 따라서 퇴적암의 경우에도 일축압축강도가 1,000kg/cm^2 이상이 되면 비선형적인 관계를 보이고 있다. 화성암, 변성암의 경우에는 일축압축강도에 비례하여 정탄성계수는 크게 되지만 값의 차이가 상당히 커서 정도가 높은 대비는 곤란하다.

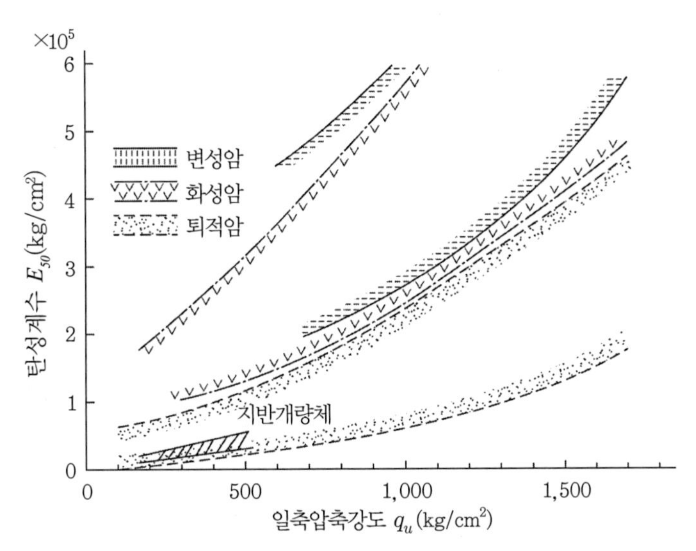

그림 6.17 일축압축강도와 탄성계수와의 관계(암석과의 비교)

한편 3중관 분사방식으로 시험시공된 지반개량체의 일축압축강도와 탄성계수와의 관계를 나타내면 그림 가운데 빗금 친 부분에 해당한다. 지반개량체의 최대일축압축강도는 500kg/cm^{2}으로 암석의 일축압축강도에 비해 1/3~1/4 정도여서 탄성계수도 상당히 작게 나타나고 있다. 즉, 지반개량체는 퇴적암의 분포 곡선의 하부에 분포하고 있으므로 강도면에서는 퇴적암과 비슷하거나 다소 작음을 알 수 있다.

(2) 일축압축강도와 취성도와의 상관성

3중관 분사방식으로 시험시공된 지반개량체의 취성도는 그림 6.7에서 본 것과 같이 압축강도가 클수록 취성도는 크다. 그러나 암석은 압축강도에 비해 인장강도가 매우 작은 취성재료이며 암석의 종류에 따라 다르다.

그림 6.18은 화성암과 퇴적암에 대한 취성도를 일축압축강도와의 상관성을 나타낸 것이다.[9] 그림에 도시된 것과 같이 화성암이 퇴적암보다 취성도가 큰 암석이 많다. 퇴적암의 취성도는 10~30의 범위에 분포하고 있는 반면, 화성암의 취성도는 30~40 범위에 분포하고 있다.

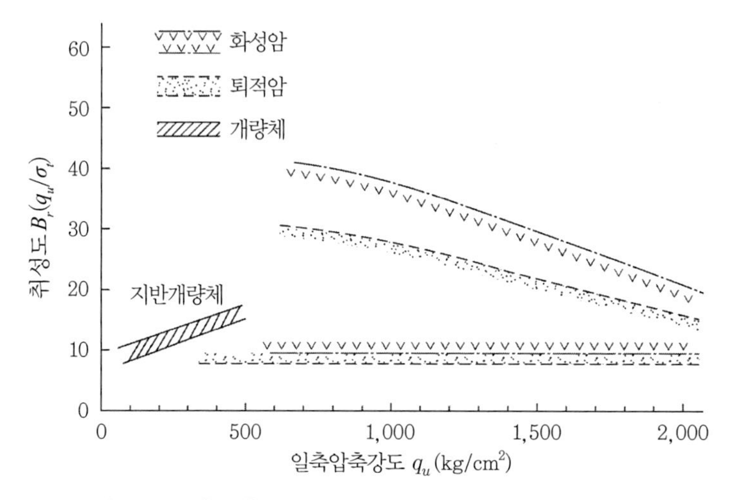

그림 6.18 일축압축강도와 취성도와의 관계(암석과의 비교)

한편 지반개량체의 일축압축강도와 취성도와의 관계를 나타내면 그림 가운데 빗금 친 부분에 해당한다. 지반개량체의 취성도는 5~13의 범위에 분포하고 있어 암석의 취성도보다는 상당히 작음을 알 수 있다. 암석의 취성도는 일축압축강도의 증가에 따라 거의 일정하거나 감소하는 경향을 보이고 있는 반면, 지반개량체의 취성도는 일축압축강도가 증가함에 따라 선형적으로 증가하는 현상을 보이고 있다. 즉, 낮은 압축강도에서는 취성도와 일축압축강도와의 관계는 비례관계를 나타내지만 압축강도가 어느 정도 이상이 되면 반비례관계를 보이고 있음을 알 수 있다.

(3) 탄성파속도와 일축압축강도의 상관성

탄성파속도는 암석과 암반을 구분하거나 굴착 정도의 난이도를 판별하는 데 이용될 수 있다. 암석에 대한 탄성파속도와 일축압축강도와의 상관성에 대한 연구는 많이 이루어졌다. 그림 6.19는 암석의 탄성파속도와 일축압축강도와의 상관성을 암석에 따라 변성암, 화성암, 퇴적암으로 구분하여 나타낸 것이다.[9] 암석의 탄성파속도는 동일한 비중, 동일한 강도하에서도 그 내부구조에 차이에 따라 전파 속도에 차이가 있다. 그림에 나타난 것과 같이 동일한 일축압축강도의 암석에서도 화성암의 탄성파속도가 다른 암석보다 빠른 것을 알 수 있다.

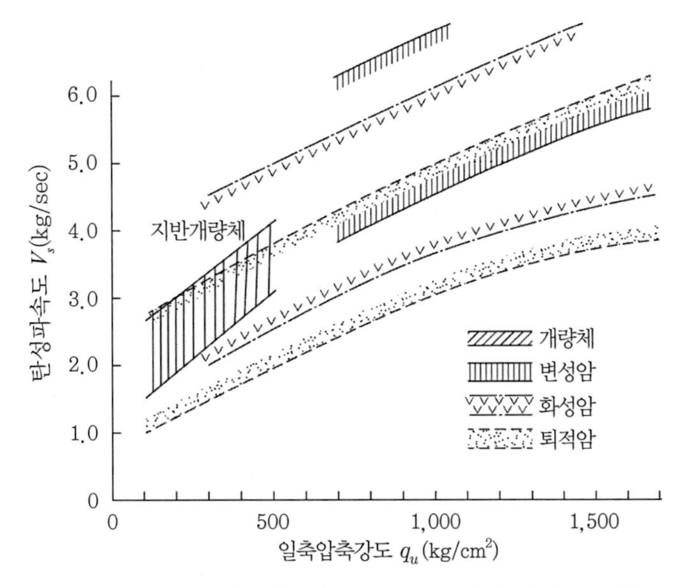

그림 6.19 일축압축강도와 탄성파속도와의 관계(암석과의 비교)

3중관 분사방식으로 시험시공된 지반개량체의 탄성파속도와 일축압축강도와의 관계를 나타내면 그림 가운데 빗금 친 부분에 해당한다. 지반개량체의 탄성파속도는 동일한 압축강도 하에서는 퇴적암과 비슷하거나 약간 크게 나타나고 있음을 알 수 있다. 또한 암석의 경우 일축압축강도가 증가하면 탄성파속도도 증가하는 경향을 보이고 있으며 그 증가량도 크다. 반면 지반개량체의 경우에도 일축압축강도가 증가하면 탄성파속도도 증가하고 있지만 그 증가량은 암석에 비해 훨씬 작은 것으로 나타나고 있다.

참고문헌

1. 건설산업연구소(1993), "SIG공 공사비 산정에 관한 연구보고서".
2. 금호감리단(1993), "일산전철 제6공구 연약지반 JSP시공 확인 조사보고서.
3. (주)동인엔지니어링(1992), "노량진 본동아파트 신축 지하굴토공사 SIG시험 성과 보고서".
4. (주)동원기초, SIG공법.
5. (주)동원기초(1994), "일산선 제6공구 공사현장 환기구 및 정차장 매표소 구조물 SIG지반보강공 시험 보고서.
6. 중앙대학교(1994), "고압분사주입공법(SIG)에 의한 지반개량체의 특성에 관한 연구보고서".
7. 홍원표 · 임수빈 · 김홍택(1992), "일산전철 장항정차장구간의 굴토공사에 따른 안정성 검토 연구 보고서", 대한토목학회.
8. 洪元杓(1995), 注入工法, 중앙대학교 출판부.
9. 三木幸藏(1982), わかりやすい岩石と岩盤の知識, 鹿島出版會, pp.113~144.
10. 변동균 · 신현묵 · 문제길(1989), "철근콘크리트, 동명사, pp.8~19.
11. 황정규(1992), 건설기술자를 위한 지반공학의 기초이론, 구미서관.

C·H·A·P·T·E·R

07

댐 기초지반의 암반그라우팅 보강

C·H·A·P·T·E·R

07 댐 기초지반의 암반그라우팅 보강

물은 인간생활에 가장 필수적인 재화이며 모든 산업의 기본이 된다. 최근 물 부족에 대한 정부 및 민간의 관심이 집중되고 있는 실정이며 만약 물이 부족하게 되면 다른 재화가 부족하여 받는 고통보다 그 크기나 심각성에서 비교가 되지 않을 것이다.

우리나라의 수자원 여건상 물을 확보하는 데는 댐 건설이 미래의 물 부족에 대응하기 위한 불가피한 대안이며 앞으로 많은 댐 건설공사의 설계 및 시공이 이루어져야 한다.[1,2]

댐 건설에서 기초지반은 상부 제체 하중을 지지할 수 있는 충분한 강도와 댐의 효율성을 최대화 할 수 있도록 차수성 확보에 대한 신뢰성을 가져야 한다. 그러나 실제로 대다수의 기초지반이 발파 및 기계굴착에 의해 기초지반이 이완되고 또한 기반암의 불연속적인 특성에 의하여 이러한 조건을 만족시키지 못하고 있다. 따라서 기초지반의 처리가 필요하며 특히 댐의 경우 암반 그라우팅이 기초지반의 보강, 양압력 및 침투수량을 저감하는 중요한 공법으로 사용되어왔다.

실제로 대규모 댐에서 기초지반은 다른 구조물에 비하여 신뢰할 수 있는 투수성과 충분한 강도를 가져야 한다. 그러나 대다수의 기초지반이 이러한 특징을 가지고 있지 않다. 그래서 기초지반의 처리가 필요하며 특히 댐의 경우 암반 그라우팅이 기초지반의 보강과 침투수를 조절하는 중요한 공법으로 사용되어져 왔다.

예를 들면, 중국의 우지앙두 댐은 아치형 중력식 댐이며 그 높이가 165m이고 저수용량이 $2.41\times10^9 m^3$이다. Curtain 그라우팅은 190km를, Consolidation 그라우팅은 89km를 실시하였다. 기초지반의 암질은 석회암이며 퇴적암은 균열과 절리가 많고 NE와 NEW 방향의 많은 단층들에 의해 관입되어 있다. 이러한 단층과 절리들은 지하수의 침식에 의해 광범위하게 손상되어 있으며 석회암 공동과 균열이 발달되어 있다. 이 기초지반의 투수성은 이들 석회암에 의해 주로 제어된다. 이 댐 기초의 침투수의 처리는 우지앙두 댐에서 주요 공정이 되었다.

한편 우리나라 보령댐 좌안사면 굴착공사에서도 발파작업 및 기계굴착 등에 의하여 이완된 암반을 보강하고 댐 담수 후 절리가 발달된 좌안 사면부로의 누수를 차단하고자 기시행된 여수로 abtment부 그라우팅을 연장하여 시공한 바 있다.

제7장에서는 댐 기초지반의 암반그라우팅 보강에 적용되는 주입공법과 개량효과를 설명하고 4개 현장 시공 사례를 대상으로 지질학적 특성에 따른 차수효과와 그라우팅 주입압력, RQD 및 주입량의 상관관계에 대한 고찰을 통하여 시공관리기준을 설명한다.

7.1 댐 기초지반의 주입공법의 개요

댐 기초지반을 암반그라우팅으로 보강하는 데 주입공법을 적용하는 목적은 댐 기초지반의 지질학적 결함을 개량하고 침윤선을 연장시켜 누수량을 감소시키고 세굴 방지 및 기초의 지지력을 증대시키기 위해서이다.[3,4]

댐 하부 기초지반에서 적용되는 주입공법은 curtain 그라우팅과 consolidation 그라우팅으로 실시된다. 우선 curtain 그라우팅은 댐 상류면에서 암반을 깊이 방향으로 천공하여 시멘트그라우트를 주입함으로써 댐 좌우양안에서 댐상류면에 연해 깊이 방향으로 커튼 형상의 차수막을 조성하는 작업이다. 이 작업은 댐의 저수목적을 달성시키고 또한 침투수로 인한 댐의 안전성을 해치지 않기 위해 행하는 댐공사 특유의 작업이다.[13]

한편 consolidation 그라우팅은 댐 본체를 지지하는 기초의 전면적 혹은 필요한 일부 면적에 대하여 실시하는 기초 보강용 그라우팅이다. 암반 설계 시 가정과 같이 암반을 균질등방성의 탄성체로 가정하고 지지력을 증가시키고 투수성을 낮출 목적으로 실시한다. 원칙적으로 consolidation 그라우팅을 실시한 후에 콘크리트를 타설한다.[7]

일반적으로 curtain 그라우팅을 중심으로 consolidation 그라우팅을 병행하여 시공하는데, 이는 상호보완연계가 되기 위하여 인접 구간에 consolidation 그라우팅이 선시공되고 curtain 그라우팅이 후 시공된다.

최대의 주입효과를 얻기 위해서는 주입압을 가능한 높게 해야 한다는 것이 일반적인 사실이다. 그러나 암반그라우팅에서는 주입압력에 관한 두 가지 의견이 있다. 첫 번째는 주입압을 결정할 때 기초지반을 손상시키지 않는 보통의 주입압(moderate pressure)을 선호하는 의견과 두 번째는 기계굴착이나 발파에 의해 넓혀진 기초암반의 균열을 메우기 위하여 높은 주입압(high pressure)을 사용해야 한다는 의견이 있다.[9,10]

표층구간에서는 그라우팅 작업 시 위의 두 가지 의견과 무관하게 같은 주입압을 사용해야 한다. 그 이유는 주입압력으로 인하여 표층구간의 암반이 이동되거나 과도한 표면누출이 발생하지 않도록 하기 위해서이다.

깊은 심도에서는 비록 보통의 주입압력을 선호하는 기술자들도 주입압력은 암반의 강도에 의해 조절되어야 한다는 생각을 인정하고 있는 실정이다. 그라우팅의 설계 및 시공 시 주입압력의 결정에 자주 사용되는 주입압력(0.23bar/m)은 연암(weak rock)과 보통암(average rock)에서 만족할 만한 결과를 보이는 반면에 매우 단단한 암(very sound rock)에서는 그 값의 2배의 값이 사용되어지는 실정이다. 이들 주입압력과 심도와의 관계는 그림 7.1과 같다.

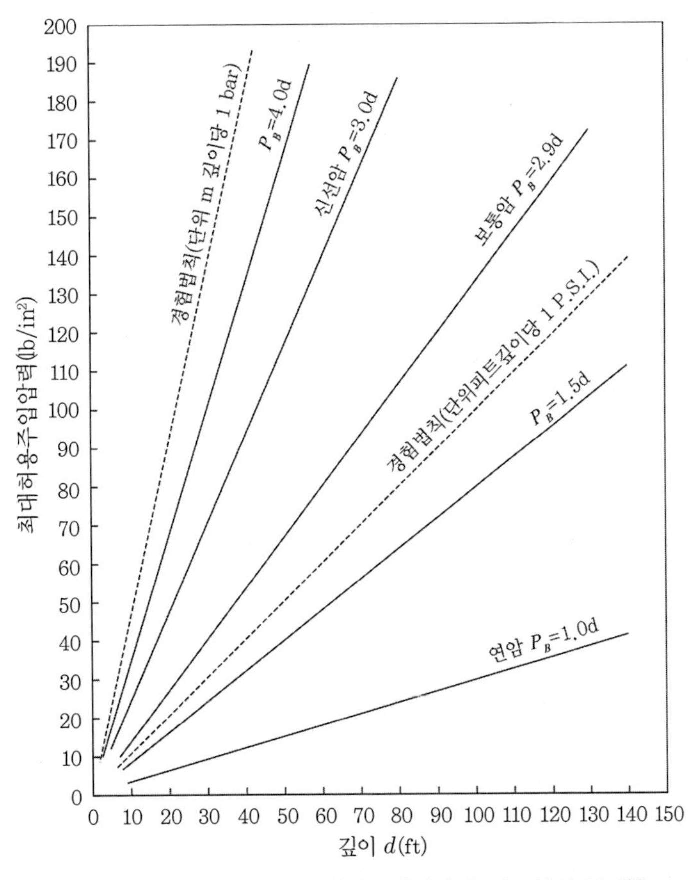

그림 7.1 암반에서의 허용최대주입압력과 심도와의 관계[2]

또한 그림 7.1에서는 변형그라우트(displacement grout) 개념으로 사용되는 주입압력(1.00bar/m)에 대한 내용도 보여준다. 변형그라우트는 심도와 주입압력과의 관계를 보통의 주입압력을 적용하는 주입압력보다 4배 이상 큰 값을 가진다. 변형그라우트는 주입압력으로 암반의 균열을 열고 주입액의 침투를 도와주는 것을 목적으로 하고 압력이 제거되었을 때 암반의 균열이 닫혀지려는 성질, 즉 일종의 프리스트레스의 효과를 기대하기 위한 것이다.

이 변형그라우트의 개념으로 그라우팅 작업을 할 경우 보통의 주입압력으로 그라우팅 작업을 실시할 경우보다 적은 양의 그라우팅 작업으로 비슷한 효과를 얻을 수 있을 것이다. 그러나 주입액이 암반파쇄대의 모든 부분에 주입되어 지는가는 항상 의문이다. 변형그라우트의 개념으로 시공할 경우 어떤 기술자는 "의사가 환자를 치료하려다 더 나쁜 상태로 만드는 경우"와 같다고 주장하기도 한다.

Sabarly(1968)는 주입압력의 선택은 기술적인 문제에 크게 의존하지는 않는다고 주장하였다.[11] 왜냐하면 보통 주입압력을 선호하는 기술자들은 주입압력으로 0.23bar/m를 사용하는 반면에 변형그라우트 개념의 주입압력으로 1.00bar/m을 적용하여 그라우팅 작업을 하는 기술자들도 있기 때문이다.

따라서 그라우팅 작업 시 적절한 주입압력을 선택하려면 표면 누출이나 다른 문제점이 발생하는가를 관찰하면서 단계적으로 주입압력을 서서히 증가시키면서 그라우팅을 실시해야 한다.

7.2 주입공법의 분류

7.2.1 Curtain 그라우팅

Curtain 그라우팅은 댐 상류면에서 암반을 깊이 방향으로 천공하여 시멘트그라우트를 주입함으로써 댐 좌우양안에서 댐상류면에 연해 깊이 방향으로 커튼 형상의 차수막을 조성하는 작업이다. curtain 그라우팅의 목적은 암반 내 절리면을 따라 하류로 유출되는 침투수를 억제하고 또한 침투수에 의한 양압력, 파이핑현상 등으로부터 댐 본체의 안정성을 확보하기 위함이다. curtain 그라우팅의 공심도, 공간격, 열간격 등은 기초지반 상태, 댐높이, 최대수심 등에 의해 결정되며 일반적인 curtain 그라우팅 기준은 다음과 같다.

주입압력은 수압시험의 결과에 근거하여 암반의 균열상태, 물-시멘트비, 주입깊이 등에 따라 다르지만 일반적으로 보링천공깊이는 수압의 1/3 정도로 하고, 보링간격은 약 2~4m 정도로, 상부구조물을 손상시키지 않는 범위에서 되도록 큰 압력을 가한다. 사용하는 그라우트 농도는 물·시멘트비가 1/1~1/8 정도가 되도록 정하는데, 주입량이 클 때는 짙은 농도를 적용한다. 그러나 최근 현장에서는 물·시멘트비 1/10을 기준으로 하기도 한다.[2]

댐의 양안 접합부에는 단층대 처리방안과 동일하게 경사공을 배치하며 지층특성을 확인하여 주입패턴을 결정한다. 공간격은 일반적으로 1.5~2.5m를 기준으로 2열 이상인 경우 지그재그로 배치하여 암반의 변형성, 기존암반의 강도, 압축특성과 수밀성 등을 개량할 수 있도록 하여야 한다.

그라우팅 작업은 저수위, 지질상태, 주입영향권 등에 의해 결정되지만 통상 1열 내지 2열로 배치한다. 2열 배치 시 열간격은 약 1.0~2.0m 정도이나 기초 프린스(plinth)폭 등을 고려하여 시험그라우팅으로 결정한다. 지층조건이 극히 불량한 지역에서는 저수위 이상과 이하로 나누어 지반여건에 따라 상·하류로 보조그라우팅을 실시할 수 있다.

그라우팅공 배치계획 시 지질상태에 따라 단층구간이 출현하는 구간은 수직공에만 의존하지 말고, 단층대와 교차하도록 경사공을 시공하여 시추코아로 단층대 구간을 확인하며, 조사결과에 의해 차수효과를 높일 수 있도록 주입패턴을 결정하여 상호 보완적인 그라우팅이 될 수 있도록 해야 한다.

그라우팅에 의한 투수성 처리기준은 일반적으로 3Lugeon 이하로 하며 그라우팅 후 투수성에 대한 확인시험은 20~30m 간격으로 검사공을 설치하여 수압시험을 시행하고 그 결과에 따라 판단한다.

7.2.2 Consolidation 그라우팅

Consolidation 그라우팅은 댐 본체를 지지하는 기초의 전면적 혹은 필요한 일부 면적에 대하여 실시하는 기초 보강용 그라우팅이다. 암반 설계 시 가정과 같이 암반을 균질등방성의 탄성체로 가정하고 지지력을 증가시키고 투수성을 낮출 목적으로 실시한다.

즉, consolidation 그라우팅의 목적은 표면부 기초암반의 상태(변형성, 강도, 압축특성 및 수밀성)를 개량하기 위함이다. 특히 댐에서 consolidation 그라우팅은 기초프린스 하부 암반층에 발생하는 상대적으로 짧은 침윤선에 의해 발생되는 침투수를 억제한다. 특히 지반보강효과가 탁월하다.

consolidation 그라우팅의 공간격은 일반적으로 1.5~2.5m로 차수그라우팅을 중심으로 상·하류부에 1열 또는 2열로 배치하며 공심도는 약 5~10m를 기준으로 적용한다. 그러나 이 기준은 기초폭 또는 균열대폭 등 기초지반의 상태에 따라 변경될 수 있다.

7.3 단계별 주입공법

주입심도가 10m 이상인 그라우팅 공사에서는 반드시 단계별 주입공법을 실시해야 한다. 단계별 주입공법은 그라우팅되는 모든 구간에서 작업의 편의성을 제공해주며 주입재의 분리나 낭비를 최소화시켜준다. 또한 그라우팅작업을 수행하는 동안 평가를 용이하게 해준다.

암반에서의 대표적인 단계별 주입 시공법은 하향식(downward) 주입공법과 상향식(upstage) 주입공법이 있다. 이들 공법에 대하여 설명하면 다음과 같다.

7.3.1 하향식 주입공법

그림 7.2는 하향식 주입공법에 의한 단계별 시공과정을 3단계로 도시한 그림이다. 양질의 그라우팅을 위해서는 하향식 주입공법을 추천할 만하다. 비록 각각의 새로운 단계마다 장비들을 재조립해야 하므로 트랙을 이용하는 천공장비를 사용할 경우 공사비용을 상당히 절감할

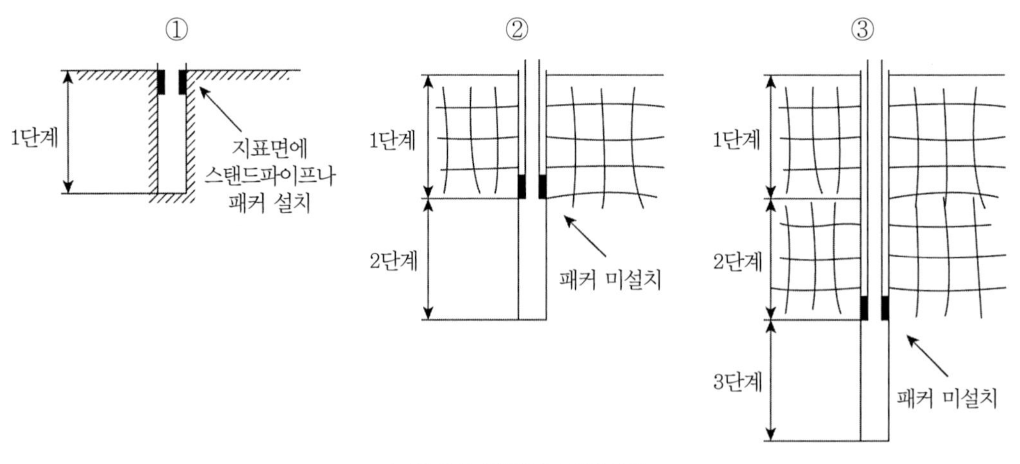

그림 7.2 하향식 주입공법

수 있다. 패커를 사용하지 않으므로 천공깊이가 깊어질수록 표층구간에서는 심부의 높은 그라우팅 주입압력에 영향을 받아 상부구간에 연약대가 형성되기 쉽다. 따라서 하향식 주입공법을 적용하여 시공할 시는 표층구간의 그라우팅 작업에 세심한 주의를 기울일 필요가 있다.

한편 그림 7.3은 패커를 이용한 하향식 주입공법에 의한 단계별 주입시공을 3단계로 도시한 그림이다. 패커를 이용한 하향식 주입공법은 위에서 언급한 하향식 주입공법과 그 방법은 유사하지만 상부구간과 하부구간이 패커에 의해 나뉜다.

이 공법은 상부구간이 그라우팅 작업 후 검사가 되지 않는 단점을 가진다. 그러나 주입압력에 의해 표면누출을 방지하고 인근 장비에 보호장치를 설치하지 않아도 되는 장점이 있다. 특히 이 공법은 기존의 하향식 주입공법(그림 7.2 참조)에 비해 매우 경제적이다.

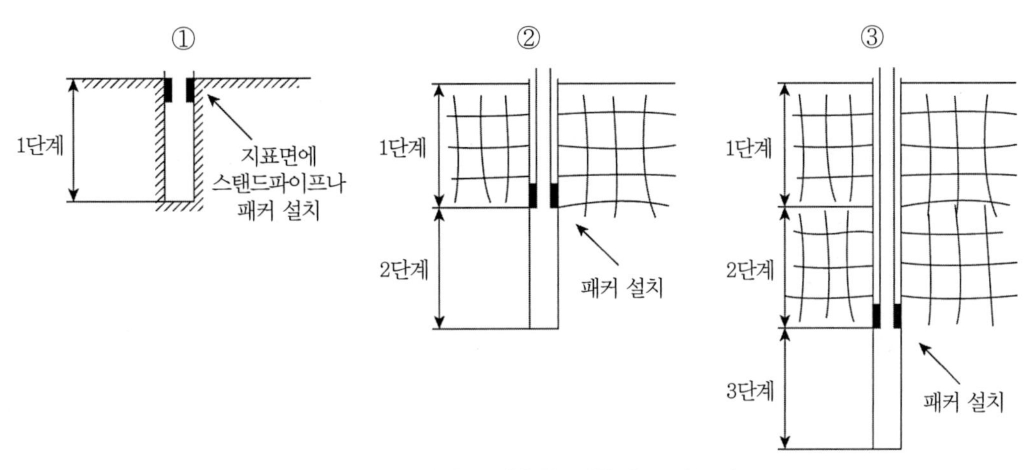

그림 7.3 패커를 이용한 하향식 주입공법

7.3.2 상향식 주입공법

그림 7.4는 상향식(upstage) 주입공법에 의한 단계별 시공과정을 3단계로 도시한 그림이다. 상향식 주입공법은 천공 공벽이 붕괴할 위험이 적고 패커에 의해 손상을 입지 않을 정도로 양호한 경우 가장 간단하며 경제적인 주입공법이다.

먼저 예상 천공심도까지 천공한 후 싱글 패커를 이용해 하부에서 상부로 올라오면서 그라우팅을 실시한다. 이 공법은 각 단계별로 수압시험을 실시하는 데 어려움이 있으며 그라우팅 작업 시 패커에서 자주 문제가 발생되므로 가능한 패커의 사용을 최소화하는 것이 좋다.

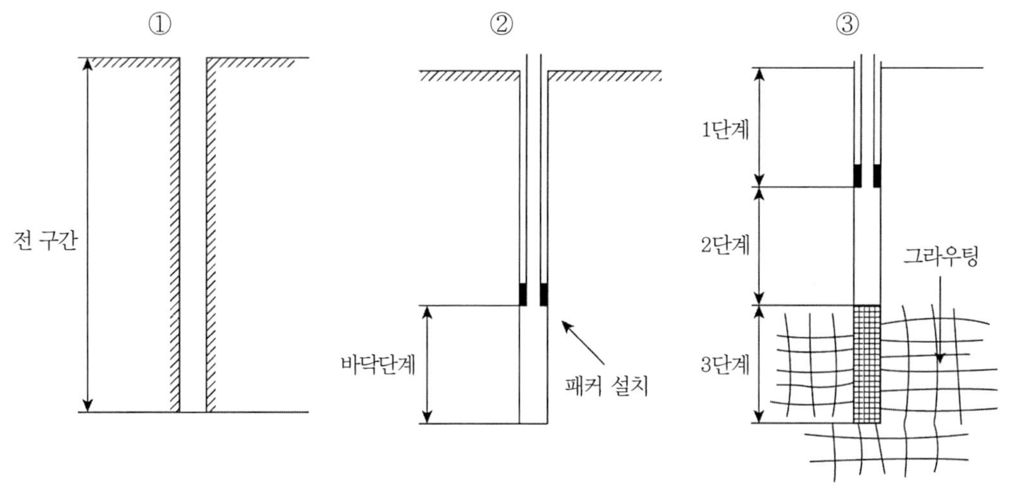

그림 7.4 상향식 주입공법

7.4 개량효과의 확인

7.4.1 암반에서의 투수계수(k)

댐 기초 그라우팅의 목적은 침투수의 억제와 지반의 강화, 즉 강도증진에 있으므로 기초지반의 투수특성을 파악하는 것이 매우 중요하다. 그리고 투수성에 대한 평가는 그라우팅 시공 전과 시공 후의 투수시험 자료를 비교하여 그 차수효과를 판정한다.[11]

이론적으로 투수계수(k)값은 투수성 평가의 기준이 되며 정수두에서 얼마나 많은 수량이 지반을 통과하는 지를 나타내는 지표이다. 그러나 암반의 투수시험 시 주입된 물은 시험구간의 상부나 하부에 형성되어 있는 절리에 의해서 구간 외로 유출되기도 하고 때로는 일반적인 흐름 방향에 편향되어 발생되기도 한다. 이러한 현상들은 압력, 심도, 지하수의 영향 및 주입수가 통과하는 유로의 폭과 길이 등에 의해 더욱 복잡한 양상을 보인다.

그러므로 상기 투수계수(k)는 동수구배 1의 조건에서 투수성 매질을 통과하는 층류의 속도를 의미하는 것으로 암반에서는 일반적으로 이런 조건이 될 수 없다. 결국 암반의 절리계는 다양하며 파쇄대의 연속성 또한 대단히 불규칙하므로 비등방성 조건이 거의 대부분이어서 Darcy 법칙에 의한 투수계수(k) 산출은 큰 의미가 없다.

따라서 주입공에서 방사상으로 침투해가는 그라우팅의 주입 특성상 투수계수(k)의 산출보다는 Lugeon값을 산출하여 설계나 시공에 이용함이 더 유용할 것으로 판단된다.[8] Lu 단위는 1933년 Lugeou에 의해 제안된 이후 유럽에서 널리 이용되어 지금은 세계적으로 사용되고 있다.

7.4.2 수압시험(Lugeon test)

(1) 시험방법

수압시험(Lugeon test)은 공내에 물을 주입하여 투수도를 구하는 시험으로써 1Lu는 10bar의 압력에서 시험구간 1m당 1분에 주입되는 주수량이 1ℓ가 되는 조건의 투수능을 의미한다.[8]

그러나 수압시험 시 적용되는 최대수압 10bar의 압력은 대개의 그라우팅에서 너무 과다하므로 이보다 적은 압력으로 시험을 하고 이를 보강하여 Lu값을 산정하며 보정방법은 아래와 같다.

$$\text{Lugeon값} = \text{주수량}(\ell/m/\min) \times \frac{10(\text{bar})}{\text{실제압력}(\text{bar})} \tag{7.1a}$$

$$(1\text{Lugeon} = 1.3 \times 10^{5}\text{cm/sec}) \tag{7.1b}$$

시험방법은 암반을 임의의 설계계획심도로 천공한 후 시험구간 상단에 패커(packer)를 설치하고 주입펌프로 물을 압송하여 임의의 시험시간 동안에 들어간 주수량을 측정한다. 그리고 수압시험을 하기 전에 공내 세척을 철저히 하여 천공파쇄물이 절리, 파쇄대의 틈새로 들어가지 않도록 해야 한다.

시험구간은 5~6m 정도로 나누어 실시하고 낮은 댐에서는 짧게 계획하는 것이 투수성 구간을 정확하게 파악할 수 있어 그라우팅계획을 합리적으로 설정할 수 있다.

부정확한 Lugeon값은 주로 패커의 누수에 그 원인이 있다. 또한 집어넣은 물이 시험구간으로 방사상 또는 수평상으로 들어가지 않고 시험구간의 위쪽으로 또는 아래쪽으로 발달된 절리계를 따라 물이 유출되는 경우에도 생긴다.

이와 같은 부정확성을 줄이기 위해서는 싱글패커(single packer)를 사용하여 천공과정에서 수시로 시험하는 하향식 수압시험을 채택하기도 한다. 더블패커를 사용할 때 주수량이 싱글패커를 사용할 때보다 800% 더 들어간다.

(2) 시험압력

수압시험 시 압력작용은 낮은 압력→중간 압력→최고 압력→중간 압력→낮은 압력의 5단계로 실시하며, 암반의 조건이 높은 압력을 적용하여도 변위나 파쇄가 발생하지 않는다면 최대 10bar(kg/cm^2)까지 적용할 수 있다.[12] 그러나 낮은 압력을 가하는 이유는 시험압력이 파쇄압력 이상에서 예상하지 못하는 순간에 파쇄가 일어나면 더 이상의 압력을 적용할 수 없기 때문이다. 지표면 또는 터파기면에서 가까운 심도나 연암에서 높은 압력으로 주수하면 지반이 교란되므로 낮은 압력을 적용하고 Lugeon값을 보정하여 산출한다.

경험적으로 견고한 암반에서는 최대시험압력을 심도 1m당 0.23kg/cm^{2}가 적당하며 암질이 불량한 경우는 더 낮은 압력을 적용해야 한다. 이와 같은 기준에 의한 단계별 적정시험 압력은 표 7.1과 같다.[6]

표 7.1 시험압력(bar)

심도(m)	보통상태 암반에서의 시험압력					불량한 암반에서의 시험압력				
	1단계	2단계	3단계	4단계	5단계	1단계	2단계	3단계	4단계	5단계
5	0.5	0.8	1.0	0.8	0.5	0.4	0.4	0.4	0.4	0.4
6	0.8	1.0	1.4	1.0	0.8	0.4	0.4	0.7	0.4	0.4
7	0.8	1.0	1.6	1.0	0.8	0.4	0.4	0.7	0.4	0.4
8	0.8	1.0	1.6	1.0	0.8	0.4	0.4	0.7	0.4	0.4
9	0.8	1.4	2.0	1.4	0.8	0.4	0.7	1.0	0.7	0.4
10	0.8	1.4	2.5	1.4	0.8	0.4	0.7	1.0	0.7	0.4
12	0.8	1.6	2.8	1.6	0.8	0.7	1.0	1.4	1.0	0.7
14	0.8	2.0	3.0	2.0	1.0	0.7	1.0	1.8	1.0	0.7
16	1.0	2.5	3.5	2.5	1.4	0.7	1.0	1.8	1.0	0.7
18	1.4	2.8	4.0	2.8	1.6	0.7	1.4	2.0	1.4	0.7
20	1.6	3.0	4.5	3.0	1.6	0.7	1.4	2.5	1.4	0.7

동일한 암반에서 수압시험 시 적용한 최대압력은 최대 주입압력보다 적어야 암반의 변형을 방지할 수 있다. 주입재는 물과 다른 유체의 특성, 즉 블리딩(bleeding), 식소투로피(thixotropy), 밀도류의 성질이 있어 압력의 분포 특성이 물과 다르기 때문이다. 즉, 주입재가 공극을 채우면서 침투하는 주입압력은 물만 들어가는 수압시험 압력보다 암반에 변형을 덜 미치기 때문이다. 그러나 시험압력을 표 7.1과 같이 간단하게 정할 수는 없으며 시추자료와 시험 경험 등을 바탕으로 하여 적절히 정해야 하며 1~2회 정도만 시험해보면 적정 압력을 구할 수 있다.

단계별 시험압력은 주입수가 정상류(steady flow)인 상태에서의 압력을 의미하며 실제 안정이 될 때까지는 10분 정도 소요된다. 단계별 실제 시험시간은 5~10분을 적용하는데, 조사공의 경우에는 보통 10분 정도가 바람직하다. 일반적으로 Lugeon 시험 결과에 의하면 시험시간에 따라 Lugeon값이 변화되나 10분 정도의 시험시간에서 구한 Lugeon값의 부정확도는 20%로 전반적인 투수성을 파악하는 데 큰 무리가 없는 것으로 본다.

또한 현장에서 적용되는 실제압력은 관손실, 지하수위 및 지표상의 높이 등이 고려되어야 한다. 그러나 이러한 요소가 차지하는 비중은 압력게이지상에서 측정되는 압력에 비해 극히 미소하므로 무시해도 무방하다고 판단된다.

(3) 시험 결과의 평가

단계별로 압력을 변화시키면서 수압시험을 할 경우 암반의 상태, 즉 절리에 충진된 점토분의 파쇄, 변위 여부를 평가할 수 있으며 시공 시 적용할 적정 주입압력을 결정하기 위해서 수압시험 시 임의의 압력을 가하면 암석의 파쇄압력도 예상할 수 있다.

작용압력별로 구한 Lugeon값은 다음과 같이 다섯 가지 유형으로 구분할 수 있다. 단계별로 실시한 수압시험에 근거하여 다음 다섯 가지 유형에 Lugeon값을 산출하고 시험구간의 암반 특성에 부합되는 대표 Lugeon값을 정한다.

① 층류(laminar flow) : 각 압력단계의 Lugeon값이 그림 7.5(a)와 같이 비슷한 경우이다. 이는 물의 흐름이 층류, 즉 작은 균열을 따라 물이 조용히 흐르는 경우에 해당한다. 이때의 Lugeon값은 평균값을 사용하거나 어느 단계의 값을 택하여도 괜찮다.

② 난류(turbulent flow) : 각 압력단계의 Lugeon값이 그림 7.5(b)와 같이 상이한데 이는 최고압력 전후의 Lugeon값은 대칭적이나 최고압력에서 가장 낮은 Lugeon값을 보이는 것은 물의 흐름이 틈새가 넓은 곳에서 와류가 생기는 난류인 경우로서 난류는 절리에서 와류를 일으켜 주수량이 줄어든다. Lugeon값은 가장 적은 것을 택하여야 하며 평균값을 사용할 경우 오차가 매우 크다.

③ 팽창(dilation) : 난류의 경우와 반대인 형태로서 그림 7.5(c)에서 보는 바와 같이 1, 2, 4, 5단계보다 3단계인 최고압력에서 대단히 큰 Lugeon값을 보여준다. 이는 압력으로 인하여 암반에서 약한 부분이 압축이나 팽창으로 균열이 넓혀진 때에 나타나는 현상이다. 이 팽창현상은 일시적인 것으로 탄성팽창이라 볼 수 있으며 가장 적은 Lugeon값을

택하여야 한다. 이러한 팽창현상은 잘 나타나지 않는다.

④ 유실(wash-out) : 수압시험을 진행하면서 투수성이 증가하는 경우로 압력이 낮아졌는데도 불구하고 주수량은 줄어들지 않는 경우이다. 이는 절리나 균열 사이에 있는 점토가 씻겨나가거나 암석이 변위 또는 수압에 의해 파쇄되면서 틈새가 커지는 경우이다. 커진 틈새에는 암석의 조각이 떨어져 버팀 역할을 하여 주수압력이 떨어져도 틈새가 줄어들지 않고 벌어진 상태 그대로 소성변형이 유지되는 상태이다.

이 경우의 대표 Lugeon값은 그림 7.5(d)에 도시된 Lugeon 분포 중 최소압력인 5단계의 Lugeon값을 택한다. 이러한 현상은 주입재의 주입에 바람직하지 못하나 점토 등이 제거되는 씻겨나감 현상은 바람직하다. 이는 주입재가 공극을 채우면 점토보다 더욱 강도가 커지게 되어 불투수성이 되기 때문이다. 파쇄가 일어나는지 유실이 일어나는지를 명확히 구분하기는 힘들지만 시추코어를 관찰하면 이를 예측할 수도 있다. 이러한 현상은 자주 일어나며 때로는 충격적인 과다압력을 가하는 등 잘못된 시험을 통해서도 발생한다.

⑤ 공극채움(void filling) : 이 현상은 그림 7.5(e)에 도시된 바와 같이 유실의 반대현상으로서 Lugeon값은 시험이 진행되면서 점점 줄어들고 있다. 이는 공극이나 균열 등이 물로 채워져 더 이상의 물이 들어가기 어려운 경우이다. 대표 Lugeon값은 가장 낮은 값을 택한다.

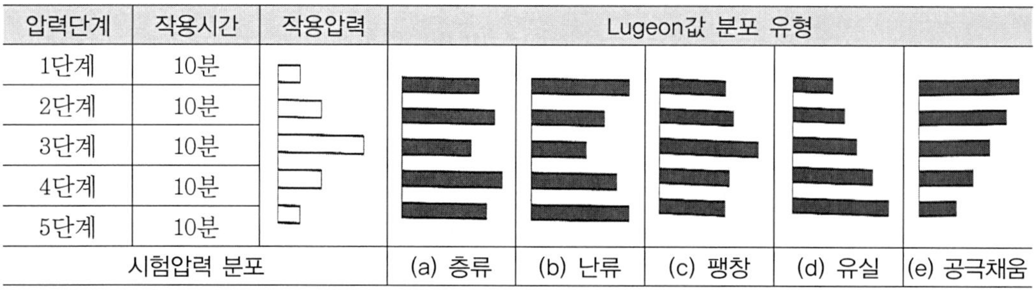

압력단계	작용시간	작용압력	Lugeon값 분포 유형				
1단계	10분						
2단계	10분						
3단계	10분						
4단계	10분						
5단계	10분						
시험압력 분포			(a) 층류	(b) 난류	(c) 팽창	(d) 유실	(e) 공극채움

그림 7.5 주입시험 결과

7.4.3 주입 전후 Lugeon값의 변화

그림 7.6과 표 7.2는 4개 현장 사례에서 측정한 그라우팅 전후의 투수성 변화를 도시한 결과이다.[2]

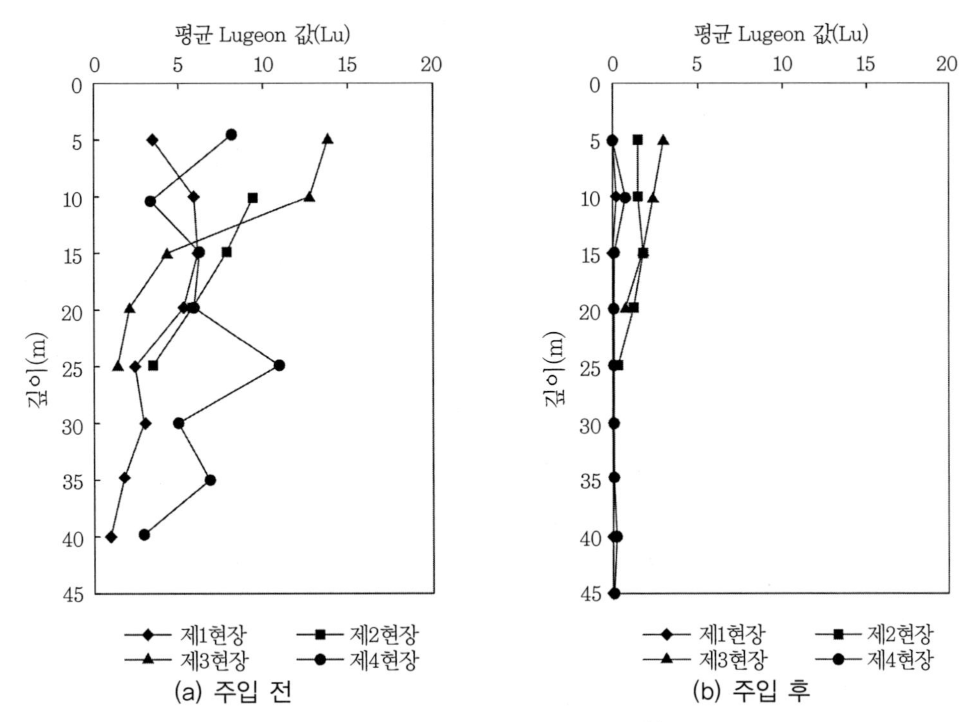

그림 7.6 심도별 평균 Lugeon값[2]

표 7.2 현장별 주입 전후 투수성의 변화

대상 현장	주요 지질	주입 전의 투수성(Lu)		주입 후의 투수성(Lu)	
		curtain 그라우팅	consolidation 그라우팅	curtain 그라우팅	consolidation 그라우팅
제1현장	변성암 (편마암)	076~6.09	28.47	0.01~0.23	0.17
제2현장	퇴적암 (사암, 쉐일)	3.9~12.03	12.88	0.35~1.85	0.57
제3현장	퇴적암 (사암, 쉐일)	1.30~13.81	-	0.84~3.04	-
제4현장	퇴적암 (사암, 쉐일, 안산암, 화강암)	2.37~10.58	-	0.00~0.67	-

제1현장의 경우 지리산 편마암 복합체로서 주로 변성암류가 분포하는 지역의 댐 하부에 curtain 그라우팅과 consolidation 그라우팅을 시공한 결과 curtain 그라우팅의 경우 평균 Lugeon값이 주입 전 0.76~6.09Lu에서 0.01~0.23Lu로 투수성이 감소하였고 consolidation

그라우팅의 경우 평균 Lugeon값이 주입 전 28.47Lu에서 0.14Lu로 투수성이 감소한 것으로 조사되었다. 이는 댐 기초하부지반의 투수성에 대한 시방서 기준인 3Lu 이하와 비교해볼 때 변성암 지역의 암반 그라우팅의 차수효과는 우수한 것으로 판단되었다.

제2현장과 제3현장의 경우 유사한 지반조건을 가진 현장으로서 사암과 쉐일로 구성된 퇴적암이 대부분을 차지하는 지역으로 제2현장의 경우 제수문 하부에 consolidation 그라우팅을 선시공한 후 curtain 그라우팅을 실시하였으며 제3현장의 경우 댐 하부 지중연속벽 하부에 curtain 그라우팅만을 실시한 현장이다.[5] 이 두 현장의 차수효과를 비교해보면 유사한 지반조건에서 consolidation 그라우팅을 선시공한 후 curtain 그라우팅을 실시한 제2현장의 주입 후 차수효과는 주입 전보다 8.9~15.0% 투수성이 감소된 것으로 조사되었고 curtain 그라우팅만을 실시한 제3현장의 경우에는 주입 전보다 15.0~64.6% 투수성이 감소된 것으로 조사되었다. 이 결과로 볼 때 비슷한 지반조건에서 curtain 그라우팅과 consolidation 그라우팅을 병행하여 시공한 현장의 차수효과가 curtain 그라우팅만을 시공한 현장보다 우수한 차수효과를 보이는 것으로 조사되었다.

한편 제4현장의 경우 퇴적암과 이를 관입 또는 분출한 화산암류와 화성암류의 복잡한 지질특성을 보이는 지역으로 댐 우안부에 curtain 그라우팅만을 시공한 현장으로 주입 전의 평균 Lugeon값은 유사한 지질특성을 보이는 제2현장, 제3현장과 근사한 2.37~10.58Lu로 조사된 반면 주입 후의 투수성을 살펴보면 평균 Lugeon값이 0.00~0.67Lu로 제2현장, 제3현장보다 월등히 우수한 것으로 나타났다. 이는 비록 유사한 암질을 가지는 지역이라 할지라도 암반 그라우팅의 차수효과는 암반의 절리특성, 파쇄대, 지하수의 영향, 암반의 종류 등에 의해 영향을 받는다고 판단된다.

7.5 암반 RQD의 영향

그림 7.7(a)는 제1현장에서 실시한 curtain 그라우팅과 consolidation 그라우팅 그리고 제3현장에서의 curtain 그라우팅을 실시하기 위한 조사공(pilot hole)에서의 Lugeon값과 RQD의 관계를 도시한 그림이다.

제1현장은 편마암 위주의 변성암이 대부분을 차지하는 지역이며 제2현장은 사암과 셰일의 퇴적암이 대부분을 차지하는 지역이다. 이 두 현장의 그라우팅 작업 전의 조사공에서 파악한

RQD와 Lugeon값의 관계는 데이터의 분산도가 크며 어떠한 일정한 관계를 찾기 힘들다.

그러나 그림 7.7(b)는 퇴적암이 대부분인 유사한 지반조건을 가지는 제2현장과 제3현장에서의 curtain 그라우팅 작업 후 검사공에서 조사된 RQD와 Lu값의 관계를 도시한 그림이다. 그라우팅 주입에 의해 주입 전 4Lu 이상의 투수성을 가지는 구간의 Lugeon값들이 주입 후 4Lu 이하로 나타나 차수성이 상당히 향상된 것으로 조사되었다. 또한 그림 7.7(b)에서 주입 후 Lugeon값은 암반의 RQD값과 상관관계가 보이지 않았다. 이는 그라우팅에 의해 결함이 있던 암의 투수성이 암질에 상관없이 상당히 개량되었음을 의미한다.

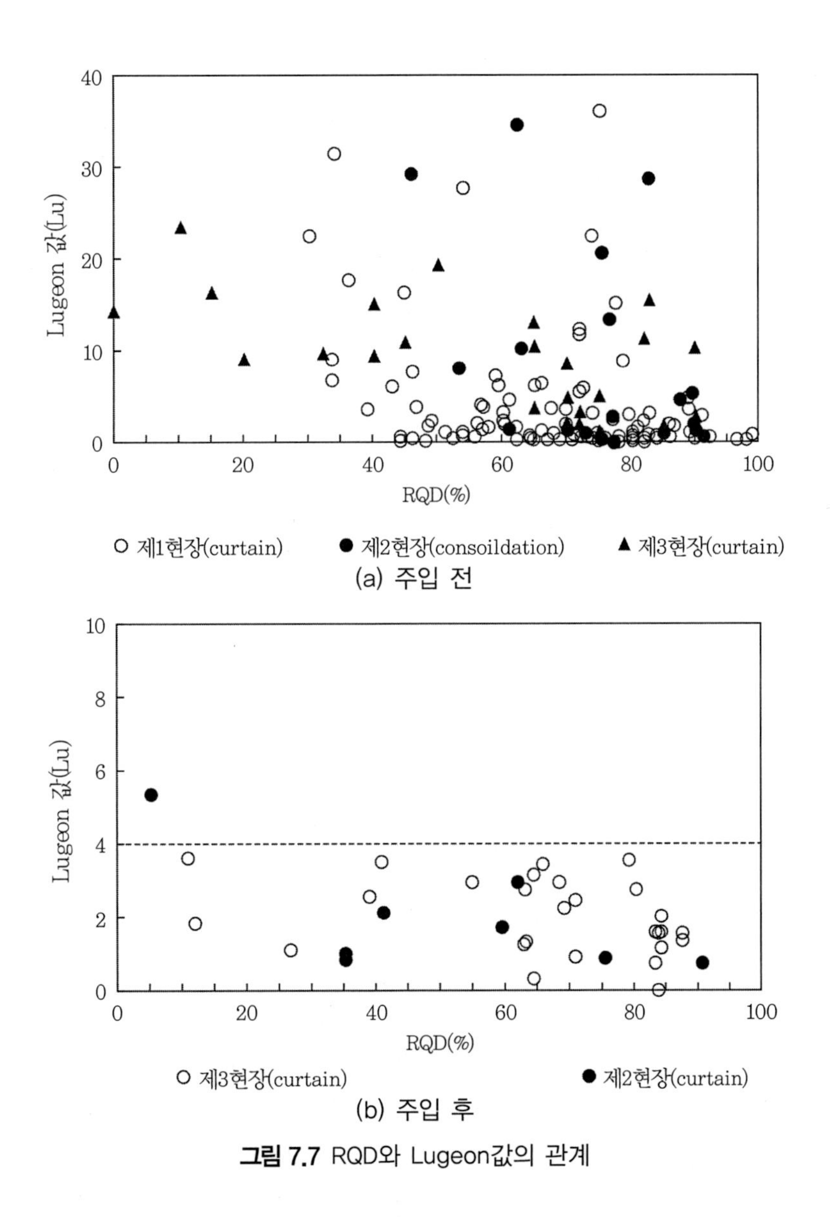

그림 7.7 RQD와 Lugeon값의 관계

그림 7.8은 제1현장(변성암)과 제2현장(퇴적암)의 curtain 그라우팅 및 consolidation 그라우팅 시공 시 조사된 Lugeon값과 단위시멘트 주입량의 관계를 도시한 결과이다.

변성암 지역에서의 Lugeon값과 단위시멘트 주입량의 관계는 비선형적으로 비례하는 것으로 조사되었으며, 비교적 투수성이 큰 퇴적암 지역에서의 Lugeon값(Lu)과 단위시멘트 주입량(V_c)의 관계는 선형적(Lu=0.22 V_c)으로 비례한다는 것을 알 수 있었다. 이것은 층리가 발달된 퇴적암에 비해 비교적 낮은 투수성을 가지며 엽리가 발달된 변성암 지약에서의 Lugeon값과 단위시멘트 주입량의 관계는 분산도가 큰 것으로 조사되었다.

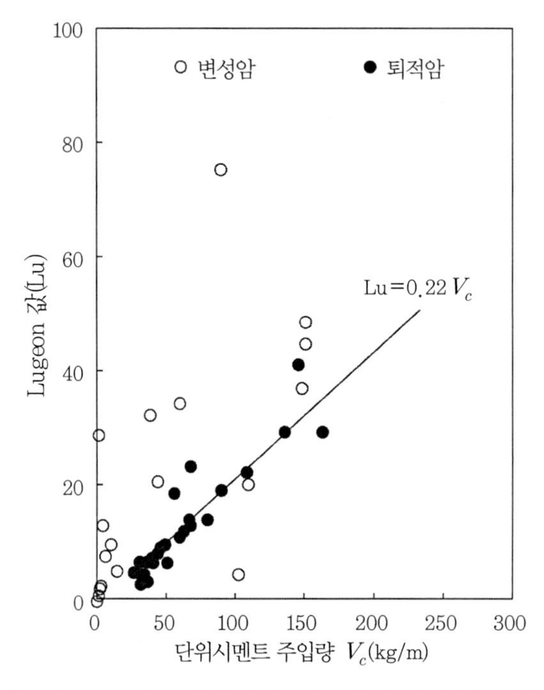

그림 7.8 암종별 Lugeon값과 단위시멘트 주입량의 관계(제1현장 및 제2현장)

그림 7.9(a) 및 (b)는 제1현장에서의 curtain 그라우팅 및 consolidation 그라우팅 조사공 시추 시 파악한 RQD와 주입 시 측정된 단위시멘트 주입량의 상관관계를 조사한 결과이다.

본 현장의 기초암반의 RQD는 거의 50% 이상의 양호한 상태의 편마암으로 구성된 변성암으로 이루어진 지역이다.

그림 7.9로부터 curtain 그라우팅 및 consolidation 그라우팅 모두에서 RQD가 클수록 단위시멘트 주입량은 정성적으로 감소하는 경향을 보이는 것으로 조사되었다. 이로부터 단위시

멘트 주입량은 지반 내에 존재하는 암반의 공극에 직접적 영향을 받는다는 사실을 알 수 있다. 이는 RQD는 단위시멘트 주입량을 결정하는 중요한 요소로 작용한다는 사실을 의미한다.

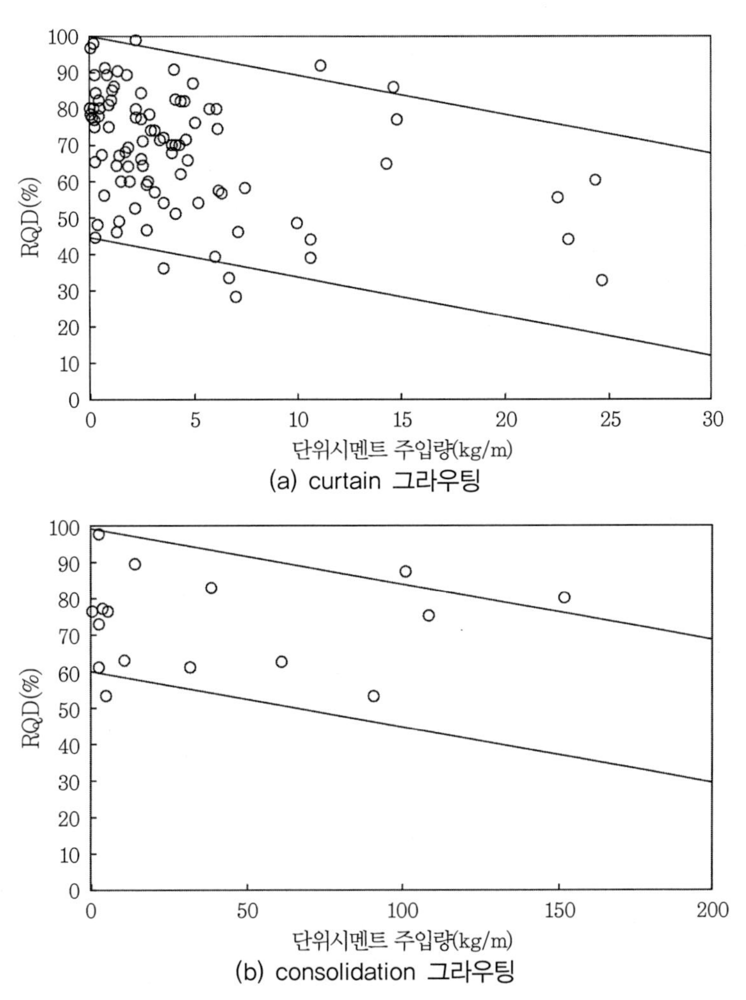

그림 7.9 RQD와 단위시멘트 주입량의 관계(제1현장)

7.6 단위시멘트 주입량

7.6.1 curtain 그라우팅

그림 7.10은 제2현장의 curtain 그라우팅 시공순서를 도시하였다. 즉, 사암과 세일로 구성

된 퇴적암으로 이루어진 제2현장의 curtain 그라우팅 시공순서를 도시하였다.

한편 그림 7.11은 동 현장에서 시공차수에 따른 평균 Lugeon값과 평균단위시멘트 주입량의 관계를 도시한 그림이다. 평균 Lugeon값과 시공차수의 관계를 살펴보면 전체적으로 심도가 깊어지면 평균 Lugeon값도 감소하는 것을 확인할 수 있었으며, 시공차수에 따른 평균 Lugeon 값의 변화는 심도 5m 구간과 20m 구간에서는 인접 주입공의 영향이 거의 없는 것으로 조사되

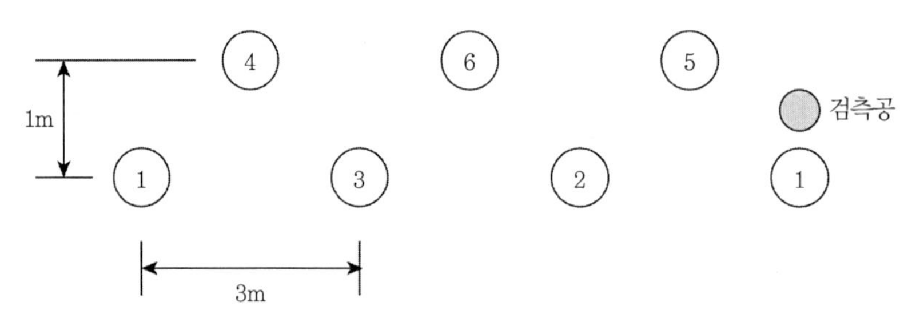

그림 7.10 curtain 그라우팅 시공순서도(제2현장)

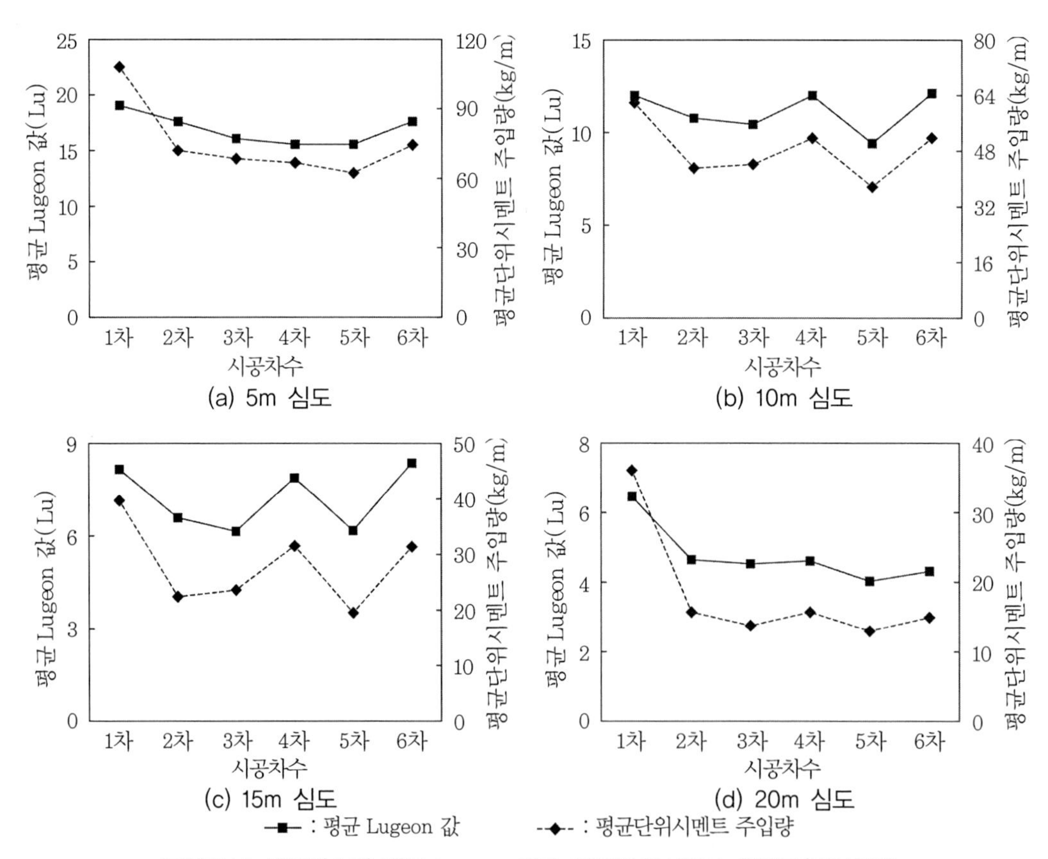

그림 7.11 시공차수에 따른 Lugeon값과 평균단위시멘트 주입량(제2현장)

었으며 심도 10m, 15m 구간의 비교적 인접 주입공과의 거리가 짧은(1m) 4차공, 6차공은 인접 주입공의 영향을 받아 Lugeon값이 감소해야 하는데, 오히려 증가하는 경향을 보이고 있다. curtain 그라우팅 시공 시 시공차수에 따른 평균 Lugeon값의 관계는 인접 주입공과의 간격보다는 주입구간의 파쇄대의 유무, 절리특성 등에 의한 영향을 더 크게 받는 것을 나타내고 있다.

한편 시공차수에 따른 평균단위시멘트 주입량의 관계는 시공차수와 평균 Lugeon값과의 관계와 거의 동일한 경향을 보이는 것으로 조사되었다. 즉, 평균단위시멘트 주입량은 평균 Lugeon값과 동조화 현상을 보이고 있다.

7.6.2 consolidation 그라우팅

그림 7.12(a)는 사암과 세일이 대부분인 퇴적암 지역(제2현장)에서 consolidation 그라우팅의 시공순서를 도시한 그림이다. 그림 7.12(b)는 제수문 하부에 실시한 consolidation 그라우팅의 시공차수에 따른 평균 Lugeon값과 평균단위시멘트 주입량의 관계를 나타내고 있다.

본 현장의 시공차수에 따른 평균 Lugeon값의 변화를 살펴보면 비교적 주입공들의 간격이 넓은 1차, 2차, 3차공은 인근 주입공에 의한 평균 Lugeon값의 영향이 거의 없는 것으로 조사되었으며 비교적 주입공들의 간격이 좁은 4차, 5차, 6차공은 curtain 그라우팅 시공 시의 시공차수에 따른 평균 Lugeon값의 관계와 정반대의 경향인 인근 주입공의 영향을 받아 평균 Lugeon값이 급격히 감소한 것으로 조사되었다.

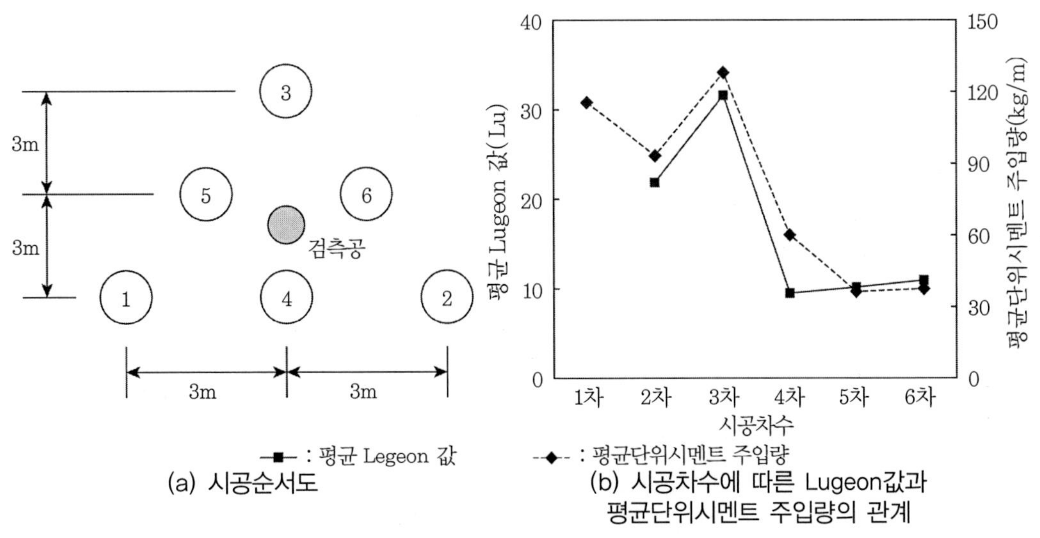

(a) 시공순서도

(b) 시공차수에 따른 Lugeon값과 평균단위시멘트 주입량의 관계

그림 7.12 consolidation 그라우팅(제2현장)

이는 consolidation 그라우팅의 시공심도가 단일심도(5m)로서 표층암반의 기계굴착 및 발파에 의해 발생된 균열이나 파쇄대에 그라우트가 침투주입됨에 따른 영향이라 판단된다.

한편 시공차수에 따른 평균단위시멘트 주입량의 관계는 curtain 그라우팅 시와 유사한 결과로 시공차수와 평균 Lugeon값과의 관계가 거의 일치하는 동조화 경향을 보이는 것으로 조사되었다.

7.7 최대허용주입압력과 차수효과

그림 7.13은 암반에 그라우트 주입 시 허용최대주입압력과 심도와의 관계를 나타낸 그림 7.1에 제3현장과 제4현장의 데이터를 함께 도시하여 검토한 그림이다. 제4현장은 사암과 이암의 퇴적암류 또는 이를 관입한 화산암류와 암층에 관입한 화성암류가 주성분을 이루는 지역이다.

그림 7.13으로부터 알 수 있는 바와 같이 사암과 세일로 이루어진 퇴적암 지역 제3현장에서는 심도별 주입압력이 보통압력(moderate pressure) 개념의 주입압력(0.23bar/m)과 변형그라우팅 개념의 주입압력(0.1bar/m) 사이에 존재하는 것으로 조사되었다. 한편 제4현장의 최대주입압력은 변형그라우팅 개념의 주입압력(1.0 bar/m)이 심도별 허용최대압력과 거의 일치하는 것으로 조사되었다. 또한 본 현장의 주입 후 차수효과에 의해 주입 전 평균 Lugeon값이 2.37~10.58Lu인 투수성이 주입 후 0.00~0.67Lu로 감소한 것으로 조사되었다.

현장별 주입압력 범위에 따른 차수효과를 비교해보면 퇴적암의 지질특성 지역에서 변형그라우팅의 개념의 주입압력을 적용한 제4현장이 중간압력 범위로 그라우팅을 실시한 제3현장의 차수효과보다 우수한 것으로 조사되었다. 이는 변형그라우팅 개념의 주입압력(1.0bar/m)으로 암반의 균열을 열고 주입액이 침투를 도와준 것으로 판단되며, 압력이 제거되었을 때 암반의 균열이 닫혀지려는 특성은 일종의 프리스트레스 효과가 발휘된 것으로 판단된다.

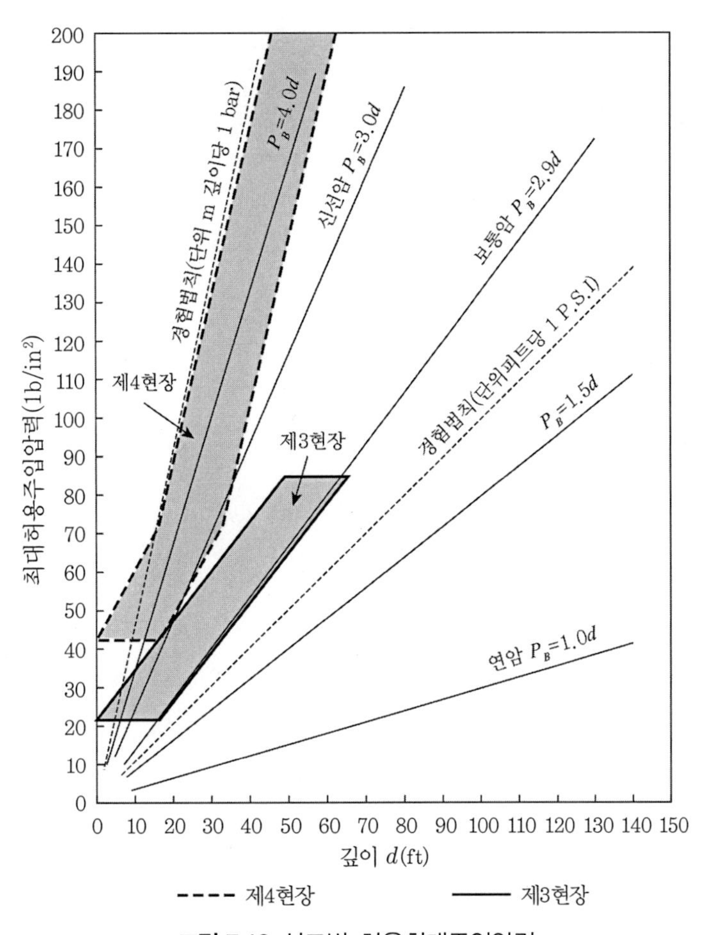

그림 7.13 심도별 허용최대주입압력

참고문헌

1. 건설교통부(2001), 댐 설계 기준.
2. 이한(2002), 암반 그라우팅에 의한 댐 기초지반의 차수효과에 관한 연구, 중앙대학교 건설대학원 공학석사학위논문.
3. 홍원표 · 윤중만 · 여규권 · 이한(2002), "암반 그라우팅에 의한 댐 기초지반의 차수효과에 관한 연구", 02년 대한토목학회 학술발표회 논문집, pp.34~37.
4. 홍원표(1995), 주입공법, 중앙대학교 출판부.
5. Dobereiner, L. and De Freitas, M.H.(1986), "Geotechnical properties of weak sandstones", Geotechnique, Vol.36, pp.79~94.
6. Edmond, J.M. and Paterson, M.S.(1972), "Volume changes during deformation of rocks at high pressure", Int. J. Rock Mech. Min Sci. Vol.9, pp.161~182.
7. Fergusson, F.F. and Lancaster-Jones, P.F.F.(1964), "Testing the efficiency of grouting operation at dam sites", Proc. 8th Int. Congress on Large Dams, Edinburgh, Vol.1, pp.121~313.
8. Houlsby, A.C.(1976), "Routine interpretation of the Lugeun water test", Q.J/ Engg Geol, Vol.9, pp.303~313.
9. Houlsby, A.C.(1977), "Engineering of grout curtain to standard", Proc., ASCE, J.GED, Vol.103, No.GT9, pp.953~970.
10. Houlsby, A.C.(1982), "Cement grouting for dams", Conf. "Grouting in Geotech", Speciallty Conference, New Orleans, ASCE, pp.1000~1014.
11. Sabarly, F.(1968), "Grouting and drainage of dam foundation in rock of low permeability", Geotechnique, Vol.18, pp.229~249.
12. Wong, H.Y. and Farmer, I.W.(1973), "Hydrofracture mechanism in rock during pressure grouting", Rock Mechanics, 5, pp.21~41.
13. Zhou, E., Yang, R., and Yan, G.(1993), "Development of rock grouting in dam construction in China".

C·H·A·P·T·E·R

08

저토피터널의 보강

C·H·A·P·T·E·R

08 저토피터널의 보강

우리나라는 산악지역이 국토의 70%를 차지하고 있어 터널공사가 불가피하게 증가하고 있는 추세이다. 터널공사와 관련한 국내 건설 기술은 상당 수준에 와 있다. 그러나 보다 안전하고 경제적인 터널 건설을 이루기 위해서는 기술향상을 위한 연구가 계속되어야 한다.

터널을 건설하고자 할 경우 지역에 따라 다양한 현장조건이 발생한다. 특히 현장조건은 점차 복잡한 도시환경하에서 공사가 시작되므로 더욱 열악한 현장조건이 나타나게 된다. 예를 들면, 터널을 굴착할 때 상부의 토피가 얕은 경우는 토피가 깊은 경우보다 터널에 작용하는 응력이 상대적으로 크게 작용하여 붕괴에 이르는 경우가 발생한다. 이것은 토피고가 터널 크기에 비해 충분하면 터널 천정면상의 토압이 축방향으로 전이되지만 토피고가 터널 크기에 비해 충분하지 못하면 하중전이가 발생되지 않고 그대로 터널 천정면에 토압이 작용하기 때문에 터널이 붕괴될 위험이 있다.

국내의 도로터널현장을 대상으로 터널폭(B) 대비 토피고를 조사해보면 토피고가 터널폭의 2.0~2.5배인 현장이 가장 많은 것으로 나타났다.[11] 저토피터널을 시공하기 위해선 설계 시 주로 유한요소해석이나 유한차분해석을 실시하여 이에 맞는 터널 보조공법이 병행되는 것이 일반적이다. 그 이유는 아직까지 터널에 작용하는 응력을 계산할 수 있는 이론과 보강지반의 강도정수에 대한 연구가 미흡하기 때문이다.[1]

무엇보다 터널에 작용하는 연직응력을 간단하게 계산할 수 있는 이론식이 마련되어야 한다. 그리고 이 이론을 실제 저토피터널공사 현장 사례에 적용하여 지반보강으로 인한 지반강도 증가를 고려한 이론해석이 실시되어야 한다.

8.1 터널주변의 지반아칭영역

8.1.1 트랩도어(Trapdoor) 모형실험

(1) 트랩도어 작용하중

Terzaghi(1936)는 그림 8.1에 도시된 트랩도어 모형시험에서 모래가 담긴 토조저면의 바닥 출구판(트랩도어)을 밑으로 하강시킬 때 트랩도어에 작용하는 하중과 변위를 측정하였다.[21] Terzaghi는 이 모형실험에서 트랩도어 위의 여러 높이에서 수평응력 및 연직응력을 마찰테이프를 이용하여 간접적으로 측정하였다. 이 트랩도어의 폭(B)은 7.3cm이었고 길이(L)는 46.3cm이었다.

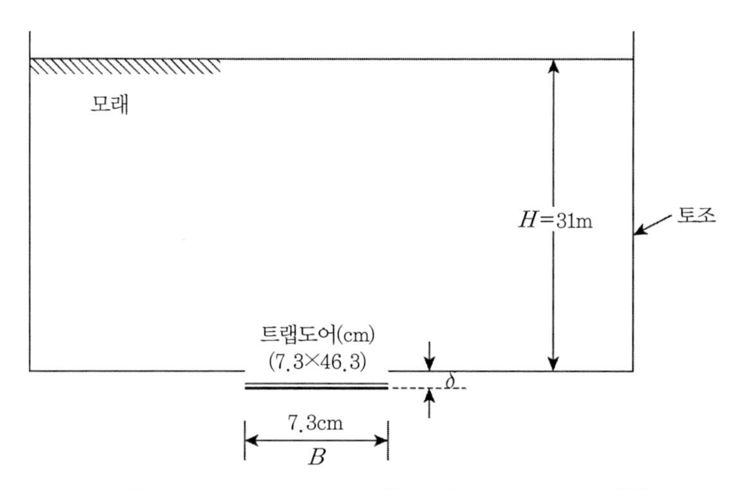

그림 8.1 Terzaghi의 모형실험토조(Terzaghi, 1936)[21]

그림 8.2는 트랩도어 모형실험 결과를 보여주고 있다. 우선 그림 8.2(a)는 트랩도어에 작용하는 하중(F)을 변위 발생 전의 초기하중(F_o)으로 나누어 정규화시켜 도시한 결과이다. 이 그림에서 정규화시킨 하중은 트랩도어 폭의 1%에 해당하는 트랩도어의 하향변위가 발생하였을 때 최소치를 보였다. 이 최소치의 하중은 조밀한 모래의 경우 초기하중의 6%였고 느슨한 모래의 경우 9.6%로 초기상재압의 10% 미만으로 측정되었다. 그러나 트랩도어의 하향변위가 계속됨에 따라 모래 속에 발달된 구조가 붕괴되면서 하중이 증가하다가 상재압의 12.5%로 일정한 값에 수렴하였다. 이 수렴값은 트랩도어폭의 10% 이상의 하향변위에서 발생하였으며 조

밀한 모래와 느슨한 모래 모두 동일한 값을 나타내었다.

한편 그림 8.2(b)는 트랩도어 상부 모래지반에서 측정한 연직응력을 도시한 그림이다. 트랩도어의 하향변위가 발생하는 순간 연직응력은 감소하였다. 트랩도어의 하향변위가 0%일 경우는 깊이별 토피압을 나타내고 트랩도어 변위(δ)가 1%와 10%인 경우에 응력이 급격히 줄어드는 구간이 발생하는데, 이 구간을 이완영역이라 한다. 이 이완영역에서는 연직응력이 측방으로 전이되어 트랩도어 상부에서 받는 응력은 토피압보다 현저히 작은 값이 된다.

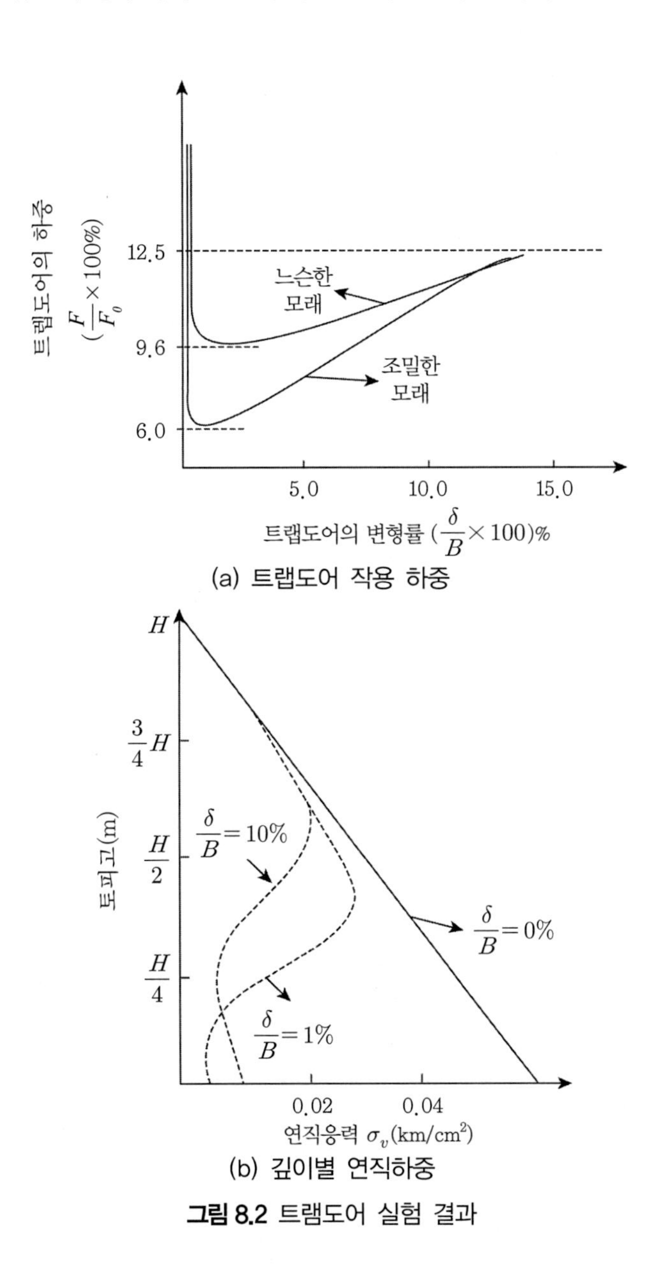

(a) 트랩도어 작용 하중

(b) 깊이별 연직하중

그림 8.2 트랩도어 실험 결과

(2) 트랩도어상의 지반아칭영역

Terzaghi(1943)는 지반아칭효과를 '흙의 파괴영역에서 주변지역으로의 하중전달'이라고 정의하였다.[22] 그림 8.1과 같은 작은 바닥출구판(trap door)이 마련되어있는 상자 속에 모래를 채우고 바닥출구판을 하향으로 조금씩 이동시키면 그림 8.2에서 설명한 바와 같이 출구판에 작용하는 압력은 점차 감소하는 반면 인접부의 압력은 증가하였다. 이러한 현상은 정적상태의 모래덩어리와 이동하려는 모래덩어리 사이의 경계면에 전단력이 작용하게 되어 바닥출구판에 작용하는 압력은 전단저항력 효과만큼 줄어들게 되기 때문이다.

Terzaghi(1943)는 바닥출구판 위의 모래 속 파괴 형태는 그림 8.3과 같이 폐합되지 않고 지표면까지 파괴가 도달한다고 하였다.[22] 그리고 Terzaghi(1936)[21]가 관찰한 실제 두 활동면 사이의 폭은 트랩도어 폭보다 큰 곡선을 이룬다고 하였다. 즉, 트랩도어폭은 그림 8.3의 저면 ab에 해당되나 실제 활동면은 그림에서 ac 또는 bd로 나타나고 이 두 활동면 사이의 폭은 트랩도어의 폭 ab보다 넓게 나타났다. 또한 이 실험 결과에서는 바닥출구판 위의 이완영역이 폐합되지 않고 지표면까지 발달한 것으로 되어 있다.

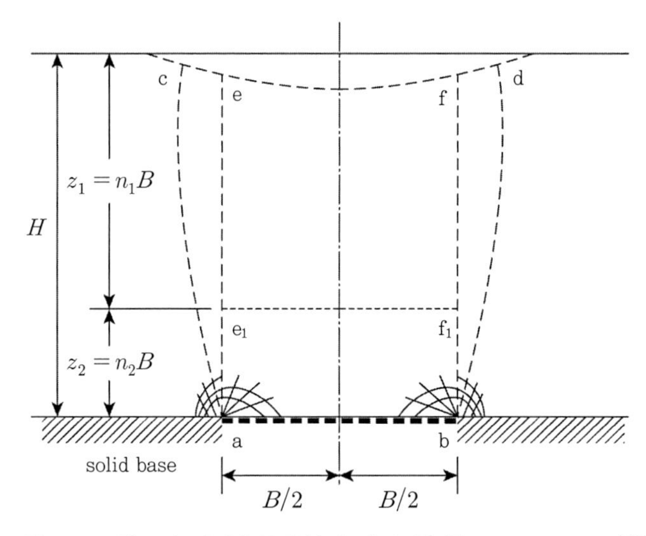

그림 8.3 트랩도어 바닥출구판상의 파괴 형태(Terzaghi, 1943)[22]

그러나 김현명·홍원표(2014)는 입상체로 구성된 지반 속에 발생하는 지반아칭과 이완영역을 조사하기 위하여 Terzaghi 트랩도어 실험과 유사한 트랩도어 모형실험에서 지반아칭이 발달하였을 때 이완영역은 사진 8.1에서 관찰한 바와 같이 폐합된 상태로 발달함을 밝혔다.[2,3]

이때 이완영역을 식 (8.1)과 같은 타원식으로 정의하였다.

$$\left(\frac{2x}{B}\right)^2 + \left(\frac{z}{H_1}\right)^2 = 1 \tag{8.1}$$

여기서, x와 z는 각각 바닥출구판 중앙지점을 좌표 원점으로 한 수평축과 수직축의 좌표이다. 또한 B는 바닥출구판의 폭이고 H_1은 바닥출구판 중앙에서 이완영역의 정점까지의 높이이며 대개 바닥출구판 폭의 1.5배로 나타났다.[3]

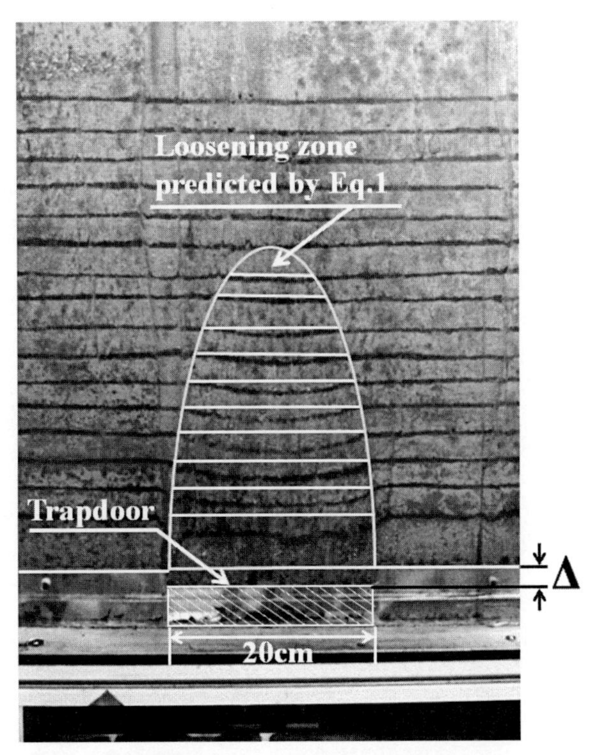

사진 8.1 바닥출구판상의 이완영역(김현명, 홍원표, 2014)[3]

이 모형실험에서 토조 속 모래층의 높이는 그림 8.1에 도시한 Terzaghi(1943)의 모형실험보다 높게 하여 트랩도어 상부의 모래지반 속에 지반아칭이 충분히 발달할 수 있게 하였다. 따라서 Terzaghi 모형실험에서 이완영역이 폐합되지 않았던 것은 모래층의 두께가 충분히 두껍지 않았기 때문이었다고 생각할 수 있다. 즉, Terzaghi의 트랩도어 실험은 저토피 지반 속의 트랩도어에 관한 모형실험이었다고 말할 수 있다.

한편 Terzaghi(1943)는 트랩도어 출구판에 작용하는 연직응력 σ_v를 식 (8.2)와 같이 제시하였다.

$$\sigma_v = \frac{\gamma B}{2K\tan\phi}(1 - e^{-2K\tan\phi H/B}) \tag{8.2}$$

여기서, σ_v는 바닥출구판에 작용하는 연직압력, γ와 ϕ는 각각 성토재의 단위중량과 내부마찰각, H는 성토고, B는 바닥출구판의 폭, K는 수평토압계수이다.

(3) 트랩도어의 이론해석

이론해석에서는 Terzaghi(1943) 트랩도어 모형실험 결과(그림 8.3)에 몇 가지 가정을 그림 8.4와 같이 두었다. 먼저 활동면은 연직으로 가정하였다. 즉, 그림 8.3에서 흙기둥인 ae면과 bf면을 활동면으로 단순하게 정하였다. 한편 트랩도어에 작용하는 압력은 ab 상부 토괴무게와 활동면에 작용하는 전단저항력의 차이라 할 수 있다. 지반항복에 대한 자유물체도는 그림 8.4와 같다. 활동면이 연직이라는 가정과 더불어 Terzaghi는 수직응력이 수평면에 대하여 균등하게 작용하고 토압계수 K는 일정하다고 가정하였다. 또한 점착력 c는 활동면을 따라 발달한다고 가정하였다.[16,18,19]

평면변형률 항복상태하에서 바닥출구판에 작용하는 연직응력 σ_v를 유도하였다. 우선 그림 8.4의 자유물체도에 대한 연직방향의 평형조건은 다음과 같다.

$$2B\gamma dz = 2B(\sigma_v + d\sigma_v) - 2B\sigma_v + 2dz(c + \sigma_h \tan\phi) \tag{8.3}$$

$z = 0$일 때 $\sigma_v = q$인 경계조건을 대입하면 식 (8.3)의 해는 식 (8.4)로 구할 수 있다.

$$\sigma_v = \frac{B(\gamma - c/B)}{K\tan\phi}(1 - e^{-K\tan\phi\, z/B}) + qe^{-K\tan\phi\, z/B} \tag{8.4}$$

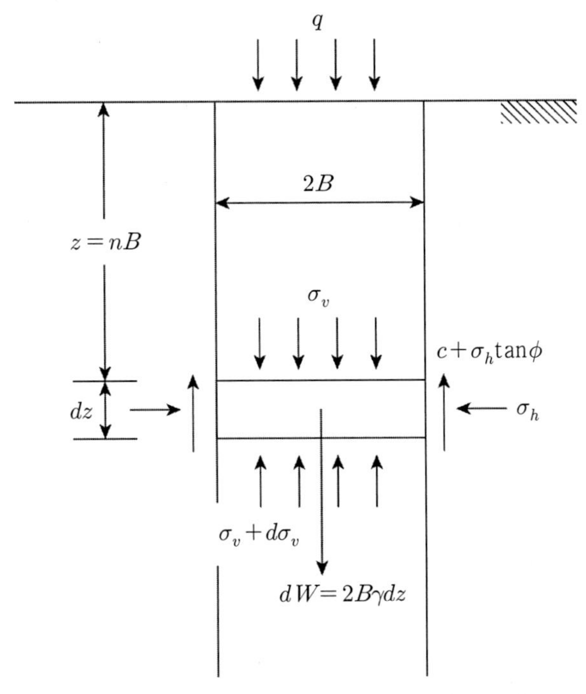

그림 8.4 트랩도어상 항복 영역 내의 자유물체도

트랩도어 상부지반에서의 응력상태를 관찰한 결과 $5B$ 이내에서만 아칭효과가 발휘되었다. 다시 말하면 $5B$ 이상의 위치에서는 트랩도어를 내리더라도 응력상태가 영향을 받지 않는다. Terzagh는 그림 8.3(a)의 ae와 bf 연직경계면의 아랫부분이 전단저항을 발휘하는 것으로 가정하였다. 이에 의거하여 흙기둥상부의 (ee_1f_1f)는 흙기둥하부 (e_1abf_1)에 상재압 q로 작용한다고 가정한다. 즉, 흙기둥의 상부구간인 $z_1 = n_1B$가 상재압으로 작용하고 $z_2 = n_2B$에서 전단저항이 발휘된다고 하면 식 (8.4)는 식 (8.5)로 표현할 수 있다.

$$\sigma_v = \frac{B(\gamma - c/B)}{K\tan\phi}(1 - e^{-Kn_2\tan\phi}) + \gamma Bn_1e^{-Kn_2\tan\phi} \tag{8.5}$$

여기서, n_2가 매우 크다면 연직응력은 $\sigma_{v,\infty} = B(\gamma - c/B)/K\tan\phi$가 된다.
이것은 특정 깊이 아래에서 트랩도어에 작용하는 연직응력은 일정하게 된다는 의미다.
트랩도어의 지반아칭이론에 대한 제한성을 기술하면 다음과 같다.

① 항복면에 작용하는 연직응력은 균등하다.

② 트랩도어는 강체로 가정한다.

③ 활동면이 실제와 다르다.

많은 연구자들이 이러한 가정을 보완하여 실제 조건에 부합된 해석법을 만들기 위해 노력하고 있다(Tien, 1996).[11]

8.1.2 지반아칭영역의 이론해석

본 절에서는 원주공동확장이론을 이용하여 터널 상부지반의 수직응력을 산출할 수 있는 이론을 설명한다. 그림 8.5와 같은 해석 모델에서 반원통 내 한 요소의 응력상태를 해석하기 위하여 극좌표로 정리된 평형미분방정식을 이용한다(Timoshenko & Goodier, 1970).[23]

터널아치천정부에서의 응력은 수직응력만을 고려하고 원통 내 응력은 모두 동일하다고 가정하면 $\tau_\theta = 0$으로 간주할 수 있다. 이러한 가정으로 식 (8.6)과 같은 평형미분방정식을 얻을 수 있다.

$$\frac{d\sigma_r}{dr} + \frac{\sigma_r - \sigma_\theta}{r} = -\gamma \quad (8.6)$$

여기서, σ_r : 반경 방향 수직응력(t/m^2)

σ_θ : 법선 방향 수직응력(t/m^2)

r : 반지름(m)

γ : 단위중량(t/m^3)

식 (8.6)의 σ_r과 σ_θ는 Mohr의 소성이론에 근거하여 식 (8.7)로 나타낼 수 있다.

$$\sigma_\theta = N_\phi \sigma_r + 2cN_\phi^{1/2} \quad (8.7)$$

여기서, $N_\phi = \tan^2\left(\frac{\pi}{4} + \frac{\phi}{2}\right) = \frac{1+\sin\phi}{1-\sin\phi}$

따라서 식 (8.6)은 식 (8.8)과 같이 나타낼 수 있다.

$$\frac{\partial \sigma_r}{\partial r} + \frac{\sigma_r (1 - N_\phi) - 2cN_\phi^{1/2}}{r} = -\gamma \tag{8.8}$$

식 (8.8)은 일계선형미분방정식의 형태로 나타나며 일반해는 다음과 같다.

$$\sigma_r = Ar^{(N_\phi - 1)} + \gamma \frac{r}{N_\phi - 2} - \frac{2cN_\phi^{1/2}}{N_\phi - 1} \tag{8.9}$$

여기서, A : 적분상수

c : 터널토피지반의 점착력(t/m^2)

ϕ : 터널토피지반의 내부마찰각

그림 8.5의 지반아칭영역정점 J에서는 $r = r_1$일 때 $\sigma = \sigma_{r_1} = \gamma(H - H_1)$이 되는 경계조건을 식 (8.9)에 대입하여 적분상수 A를 구하고 이를 다시 식 (8.9)에 대입하면 σ_r은 식 (8.10)과 같이 구해진다.

$$\sigma_r = \gamma \left[H' - \frac{r_1}{N_\phi - 2} \right] \left(\frac{r}{r_1} \right)^{N_\phi - 1} + \gamma \frac{r}{N_\phi - 2} - \left[1 - \left(\frac{r}{r_1} \right)^{N_\phi - 1} \right] \frac{2cN_\phi^{1/2}}{N_\phi - 1} \tag{8.10}$$

여기서, $H' = H - H_1$

H : 토피고(m)

H_1 : 지반아치영역의 정점 높이(m)

한편 터널의 천정점 J'에서는 $r = r_2$일 때 σ_r를 σ_i로 나타내고 이를 식 (8.10)에 대입하면 식 (8.11)과 같은 식이 구해진다.

$$\sigma_i = \gamma\left[H' - \frac{r_1}{N_\phi - 2}\right]\left(\frac{r_2}{r_1}\right)^{N_\phi - 1} + \gamma\frac{r_2}{N_\phi - 2} - \left[1 - \left(\frac{r_2}{r_1}\right)^{N_\phi - 1}\right]\frac{2cN_\phi^{1/2}}{N_\phi - 1} \tag{8.11}$$

지반아칭현상으로 인해 터널에 작용하는 지중응력은 상기 이론식을 통해 산정할 수 있을 것이다.

이상과 같은 과정에서 보듯이 원주공동확장이론에 의해 터널상부토피부에 지반아칭이 발생하였을 때 터널 단면 상부에서의 지중응력을 구할 수 있다.

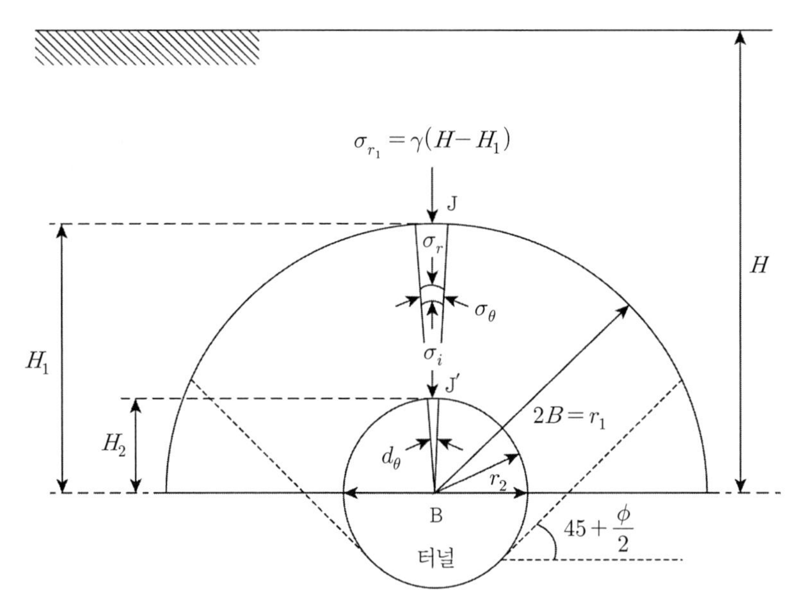

그림 8.5 터널해석에 적용시킨 원주공동확장이론

8.1.3 지반아칭영역의 높이

이 이론식을 저토피터널설계에 적용하기 위해서는 먼저 지반아칭영역의 높이를 결정해야 한다. 이 높이를 결정하기 위하여 제 8.1.1절에서 설명한 Terzaghi(1936)의 트랩도어 모형실험 결과와 비교 고찰해볼 필요가 있다.

그림 8.6에서 B는 트랩도어의 폭이고 A구간은 트랩도어 강하로 인하여 토괴가 빠져나간 부분인데 성토지지말뚝 이론해석(Hong et al., 2007)에서의 아칭이론 중 내부아칭영역에 속한다.[17] 이 부분은 실제터널굴착에서 터널굴착단면에 해당하는 것으로 간주한다. 따라서 이 부분을 가상터널단면으로 취급한다.

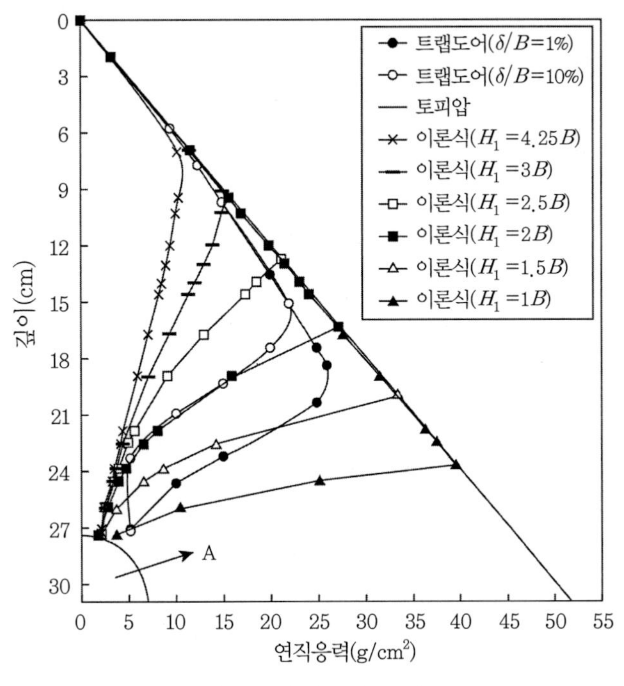

그림 8.6 아칭영역의 산정

트랩도어 모형실험 결과 토피압의 응력이 급격히 감소하는 구간이 발생하는데, 이 구간부터 지반아칭이 발생한 것이므로 지반아칭영역의 높이는 트랩도어부터 폭의 2배, 즉 $2B$인 것으로 나타났다. 이것은 터널 시공 시 지반아칭영역이 발생하여 응력이 완화될 수 있는 토피고의 최소높이는 $2B$ 이상으로 존재하여야 하며 만약 $2B$보다 작다면 지반보강공법을 이용해 지반의 강도를 증대시킨 후에 굴착을 실시해야 한다.

Terzaghi(1936)가 실시한 트랩도어 모형실험에서 트랩도어 폭은 7.3cm이고 토피고는 중앙에서 32cm 폭 B의 4.25배에 해당한다. 식 (8.11)을 적용하는 데 지반아칭영역의 높이 H_1을 $1B$에서 $4.25B$까지 변화시키면서 구한 연직응력 분포를 도시하면 그림 8.6과 같다. 이 그림 중에는 Terzaghi의 실험치로 트랩도어의 하강변위(δ/B)가 1%일 때와 10%일 때를 구한 응력 분포도 함께 도시되어 있다.

그림 8.6의 이론치와 실험치를 비교해보면 실험치는 지반아칭영역의 높이 H_1을 $1.5B$에서 $2.0B$로 하였을 경우 이론치와 잘 일치하는 결과를 보이고 있다. 즉, 트랩도어의 하강변위가 트랩도어폭 B의 1%일 때인 초기변형시기에서의 지반아칭영역은 $1.5B$일 때의 이론치와 잘 일치하고 있으며 10%일 때는 $2.0B$일 때의 이론치와 일치하고 있다.

Terzaghi(1936)는 트랩도어에 작용하는 연직응력이 1%의 트랩도어 하강변위일 때 최소가 되며 10% 정도의 하강변위에서 수렴함을 보여주었다(그림 8.2(a) 참조). 이는 초기에는 트랩도어 상부토사의 초기마찰저항으로 내부지반아칭영역이 발달하여 트랩도어에 하중이 작용하지 않으나 추가변위가 발생하면 이 내부지반아칭이 붕괴되고 외부지반아칭영역이 발달하게 되어 10% 하강변위 때 완전히 발달함을 의미한다. 따라서 지반아칭영역은 이때를 기준으로 결정함이 타당하다.

이때를 기준으로 한다면 가상터널의 중심에서 $2.0B$ 높이까지를 이완영역이라고 결정할 수 있음을 의미한다. 식 (8.1)로 표현된 김현명·홍원표(2004)의 모형실험[3] 결과(사진 8.1 참조)로 파악한 이완영역의 높이 $1.5B$와 일치하는 결과이다. 왜냐하면 $1.5B$는 트랩도어 바닥부터의 높이이므로 이는 터널 천단부부터의 높이에 해당한다. 만약 이완영역의 높이를 터널 중심부터 고려하면 여기에 $0.5B$를 더하여 $2B$가 되므로 모형실험의 결과와 일치한다고 할 수 있다. 즉, 이완영역의 높이는 터널중심에서 $2B$로 결정함이 타당하다.

8.2 저토피터널

8.2.1 저토피터널 기준

성토지지말뚝의 지반아칭이론에서 지반아칭이 발달하기 위한 소요성토고의 한계치(최소치)는 외부아치높이 H_1의 1.33배에 해당된다(이승현 등, 2001[10]; 홍원표·이광우, 2003[15]).

그러므로 구조적으로 안정된 터널의 최소토피고로 $H = 1.33H_1$을 제시할 수 있다. 여기서 아치높이 H_1은 앞서 서술했듯이 터널 폭의 2배($2B$)이다. 따라서 최소토피고 $H = 2.66B$ 이상이 되어야 구조적으로 안정하며 터널중심에서 $2.66B$ 이내의 영역을 터널의 이완영역이라고 할 수 있다.

그러나 성토지지말뚝의 경우는 성토하여 생성된 지반이지만 터널의 경우는 오랜 기간 동안 퇴적된 기존지반이므로 성토지반보다는 지반강도가 크고 단단할 것이다. 따라서 지반아칭의 높이가 성토지지말뚝의 토피고보다는 다소 낮을 것이므로 $2.5B$로 정해도 무방하다. 그러므로 터널의 이완영역은 그림 8.7에서 보는 바와 같이 수평방향으로 터널중심에서 $2B$까지 이고 연직방향으로 $2.5B$로 정하며 터널하부 인버트 부분에서는 수평과 $\alpha(= 45 + \phi/2)$의 각을 이루는 선으로 정의할 수 있을 것이다. 연직방향으로 $2.5B$는 앞 절에서 설명한 $2B$보다는 큰 값이다. 그러나 실제 터널설계에서는 안전 측으로 고려하여 이완영역의 높이를 $2B$보다는 $2.5B$로 증가시켜 적용함이 좋을 것이다.

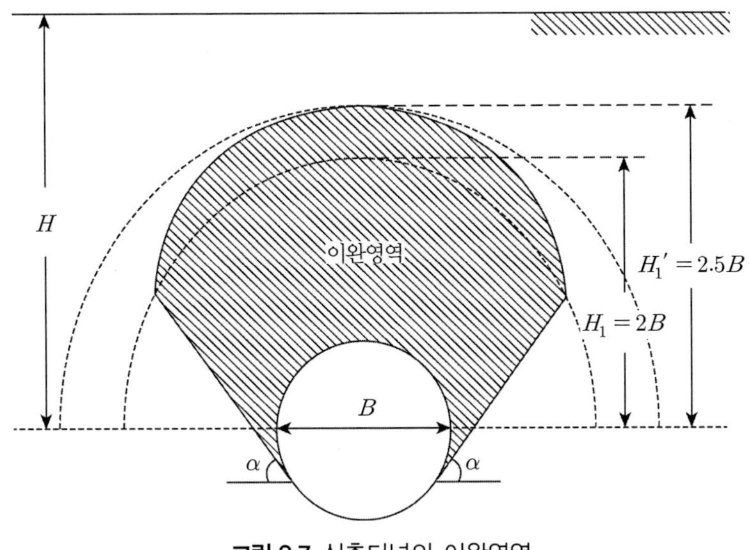

그림 8.7 심층터널의 이완영역

그림 8.7은 터널이 구조적으로 안정할 수 있는 최소토피고, 즉 터널폭의 2.5배일 때를 도시한 심층터널을 개략적으로 도시한 그림이다. 이와 같이 터널의 토피고가 충분하면 지반아칭영역이 형성되고 이 영역 내에는 응력의 이완현상이 발생된다.

그러나 그림 8.8과 같이 토피고가 터널폭의 2.5배 이하일 때는 지반아칭영역이 형성되지 않으며 이런 터널은 저토피터널에 해당한다. 이러한 저토피터널의 천정면에 작용하는 응력은 터널의 측벽으로 전이되지 않고 터널 천정면에 그대로 작용하게 되어 터널의 안정성에 문제가 크게 발생하여 위험하다.

저토피터널은 지반의 강도에 따라 안정할 수도 있고 불안정할 수도 있다. 그러나 우리나라와 같이 다층지반이고 지하수위가 상대적으로 높은 경우 그림 8.8과 같은 저토피터널이 안정되기는 사실상 불가능하다. 따라서 이러한 저토피터널 시공 시는 지반의 보강공법에 의해 지반강도를 증대시킬 필요가 있다.

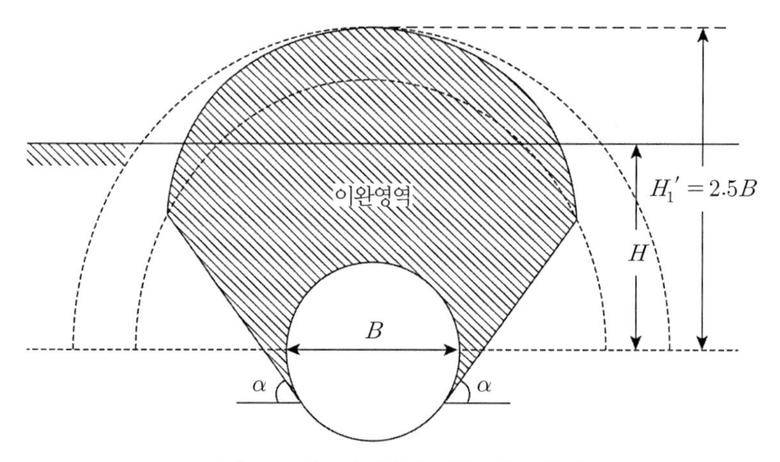

그림 8.8 저토피터널에 작용하는 응력

8.2.2 보강 전후의 지반강도정수

저토피터널 시공을 위해서는 터널상부지반의 역학적 성질을 개선시켜 지반강도를 강화시키는 지반보강공법이 적용되어야 한다.

박동순(2001),[4] 이성수(2002),[9] Srivastava and Rao(1990),[20] 현대건설기술연구소(2000)[14]는 그라우팅액 주입공법으로 시공한 후 직접전단시험이나 시추공전단시험 등을 통하여 지반강도의 증감을 파악하였다. 그라우팅 주입공법에 의하여 점착력은 1.7~2.5배까지 증가하였고 내부마찰각은 변화가 없거나 오히려 3~11° 정도 감소하였다.[11]

한편 박종호(2002),[7] 전병구(2005)[12]는 가압그라우팅공법에 의해서 점착력은 1.7~2.3배 증가하였고 내부마찰각은 전병구(2005)만 2° 증가하였으며, 나머지는 변화가 없는 것으로 나타났다.[11]

진병익과 천병식(1984)[13]은 FRP 보강 그라우팅 후 시추공시험을 통해서 응력값을 정리하고 선형회귀분석을 실시하여 점착력과 내부마찰각을 도출하였다. 점착력은 2.3배 증가하였고 내부마찰각은 0.59도 증가한 것으로 나타났다.

또한 빅윤구(2008),[6] 이봉렬 등(1996)[8]은 강관그라우팅에 의해 점착력은 1.5~5배까지 증가하였고, 내부마찰각은 이봉렬 등(1996)만 5° 증가하였으며 박윤구(2005)는 변화가 없는 것으로 나타났다.[11]

마지막으로 박영달(2002)[5]은 우레탄보강으로 그라우팅을 시공하여 개선된 지반의 정수를 파악하였다. 점착력은 1.6배 증가하였고 내부마찰각은 0~5° 정도 증가하는 것으로 나타났다.

지반보강에 대한 연구 결과 파악된 지반보강 전과 지반보강 후의 내부마찰각과 점착력의 관계는 각각 그림 8.9(a) 및 그림 8.9(b)에 나타났다.

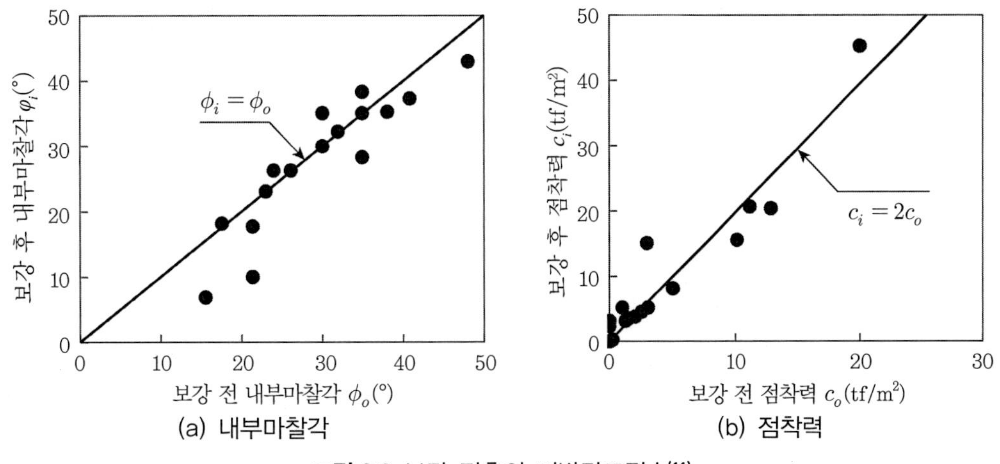

그림 8.9 보강 전후의 지반강도정수[11]

이 그림에서 보는 바와 같이 내부마찰각은 보강 후에도 변화가 거의 나타나지 않았다. 이와 달리 점착력은 그림 8.9(b)에서 보는 바와 같이 지반보강 후 점착력이 보강 전보다 2배 정도 증가하였음을 알 수 있다. 그러므로 보강에 의한 지반강도 증감은 내부마찰각보다 점착력이 더 지배적인 것으로 나타났다. 따라서 터널주변의 지반을 보강할 목적으로 채택되는 지반보강공법을 적용한 경우 지반의 내부마찰각에는 개량효과가 미미하나 점착력은 2배까지도 개량시킬 수 있음을 알 수 있다.

8.3 저토피터널의 보강 사례

8.3.1 현장개요 및 지반보강

(1) 현장개요

본 현장은 강원도 영월군에 있는 4차로 도로건설을 위한 터널공사 현장이다.[1] 터널 상부지반의 평균 토피고는 10~20m이고 터널단면 높이는 1.57m이고 폭은 20.12m이다. 그림 8.10

에서 보는 바와 같이 일부 구간의 터널토피고가 터널폭의 2.5배가 되지 않는 저토피구간이 발생하여 천단부의 안정성 확보를 위한 지반보강공법이 필요하였다.

본 터널은 그림 8.10에서 보는 바와 같이 373m 터널구간 중 60m 구간이 저토피구간이다. 이 저토피 영역 내에는 석회암 공동도 많이 존재하여 대대적인 지반보강이 요구되었다. 저토피구간의 상부 0.7~2.2m 정도는 실트 점토층이고 그 이후로는 암반이 존재하는 것으로 나타났다.

그림 8.11(a) 및 (b)는 각각 저토피터널 구간 내의 대표적 단면인 A구간 단면도와 B구간 단면도이다. 그림에서 보듯이 A구간은 터널 상부에 대규모 공동이 분포하고 B구간은 측벽부 및 하단에 대규모 공동이 분포하고 있다.

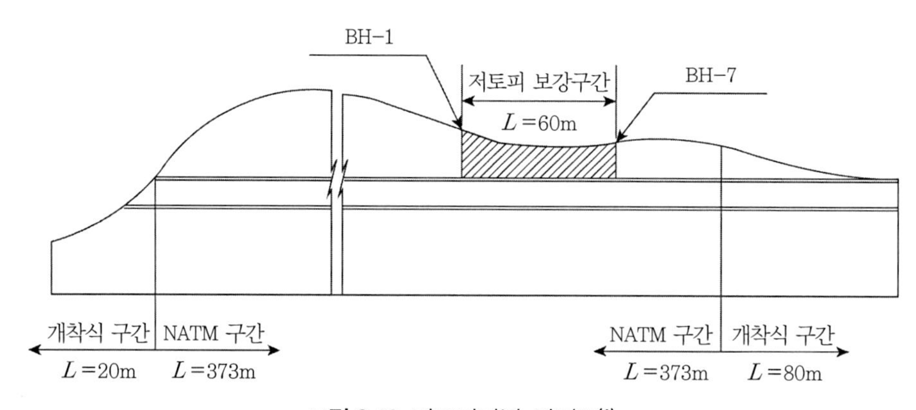

그림 8.10 저토피터널 단면도[1]

(2) 지반보강

지반보강은 지상에서 실시하는 지상보강 그라우팅 공법을 채택하였다. 보강 위치의 지형 및 장비 진입의 문제점 그리고 경제성 등을 종합적으로 검토하여 고압분사방식에 의한 지반보강보다 보강장비가 경량이고 이동이 용이한 강봉을 이용한 그라우팅 공법을 선정하였다. 이 공법은 지반변형을 선지보가 부담하여 안정성을 미리 확보함으로 지반변형을 최소화할 수 있으며 경재성도 탁월하다.

강봉(D29 이형 철근)을 지표면에서 천공한 공내에 삽입하고 결합된 팩커를 이용하여 천공내 공저부터 상향주입하며 필요한 만큼의 압력 그라우팅을 실시한다. 또한 상부토피 지반 내에 존재하는 공동을 정압그라우팅으로 충진한다.

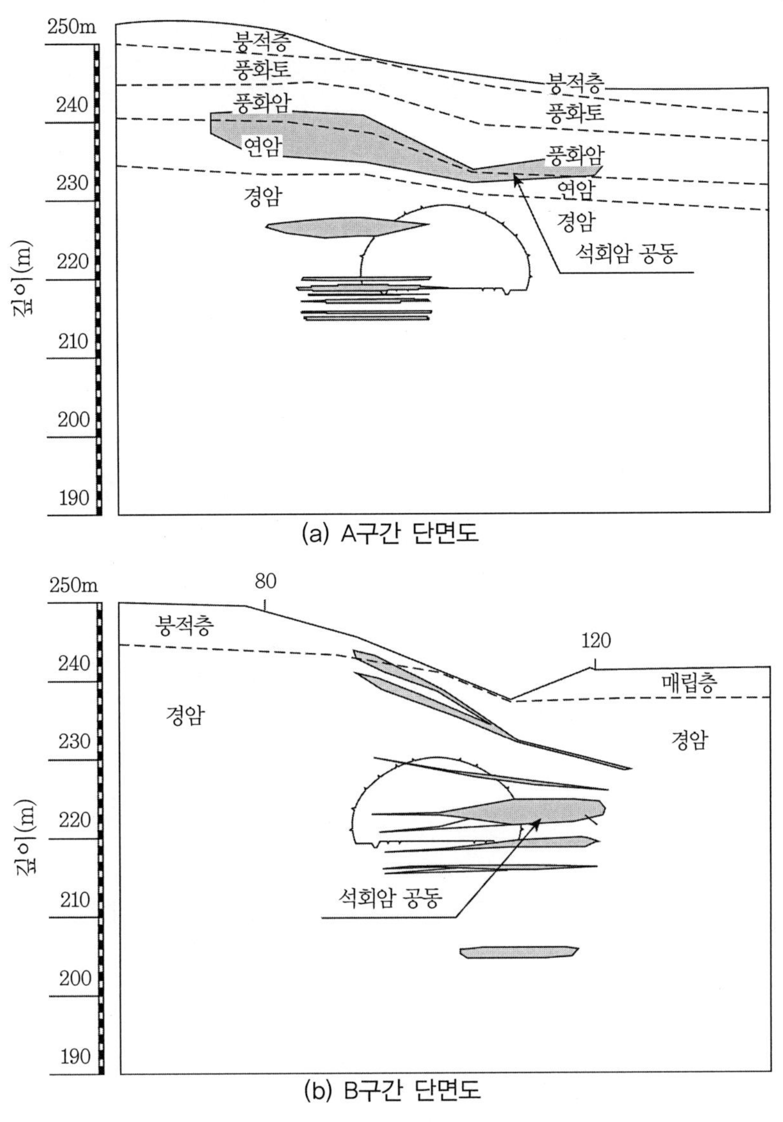

그림 8.11 저토피터널 구간의 대표적 단면

불연속면의 틈에 맥상 그라우팅효과로 지반을 개량하여 원지반강도를 증가시키고 강봉(네일)의 인발저항을 이용하는 공법이다. 이 공법에 의하면 석회암지반에서의 터널 상부보강 측면에서는 암괴를 서로 이어주는 역할을 하고 터널 아칭영역이 완벽하게 성립되도록 시스템 록볼트 역할을 하게 된다.

그림 8.12는 저토피터널 구간의 시공순서도를 나타낸 그림이다. 먼저 그림 8.12(a)에 도시한 바와 같이 측량으로 지보재 역할을 할 수 있는 네일의 위치를 정하고 시공상 편의를 위해

그 단면을 고르게 정리하였다.

다음으로 그림 8.12(b) 및 (c)에 도시한 바와 같이 60×30m의 면적에 1.5×1.8m의 간격으로 네일 설치 위치를 선천공하고 네일을 설치한 후 입력그라우팅을 실시하였다. 그라우팅의 양생이 끝나면 본선터널 굴착을 시작하였다.

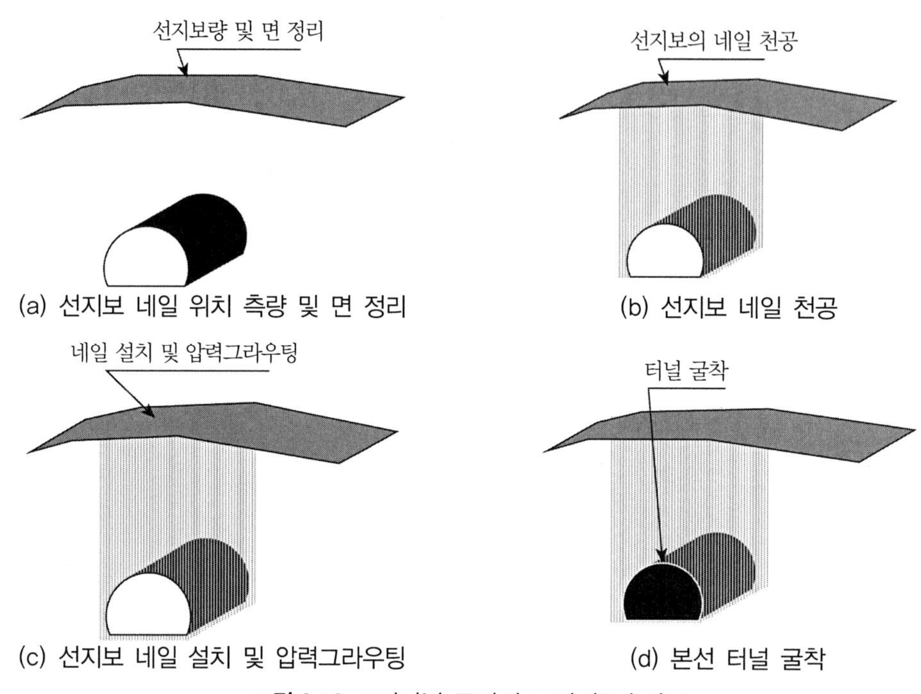

(a) 선지보 네일 위치 측량 및 면 정리
(b) 선지보 네일 천공
(c) 선지보 네일 설치 및 압력그라우팅
(d) 본선 터널 굴착

그림 8.12 토피터널 구간의 보강시공순서도

8.3.2 연직응력의 이론예측

제8.1.3절에서 설명한 바와 같이 이완영역이 생성되기 위한 최소 토피고를 터널폭 B의 2.5배로 하면 소요토피고는 50.3m(=2.5×20.12m)가 된다. 그러나 그림 8.13(a)에 도시된 바와 같이 이 구간의 토피고는 $2B$(40.24m)에도 미치지 못하므로 별도의 지반보강 없이 터널 굴착을 하면 터널 천정면에 큰 응력이 발생되어 터널의 안정성에 문제가 발생한다. 따라서 터널의 안정성을 확보하기 위하여 그림 8.12에 도시된 보강공법으로 지반보강을 실시하였다.

지반보강 후 지반정수는 제 8.2.2절에서 설명하였듯이 점착력은 2배로 증가하고 내부마찰각은 변화가 없는 것으로 간주하였다. 또한 보강 후에는 그림 8.13(b)와 같이 지반강도 증가에 의하여 아칭영역이 토피고 이내로 작아진 것으로 판단하여 해석하였다.

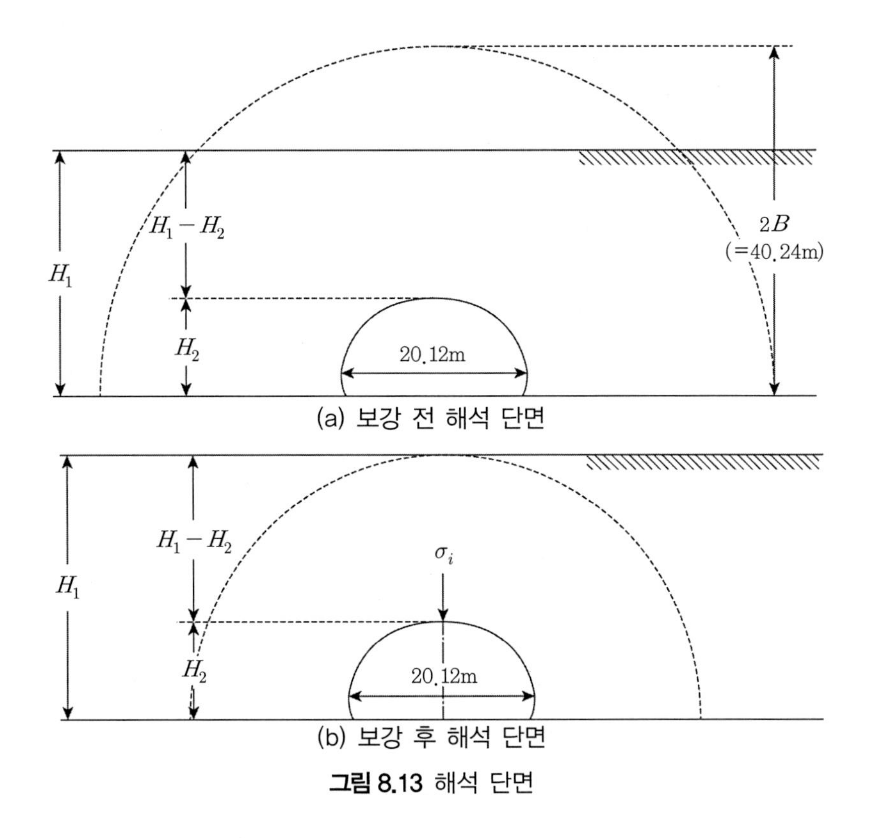

그림 8.13 해석 단면

터널 천정면에서의 연직응력은 식 (8.11)로 산정할 수 있으며 본 터널 현장의 A구간과 B구간에서의 보강 전후의 연직응력의 예측치를 도시하면 그림 8.14와 같다.

우선 식 (8.11)을 적용하여 A구간에서의 연직응력을 산정하면 보강 전에는 그림 8.14(a)에 도시한 바와 같이 터널의 천장면에 작용하는 응력이 8.17t/m^{2}로 나타났다. 그러나 보강후에는 3.68t/m^{2}로 보강 전보다는 4.49t/m^{2}나 감소하였다.

반면에 B구간에서는 그림 8.14(b)에 도시한 바와 같이 이론식 (8.11)을 적용한 결과 보강 전에는 터널의 천정면에 작용하는 응력이 6.62t/m^{2}로 나타났다. 그러나 보강을 한 후에는 2.56t/m^{2}로 예측되어 보강 전보다는 4.06t/m^{2}나 감소함을 예측할 수 있다. 따라서 지반보강으로 터널에 적용할 응력을 상당히 감소시킬 수 있음을 알 수 있다.

이상에서 설명한 바와 같이 제8.1.2절에서 적용한 원주공동확장이론을 적용하여 산정한 응력값을 터널해석에 적용시킴으로써 저토피지반의 지반보강효과를 해석적으로 규명할 수 있다.

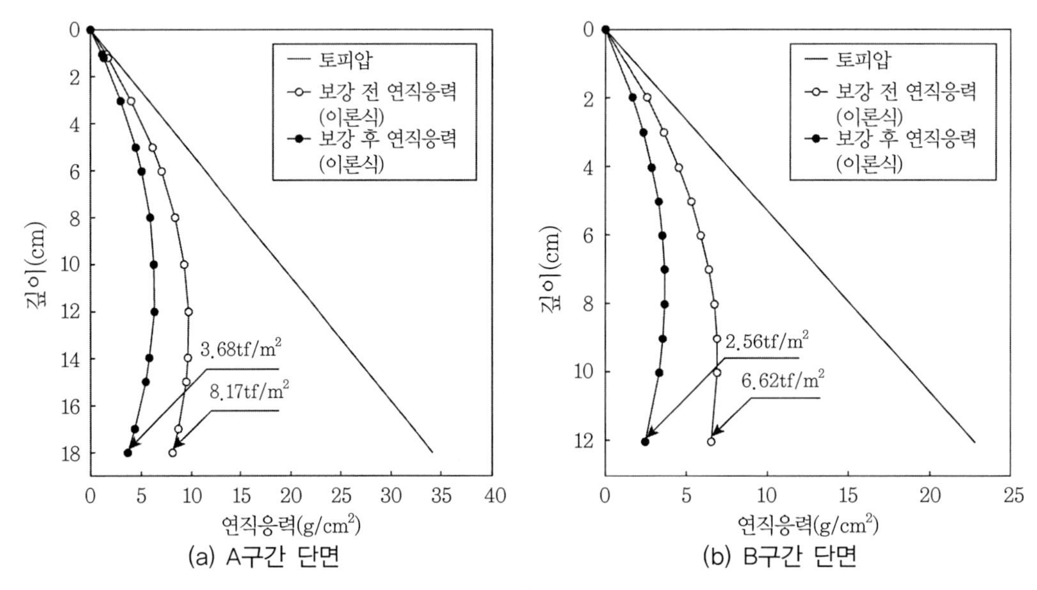

(a) A구간 단면 (b) B구간 단면

그림 8.14 연직응력 해석 결과

참고문헌

1. 김영석(2008), 공동이 있는 저토피지반 내 대단면터널 굴착 시 지반보강 사례 연구, 중앙대학교 건설대학원 석사학위논문.
2. 김현명(2014), 입상체 흙입자 지반 속에 발달된 지반아칭으로 인한 응력재분배, 중앙대학교 대학원 공학석사학위논문.
3. 김현명 · 홍원표(2014), "입상체 흙입자로 구성된 지반 속에 발생하는 지반아칭과 이완영역에 관한 모형실험", 한국지반공학회논문집, 제30권, 제8호, pp.13~24.
4. 박동순(2001), 그라우팅보강에 의한 터널 라이닝 하중연구, 경희대학교 대학원 석사학위논문.
5. 박영달(2002), 연약지반의 터널굴착에 대한 보강대책, 동의대학교대학원 석사학위논문.
6. 박윤구(2005), 도로터널 계곡부 저토피구간의 붕락 및 보강에 관한 연구, 고려대학교대학원 석사학위논문.
7. 박종호(2002), 가압그라우팅의 지반보강효과, 명지대학교대학원 박사학위논문.
8. 이봉렬 · 김형탁 · 김학문(1996), "3차원 터널해석에 의한 강관보강형 다단해석에 의한 강관보강형 다단그라우팅의 보강효과", 한국지반공학회논문집, 제12권, 제4호, pp.5~20.
9. 이성수(2002), 절토사면의 안정을 위한 지반보강해석, 한밭대학교대학원 석사학위논문.
10. 이승현 · 이영남 · 홍원표 · 이광우(2001), "성토지지말뚝에 작용하는 연직하중에 대한 현장시험", 한국지반공학회논문집, 제17권, 제4호, pp.221~229.
11. 오순엽(2009), 보강된 저토피 지반 내 터널의 안전해석, 중앙대학교대학원 공학석사학위논문.
12. 전병구(2005), FRP관의 강도특성과 가압그라우팅에 의한 현장 적용성, 건국대학교 산업 대학원 석사학위논문.
13. 진병익 · 천병식(1984), "물유리계 주입재를 주로 한 지반강도 증대", 대한토목학회논문집, 제4권, 제2호, pp.89~99.
14. 현대건설기술연구소(2000), "응력, 하중, 변위해석 방식의 암석절리면 전단시험기의 개발", 현대건설 기술연구소 연구보고서.
15. 홍원표 · 이광우(2003), "단독캡을 사용한 성토지지말뚝에 대한 모형실험", 한국지반공학회 논문집, 제19권, 제6호, pp.49~59.
16. Bov, M. L.(2015), Vertical Pressure Influenced by Soil Arching, The Graduate School Chung-Ang University, Engineering Master's Thesis.
17. Hong, W. P., Lee, J. H. and Lee, K. W.(2007), "Load transfer by soil arching in pile-supported embankments", Soils and Foundations, Tokyo, Japan, Vol.47, No.5, pp.833~843.
18. Hong, W. P., Bov, M. L. and Kim, H.-M.(2016), "Prediction of vertical pressure in a trench as

influenced by soil arching", KSCE Journal of Civil Engineering (0000) 00(0) : 1-8.

19. Song, Y.S., Bov, M.-L., Hong, W.-P. and Hong, S.(2015), "Behavior of vertical pressure imposed on the bottom of a trench", Mariene Georesources & Geotechnology, 0 : 1-9.
20. Strivastave, R.K. and Rad, K.S.(1990), "Shear behavior of cement grout filled artificially created plannar joints", Proc., IS on Rock Joints, Leon, Norway, pp.309~316.
21. Terzaghi, K.(1936), "Stress distribution in dry and in sturated sand above a yielding trap door", Proc., 1st ICSMFE, Cambridge, Massachusetts, pp.307~311.
22. Terzaghi, K.(1943), Theoretical Soil Mechanics, John Wiley and Sons, New York, pp.88~76.
23. Timosenko, S.P. and Goodier, J.N.(1970), Thory of Elasticity, MacGraw-Hill Book Company, pp.65~68.

찾아보기

ㄱ

ㄴ

ㄷ

ㄹ

ㅁ

ㅂ

ㅅ

ㅇ

ㅈ

ㅊ

ㅎ

지반보강

초판인쇄 2020년 10월 23일
초판발행 2020년 10월 30일

저　　자 홍원표
펴 낸 이 김성배
펴 낸 곳 도서출판 씨아이알

책임편집 박영지
디 자 인 윤지환, 박영지
제작책임 김문갑

등록번호 제2-3285호
등 록 일 2001년 3월 19일
주　　소 (04626) 서울특별시 중구 필동로8길 43(예장동 1-151)
전화번호 02-2275-8603(대표)
팩스번호 02-2265-9394
홈페이지 www.circom.co.kr

I S B N 979-11-5610-796-5 (94530)
979-11-5610-792-7 (세트)
정　　가 22,000원